Principles of Reservoir Engineering

# 油藏工程原理

刘慧卿　主编

U0345931

中国石油大学出版社
CHINA UNIVERSITY OF PETROLEUM PRESS

**图书在版编目(CIP)数据**

油藏工程原理/刘慧卿主编. —东营:中国石油
大学出版社,2015.10
ISBN 978-7-5636-5004-0

Ⅰ.①油… Ⅱ.①刘… Ⅲ.①油藏工程—教材 Ⅳ.
①TE34

中国版本图书馆 CIP 数据核字(2015)第 254274 号

| | |
|---|---|
| 书　　名: | 油藏工程原理 |
| 作　　者: | 刘慧卿 |

责任编辑: 穆丽娜(电话 0532—86981532)
封面设计: 青岛友一广告传媒有限公司

出 版 者: 中国石油大学出版社(山东 东营　邮编 257061)
网　　址: http://www.uppbook.com.cn
电子信箱: shiyoujiaoyu@126.com
印 刷 者: 青岛炜瑞印务有限公司
发 行 者: 中国石油大学出版社(电话 0532—86981531,86983437)
开　　本: 180 mm×235 mm　印张:16.5　字数:322 千字
版　　次: 2015 年 12 月第 1 版第 1 次印刷
定　　价: 33.00 元

# 中国石油大学(北京)现代远程教育系列教材

# 编审委员会

# 出版说明

当代，以国际互联网普及应用为标志的信息化浪潮席卷全球，技术革命正越来越深刻地改变着人类的生产、生活和思维方式。尤其从 20 世纪下半叶起，以多媒体、计算机和互联网为主要标志的电子信息通讯技术引发了一场教育和学习方式的深刻变革。

现代远程教育就是利用计算机、计算机网络和多媒体等现代信息技术传授和学习知识的一种全新教育模式。自 1999 年始，我国现代远程高等教育遵循以成人从业人员为主要教育对象，以应用型、复合型人才为主要培养目标，在促进教育信息化、大众化，以及构建终身教育体系等方面积累了丰富的经验，取得了可喜的成效。目前，现代远程高等教育已经成为我国高等教育体系的重要组成部分，成为非传统高等教育的主力和骨干。在这种全新的教育教学模式下，教师通过以网络为主的沟通途径（渠道）实施导学、助学、促学和评价，而学生通过线上、线下的自主学习和协作学习，不断提高自身的知识和能力水平。

为使现代远程教育更好地适应成人学习的特点和需求，中国石油大学（北京）远程教育学院组织出版了这套《中国石油大学（北京）现代远程教育系列教材》。这些纸质教材既是网络课程的一个重要组成部分，与网络课程相辅相成，又可作为成人学习的主要读物独立使用。

这套教材的主编，多是本学科领域的学术带头人和教学名师，且具有丰富的远程教育经验。在编写过程中，编者们力求做到知识结构严谨、层次清晰、重点突出、难点分散、文字通俗、分量适中,以体现教材的指导和辅导作用,引导学生在学习的过程中做到学、思、习、行统一,充分发挥教材的置疑、解惑和激励功能。在大家的共同努力下,这套系列教材较好地体现了我们的初衷:一是教育理念的先进性,遵循现代教育理念,使其符合学习规律和教改精神,体现以人为本、以学为本;二是内容的先进性,体现在科学性与教学性结合,理论性与实践性结合,前沿性与实用性结合,创新性与继承性结合;三是形式的先进性,体现在版式和结构的设计新颖、活泼。

我们期待着本丛书能够得到同行专家及使用者的批评和帮助。

编审委员会
2009 年 5 月

　　油气田开发是一项复杂的系统技术工程,是油田地质技术、油藏工程技术、采油工程技术和生产测试技术等不同门类技术的组合,它们之间各自独立又相互联系。油藏工程是牵动其他技术发展的纽带,因此油气田开发工程是以油藏工程为中心,以采油工程为技术手段,以提高原油采收率为主要目标的系统工程。

　　从生产上讲,油藏工程是指为了最大限度地提高原油开采速度和最终采收率而对油藏进行的各种设计、监测和动态分析,并提供油藏开发方案或调整方案的总称。从学科上讲,油藏工程是指研究合理开发油气田的各项开发设计和动态分析的原理及方法的一门科学。

　　油藏工程设计不同于一般的工程设计,开发设计方案实施后,维持油田开发工程运行的物质和能量呈现时变性特征,油田开发持续几十年甚至上百年。此外,这种工程运行所作用的油藏深埋地下,具有隐蔽性特征,初期的开发设计只能基于有限的地质、测试、岩心分析和油水井动态资料,因此设计方案可能存在一定的不完善性,在油田开发过程中需要不断进行修正和调整,以适应油藏动态的变化。

　　《油藏工程原理》是以油田开发设计、油藏动态分析和油田开发调整设计为主线组织编写的,全书共分五章,主要包括油田开发设计基础、油藏工程设计原理、油藏动态监测资料分析方法、油田开发动态分析方法和油田开发调整方法。全书以加强基础理论、基本知识和基本技能为出发点,对油藏工程的基本内容进行全面系统的介绍,注重突出油藏工程设计方法、动态分析方法和应用,立足于从理论联系实际方面培养学生分析问题和解决问题的能力。本教材适宜于石油工程专业的学生及技术人员学习和参考。

在本教材编写过程中，得到了中国石油大学（北京）石油工程学院油气田开发工程系姜汉桥老师、庞占喜老师和王敬老师的热情帮助，在此一并表示感谢。

书中如有错误和不当之处，敬请使用本教材的师生和读者指正。

编　者
**2015 年 8 月**

# Contents 目　录

# 第一章 油田开发设计基础

**【预期目标】**

通过本章学习,重点掌握油气藏的类型及其开发地质特征,地质储量的容积确定方法及储量参数的确定方法,单井试注试采能力的确定方法;理解不同类型油气田开发程序的特点,包括整装油田正式开发之前的各项准备工作和开发原则、断块油田的勘探开发一体化原则;了解编制油田开发方案的设计内容和文件编制内容。

**【知识结构框图】**

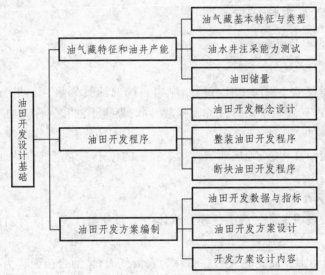

**【学习提示】**

油田开发设计基础是油气田开发设计理论的基础性和预备性知识,其中油气藏基本特征与类型是石油地质类知识的延续;通过高度概括其开发地质特征,根据对油气藏认识的程度,理解地质储量在不同勘探开发阶段的不确定性特征和分级特征;试采试注是获取油水井生产和注水能力的重要手段,是确定油田正式开发所需要的油水井数的重要依据,在此基础上了解开发方案设计内容和方案文件的编制内容。

**【问题导引】**

问题1:陆相油藏开发地质特征及其地质背景是什么?

问题2:油水井试油试采能够获取哪些资料? 这些资料的主要作用是什么?

问题3：获取油水井产能和注水能力的方法及表征参数是什么？

问题4：整装油田和断块油田开发程序的差异性及地质背景是什么？

问题5：开发方案的设计内容包括哪些？油藏工程设计在开发方案中的作用是什么？

油田开发就是对具有工业开采价值的油田，依据详探成果和必要的生产性开发试验，在综合研究的基础上，按照国民经济发展对原油生产的要求，从油田的实际情况和生产规律出发，制订出合理的开发方案，并对油田进行建设和投产，使油田按预定的生产能力和经济效果长期生产，直至开发结束的全过程。

# 第一节　油气藏特征和油井产能

## 一、油气藏基本特征与类型

### 1. 油气藏的相关概念

1）油气藏

油气藏是指在单一圈闭中具有同一压力系统的油气聚集。如果一个圈闭中只有油聚集称为油藏，只聚集了天然气称为气藏，同时聚集了油和气称为油气藏。

2）油气田

在地质上受局部构造、地层或岩性因素控制的位于一定范围内的油气藏总和称为油气田。

3）油气藏参数

油气藏参数表明了油气藏的规模和流体的平面分布状况。以背斜油气藏为例，如图1-1-1所示。

（1）油气和油水界面。纯气带底面称为自由气面，纯油带顶面称为油气界面，纯油带底面称为油水界面，纯水带顶面称为自由水面。当油气、油水密度差较大或油层渗透率较大时，可以不考虑油气和油水纵向过渡带，自由气面和油气界面近似相同，油水界面和自由水面近似相同。

（2）含油气高度。油水界面与油气藏最高点的海拔高差称为含油气高度。当油气藏存在气顶时，含油高度为油水接触面与油气界面的海拔高差，而油气界面与油气藏最高点的海拔高差称为气顶高度。

（3）含油边缘。油水界面与油层顶面的交线称为外含油边界，又称为含油边缘，有时也称为含油外边缘。在此边界以外只有水，没有油。

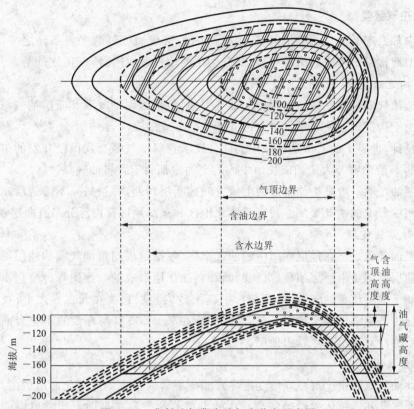

图 1-1-1　背斜油气藏中油气水分布示意图

（4）含水边缘。油水界面与油层底面的交线称为内含油边界，又称为含水边缘。在此边界以内，只有油气，没有水。

（5）油水过渡带。含油边缘与含水边缘之间的储层地带称为平面油水过渡带。

（6）边水和底水。如果油气藏高度小于储层厚度，则内含油边界就不存在。若水全部在油气藏的下部，称为底水，如图 1-1-2（a）所示。当储层厚度不大，或构造倾角较陡，油气藏高度大于储层厚度时，水在内含油气边界以外，围绕在油气藏的周边，称为边水，如图 1-1-2（b）所示。

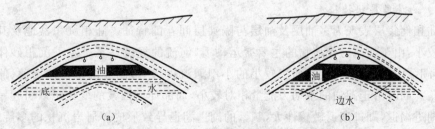

图 1-1-2　油气藏边水和底水示意图

## 2. 油气藏类型

国内外发现的油气藏类型很多,由于圈闭是形成油气藏的必要条件之一,因此油气藏类型通常以圈闭成因类型划分,其分类反映油气藏成因、特点和分布规律。

1)构造油气藏

构造油气藏是指在构造圈闭中的油气聚集,包括背斜油气藏和断层油气藏。构造圈闭是由于构造运动使岩层发生变形或变位而形成的。

据统计,世界上的大型油气藏中大部分属于背斜油气藏。我国已开发的玉门老君庙油田的 L 层油藏及大庆油田长垣中的七个油藏都属于背斜油气藏。

断层油气藏一般是指储集层的上倾方向被断层切断,并被另一不渗透层遮挡而形成的圈闭中形成的油气聚集。我国的西北地区和东部地区都广泛分布有断层油气藏。

2)地层油气藏

地层油气藏是指在地层圈闭中的油气聚集,包括地层超覆油气藏和地层不整合油气藏。地层圈闭是由地层超覆、沉积间断和剥蚀作用形成的。我国青海柴达木盆地马海气田属于地层超覆油气藏,渐新统—中新统砂岩地层超覆在元古界之上;我国华北盆地任丘古潜山油田属于地层不整合油气藏,在 Z+E 震旦与寒武的不整合面上沉积了第三系的沙河街组和东营组地层。

3)岩性油气藏

岩性油气藏是由于沉积环境变迁导致储集层岩性发生侧向变化而形成的,包括岩性尖灭油气藏和透镜体岩性油气藏。这种类型的油气藏在平面上通常成群成片杂乱无规则分布。例如,老君庙油田 L5 和 L6 层即为岩性尖灭油气藏;透镜体油气藏呈透镜体状和各种不规则形状,四周被不渗透岩层包围。

油气藏类型不同,其油藏规模、油气分布等特征也不同,这些特征对油气藏勘探阶段具有重要的指导作用。

## 3. 陆相沉积油藏开发地质特征

我国目前探明和开发的油藏绝大多数都形成于陆相含油气盆地中,这些陆相油藏的开发地质特征主要表现在以下五个方面:

1)油层多层状特征

陆相储集层表现为多油层及油层与隔夹层间互的特征。陆相沉积盆地及其湖泊规模较小,由于河流为碎屑物的主要搬运动力,河流的规模基本决定了沉积砂体的规模,而湖盆中以短流程、流域面积较小的小型河流占优势,因此沉积砂体层薄、侧向连续性差。同时由于湖泊的水动力能量相对较小,局部环境因素的变化足以引起一定规模的湖进湖退,湖进湖退敏感性大,频繁的湖进湖退导致形成碎屑岩沉积的多旋回性,因此数十层甚至上百层砂岩与泥质岩间互成层形成一定规模的油气藏时,必然表现为多层状特征。

油藏的多层状特征同时表现为多相带储集层的纵向叠合,多相带的差异性必然构成严重的层间非均质性,进一步决定了油藏分层系开发的状况。

2）断块型油藏特征

由于陆相储集层层薄、隔夹层间互,几米或十几米的小断层也足以使储集层错开而与另一侧隔夹层接触形成遮挡。在我国陆相油藏中,无论是挤压性逆断层还是拉张性正断层,无论是大至数百米还是小至数米的断距,几乎所有断层都能起到遮挡作用。

在我国东部的许多断陷盆地油藏中,断层比较发育,断层遮挡油藏占主导地位,这类油藏习惯上被称为断块油藏。断块油藏占主体的油田就是断块油田。许多断块油田内的断层非常发育,断块很小,构造和油气水分布都非常复杂。有的油田大多数断块的含油面积在 $0.5 \text{ km}^2$ 左右;有的油田则绝大多数断块的含油面积在 $0.5 \text{ km}^2$ 以下。

断块油田的特征表现为:油藏主要受断层控制;断层多、断块多;断块之间油藏特征差异大,包括油层岩石物性、厚度差异大,流体物性一般存在差异,油藏类型可能不同,驱动能量也有差异;油层受断层分割,含油连片性差;断块之间以及同一断块不同层位的油层通常没有统一的油水界面。

当断层发育到一定程度,形成复杂断块油气藏时,油田开发的技术难度和复杂性将发生根本性的变化,常规油田的开发程序和开发部署原则及方法均不能适应断块油藏的复杂地质条件。

3）边底水能量不足

陆相湖盆碎屑岩沉积体小而分散的特征决定了大多数油藏的多层状边水类型,且陆相沉积盆地及其湖泊的小规模特征决定了陆相油藏不可能存在大型天然水体,油藏边水的活跃程度取决于储集层的连续性和水区渗流条件。油藏形成后水区和油区的差异成岩作用使得水区储集层的孔隙性和渗透性降低。同时,油水界面附近的原油因遭受一定程度的边水氧化而变稠,削弱了边水的侵入。

我国一些大中型陆相油田几乎全部依靠人工补充能量而得到有效开发。

4）陆相油藏原油黏度偏高

陆相油藏的油源为陆相生油岩,其中绝大部分以湖相泥岩为母岩,湖相沉积的生油母质以Ⅱ类、Ⅲ类干酪根为主。一般情况下,Ⅰ类腐泥型干酪根以形成轻油为主,Ⅲ类腐植型干酪根以形成较重质油为主,Ⅱ类干酪根为复合型,介于Ⅰ类和Ⅲ类之间。我国含油气盆地生油母质以Ⅱ类、Ⅲ类干酪根为主,且油藏处于中浅埋深。另外,陆相湖盆生油母质中陆源和水生质物较多,湖盆水介质为淡水到半咸水,纤维素、木质素被好养细菌转化为蜡质和脂肪酸,一般都生成石蜡质原油。因此,我国陆相油藏原油总体上黏度偏高、含蜡量高。

高黏原油在注水开发中表现为高油水黏度比的水驱油特征,持续高含水阶段生产为我国注水开发的重要特征。

5)储集层孔隙结构复杂

陆相湖盆碎屑岩近物源、短流程的沉积背景导致砂砾岩的矿物成熟度和结构成熟度很低。岩石类型几乎全部为长石或岩屑质砂岩,颗粒分选以中到差为主。在冲积扇—扇三角洲—湖底扇体系的砂砾岩粗碎屑储集层中,孔隙结构呈双模态甚至复模态分布,正常河流—三角洲体系的砂岩储集层中也存在双峰态孔隙结构分布。

陆相储集层孔隙结构的复杂性主要表现为水驱油效率较低,因此提高水驱油效率成为我国注水油田开发管理的重要任务。

### 4. 油藏开发分类

控制和影响油藏开发的地质因素很多,包括构造、储集层、流体性质、流体分布、埋藏条件等。考虑油藏单因素特征的分类方法包括断块大小、储层埋深、储层物性、原油黏度和原油相对密度等,如表 1-1-1~表 1-1-5 所示。

#### 表 1-1-1 断块大小分类

| 类　型 | 大断块 | 较大断块 | 中断块 | 小断块 | 碎　块 |
|---|---|---|---|---|---|
| 含油面积/km² | >1.0 | 1.0~0.4 | 0.4~0.2 | 0.2~0.1 | <0.1 |

#### 表 1-1-2 储层埋深分类

| 类　型 | 浅　层 | 中　层 | 深　层 | 超深层 |
|---|---|---|---|---|
| 储层埋深/m | <2 000 | 2 000~3 200 | 3 200~4 000 | >4 000 |

#### 表 1-1-3 岩石渗透率分类

| 类　型 | 特高渗 | 高　渗 | 中　渗 | 低　渗 | 特低渗 |
|---|---|---|---|---|---|
| 岩石渗透率/($10^{-3}\mu m^2$) | >1 000 | 500~1 000 | 50~500 | 10~50 | <10 |

#### 表 1-1-4 原油黏度分类

| 类　型 | 稀　油 | 普通稠油 | 特稠油 | 超稠油 |
|---|---|---|---|---|
| 原油黏度/(mPa·s) | <50*(100) | 50*(100)~10 000 | 10 000~50 000 | >50 000 |

注:* 表示油层条件下的原油黏度,其他为油层温度下脱气原油黏度。

#### 表 1-1-5 原油相对密度分类

| 类　型 | 轻质油 | 中质油 | 重质油 |
|---|---|---|---|
| 原油相对密度 | <0.87 | 0.87~0.92 | >0.92 |

当强调油藏的某个主要特征时,仍然沿用上述分类方法。由于研究者的研究目的

不同,对油气藏分类考虑因素的侧重点也不同,显然以圈闭成因划分的构造油气藏、地层油气藏、岩性油气藏三种油气藏类型更有利于油气藏的勘探。

以合理开发油气田为目的的油藏分类,应以油藏开发地质特征为主要依据。由于油气田开发工程是以高采油速度、高油气采收率、高效益为目的,开发技术的综合性要求根据油田开发过程的主控因素和主要开发措施因素对油藏进行分类,与此相似类型的油藏的开发实践经验才更加具有参考价值,因此采用这种分类方法对油藏合理开发具有指导意义。对油藏进行分类的主要依据为:

(1) 以决定开发方式最重要的开发地质特征作为油藏的基本类型。若原油性质已达到必须进行热力采油的原油黏度范围,则首先命名为稠油油藏;若油藏构造条件已属含油范围分散的断块,则首先命名为断块油藏;若油藏储集层属于低渗透岩石类型,则首先命名为低渗透油藏,等等。对于常规油气藏,仍以储集层岩石类型命名。

(2) 充分考虑陆相石油地质规律和开发策略。我国已发现和投入开发的油藏绝大多数位于陆相含油气盆地,以碎屑岩储层为主,因此要对碎屑岩储集层油藏进行细分;开发策略以注水为基本方式,因此需要重点考虑影响注水开发的油藏地质特征并将其作为分类依据。

按照上述原则,我国陆相油藏可划分为八个大类,包括:

(1) 多层砂岩油藏。我国的大型油田多属此类,如大庆的喇萨杏油田、胜利的胜坨油田、中原的濮城油田等。这类油田均具有中高渗透率储集层,其成藏圈闭条件以各种成因的背斜构造或被断层复杂化的背斜构造为主,构造形态比较完整,且相对简单,构造面积大,构造闭合高度达数百米。

(2) 气顶油藏。气顶油藏是指圈闭上方存有气态烃的油藏。气顶油藏在我国东部老油区就已有发现并投入开发,具代表性的有大庆油区喇嘛甸层状砂岩气顶油藏、中原油区濮城油田西沙二气顶油藏和辽河油区双台子油田气顶油藏。

(3) 低渗透砂岩油藏。渗透率为 $(0.1 \sim 50) \times 10^{-3} \, \mu m^2$ 的储层统称为低渗透油层。根据实际生产特征,按照油层平均渗透率可以进一步把低渗透油田分为三类:一类为一般低渗透油田,油层平均渗透率为 $(10 \sim 50) \times 10^{-3} \, \mu m^2$。这类油层接近正常油田,油井能够达到工业油流标准,但产量太低,需采取压裂措施才能取得较好的开发效果和经济效益。二类为特低渗透油田,油层平均渗透率为 $(1.0 \sim 10) \times 10^{-3} \, \mu m^2$。这类油层正常测试达不到工业油流标准,必须采取较大型的压裂和其他相应措施才能有效地投入工业开发,例如长庆安塞油田、大庆榆树林油田、吉林新民油田等。三类为超低渗透油田,其油层平均渗透率为 $(0.1 \sim 1.0) \times 10^{-3} \, \mu m^2$。这类油层非常致密,基本没有自然产能,一般不具备工业开发价值,但如果其他方面条件有利,如油层较厚、埋藏较浅、原油性质比较好等,同时采取高效开发技术措施也可以进行工业开发,如延长石油管理局探明的川口油田等。

随着石油勘探和开发程度的提高,低渗透油田储量所占的比例越来越大,在探明未动用石油地质储量中,低渗透油田储量所占比例高达60%以上。低渗透砂岩储层广泛发育于我国各含油气盆地中,其资源量约占全国石油资源量的30%。

(4)复杂断块砂岩油藏。断块油藏是在一定构造背景上受长期继承性断裂活动控制的断层圈闭。不同规模的断裂活动形成的断层是划分断块油田、断块区的依据。

油层上倾方向被断层遮挡所形成的油藏称为断块油藏,以断块油藏为主的油田称为断块油田,地质储量一半以上储存于面积小于1 km²断块的油田称为复杂断块油田。复杂断块油田在渤海湾地区包括胜利、大港、冀东、中原、河南、江汉、江苏等油区均有大量存在。复杂断块油田的地质构造、流体性质、油水系统等都很复杂,其勘探开发程序采取滚动勘探开发的原则,取得了很大的成效。这类油藏投入开发的地质储量和年产油量占全国的1/3。

(5)砂砾岩油藏。砂砾岩油藏是指以砾岩、砾状砂岩等粗碎屑储集层为主的油藏,它们仍属孔隙型油藏,但又不同于一般的砂岩油藏,具有更为复杂的双重孔隙结构等重要特征。在准噶尔盆地、泌阳凹陷、渤海湾盆地、二连盆地等地区均有发现,常见的有冲积扇和扇三角洲沉积,其中最为典型的是克拉玛依冲积扇相砾岩油藏及双河油田扇三角洲相砂砾岩油藏。这类以砂砾岩为主的粗碎屑沉积成为湖盆中的重要储集层,其开发地质特征与河流—三角洲体系砂岩储集层有很大的差别。

(6)裂缝性潜山基岩油藏。裂缝性潜山基岩油藏是根据储集层特性划分的油藏类型。我国的裂缝性潜山基岩油藏多属于断块古潜山油藏,虽然储集层为古生代海相沉积的基岩,但生油层为中、新生代陆相沉积的泥岩,属于"新生古储"油藏。从20世纪70年代开始相继在华北、胜利、辽河发现和投入开发了30多个裂缝性潜山基岩油藏。这类油藏的储量约占总储量的8%,是我国油田开发的一个重要领域。

(7)稠油油藏。凡是地下原油黏度大于50 mPa·s的油藏都属于稠油油藏。稠油油藏原油黏度普遍较高且变化范围很大,地面原油黏度可达上百、几千甚至几万毫帕秒,其相应的原油密度大于920 kg/m³,甚至大于1 000 kg/m³,主要由于原油中的沥青质、胶质含量较高,轻质组分含量较低。稠油可进一步细分为三类,即普通稠油、特稠油和超稠油。

地下原油黏度为50~150 mPa·s的稠油油藏可以按照稀油常规方法进行注水开发。我国稠油储量中有68%属于这一类。当地下原油黏度大于150 mPa·s时,由于原油黏度高、流动状况差,需要对地层、井筒进行加热,如通过注蒸汽或火烧油层才能进行开采,这类稠油占我国稠油储量的32%。

(8)高凝油油藏。高凝油油藏是根据原油凝点进行分类的油藏。原油凝点高于40 ℃、相应的含蜡量大于30%的原油称为高凝油。我国高凝油油藏主要分布在河南南襄盆地南阳、泌阳凹陷和辽河大民屯凹陷。高凝油储量为34 584×10⁴ t,约占全部储量的 2%。虽然占全部储量的比例较小,但其原油特殊,因此单独划分为一类。高凝油油藏的主要地质特征为:原油凝点高、含蜡量高;储层为多层层状砂岩,物性中等;储层温度均高于凝点温度。

高凝油储层温度均高于原油凝点温度 20 ℃以上,高于原油析蜡温度 7 ℃以上,因此在原始情况下,油藏不会析蜡。根据流体性质特点,当储层温度与析蜡温度相差 20 ℃以下时,在注水开发条件下,注水井附近地带会形成降温区,增加井底附近的渗流阻力,影响开发效果,这类油藏易受冷损害;当储层温度与析蜡温度相差大于 20 ℃时,则不受冷损害。例如,河南的魏岗油田储层温度与析蜡温度相差不到 20 ℃,但在流动状态下,析蜡温度往往比静止状态下低,因此仍能按正常注水开发。

## 二、油水井注采能力测试

在油田全面投入开发之前,只能依靠少数探井的取心和测井资料认识油层。这些资料具有一定的局限性,只能反映井眼附近油层的情况,依靠这些资料通过理论计算得到的油井产能则具有一定的不确定性,因此可以通过直接测试的方法获得油水井的注采能力。

当油井完成之后,需要把地层中的油、气、水诱导到地面上来,经过专门测试取得各种资料,这个过程称为试油。试油分为稳定试油和不稳定试油。通过油水井测试可直接获得反映油水井产量的资料和流体样品。测试方法包括地面常规测试和井下地层测试器测试,获取的资料包括产能资料、压力和温度资料、油气水样品、原油含砂量资料。探井试油还可以确定含油区域内各个含油层的面积,并初步估算地下油气的工业储量。利用试油资料的分析结果可以确定单井生产能力。这些资料可为确定油田开发井网、选择地面采油设备、制定油水井措施以及制订合理的开发方案提供重要的资料依据。

### 1. 油井试油测试

无论是自喷井还是低压井,试油时都应把井中的压井液、水及其他堵塞物彻底排净,使井筒中完全充满地层液体。

1)油井诱流

完井之后,井内通常充满压井液,压井液柱所造成的压力一般大于或等于地层压力,因此,试油时需要首先降低井筒中液柱的压力,使井底压力低于油层压力,在油层与井底之间形成压差,让油气流入井内,这一工作称为诱导油流。降低井筒液柱压力的途径有两种:一种是减小压井液的相对密度,另一种是降低井筒中的液面高度。

(1)替喷法。替喷法是用密度较轻的液体将井内密度较大的液体替出,从而降低井中液柱压力的方法。根据实际情况可采用轻压井液替出重压井液,再用清水替出轻压井液,或者用清水直接替出井中的压井液。

（2）抽汲法。抽汲法是通过降低井筒中的液面来达到降低井筒中液柱对油层回压的目的,并增加油层与井底压力差的方法。这种方法多用于低压、低产井。利用钢丝绳将专门的抽子下入井中,使之做上下高速运动,当抽子上提时,抽子上部的水被提出地面,从而降低井中液柱对油层所造成的回压,促使油井自喷。

（3）气举法。气举法是利用压缩机向油管或套管内注入压缩气体,压缩气体在管鞋处与井筒内的液体混合,形成密度较小的气液混合物,使井中的液体从套管或油管中排出的方法。与气举排液原理相似的方法还有连续油管气举排液、混气水气举排液等。

2）试油工艺

（1）注水泥塞试油。注水泥塞试油是从下向上试油,当最下一层试完后,从地面将一定数量的水泥浆顶替到已试层段和待试层段间的套管中,待水泥浆凝固后形成水泥塞,然后射开上面的试油层段,进行诱喷求产等工作。

（2）封隔器分层试油。封隔器分层试油是下入多级封隔器,将测试层分成几个层段,既可以单层单试,也可以多层合试。在测试过程中,若遇到出水层段或油水同层,可以分别测试,也可以不起油管柱,投入堵塞器堵住水层继续对其他层段进行试油。

在测试方法上,除地面计量外,还可在井下管柱内装上分层压力计、流量计和取样器,以便测取分层的地层压力、流动压力、分层产量和分层流体物性。这种试油工艺速度快,灵活性大,是我国石油矿场常用的一种试油工艺。

（3）中途测试试油。中途测试试油是指在钻井过程中,遇到油气显示时临时进行测试的工艺技术。中途测试工具有常规支撑式和膨胀式两种。支撑式是在封隔器的下部安装尾管,依靠钻杆的压重和底部尾管的支撑使封隔器坐封。在测试过程中,通过钻杆旋转来控制开井流动测试和关井过程;当流动测试完毕后,旋转钻杆将开关阀闭合,测试层压力上升,由井底压力计记录压力恢复资料,同时取样器也关闭,并捕获地层流体样品。膨胀式不需要钻具加压和使用尾管,依靠钻杆旋转将环空中的钻井液泵入封隔器的胶皮筒内,从而使封隔器坐封。这种方法可使用两个封隔器,因此可用于大段裸眼井的选层测试中。

3）油井系统测试方法

系统测试是矿场获取油井产能的常用方法,它是先改变油井工作制度,然后在生产稳定时测得各种工作制度下相应的产油量、产气量、产水量、含砂量、流压等。

由于油井的开采方式不同,既可以采用改变产量的方法,也可以采用改变压力的方法进行油井测试。自喷井是通过改变油嘴的大小来改变产量实现测试工作的,地面更换油嘴后,待油井生产稳定时测试井底流压和地面产量;抽油机井主要是通过改变油井抽汲参数（冲程或冲次）或加深泵挂等来改变井底流压实现测试工作的,油井改变工作制度后,同样待油井生产稳定时测试井底流压和地面产量。

为了准确确定油井产能,需要建立至少四种间隔比较均匀的稳定工作制度。系统测试过程中,要求测试数据没有上升或下降的趋势,而且波动不超过一定范围。

4) 试油资料

(1) 稳定试井曲线。利用系统测试曲线可确定油井的合理工作制度。通过对比不同直径油嘴生产条件下的各项生产指标,选择产油量相对较高,气油比、含水量、含砂量相对较小的油嘴作为油井的合理工作制度。

(2) 指示曲线。不完善井平面径向流的产量公式可以表示为:

$$Q = J_{\circ}(\overline{p} - p_{w}) = J_{\circ} \Delta p \tag{1-1-1}$$

其中,

$$J_{\circ} = \frac{0.086\ 4 \times 2\pi K_{\circ} h \rho_{osc}}{B_{\circ} \mu_{\circ} \left( \ln \dfrac{r_e}{r_w} - \dfrac{3}{4} + S \right)} \tag{1-1-2}$$

式中　　$Q$——原油产量,t/d;

$\overline{p}$——油层静压,MPa;

$p_w$——井底流压,MPa;

$\Delta p$——生产压差,为油层静压与井底流压之差,MPa;

$J_{\circ}$——采油指数,单位时间单位生产压差下的油井产量,t/(MPa·d);

$K_{\circ}$——油相有效渗透率,$10^{-3} \mu m^2$;

$h$——油层有效厚度,m;

$r_e$——泄油半径,m;

$r_w$——油井半径,m;

$\mu_{\circ}$——原油黏度,mPa·s;

$B_{\circ}$——原油体积系数;

$\rho_{osc}$——地面原油密度,g/cm³;

$S$——表皮系数。

从式(1-1-1)可以看出,平面径向稳定渗流油井产量与生产压差呈直线关系。

油井产量随生产压差变化的曲线称为指示曲线,可以通过油井测试得到,如图 1-1-3 所示。

油井产量随生产压差变化的关系可以为直线(Ⅰ),也可能为曲线(Ⅱ或Ⅲ)。当油层内流体满足稳定渗流时,测得的指示曲线应为直线。

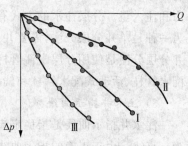

图 1-1-3　油井指示曲线

根据所测试的指示曲线,通过回归求得直线的斜率即为采油指数 $J_o$。采油指数表示油井的产能,采油指数越大,油井产能越高。根据油井实测采油指数可获得不同生产压差时的产量,或进一步得到单位有效厚度下的产油量,即采油强度。

**2. 注水井试注测试**

1)注水井投注程序

注水井投注程序是指注水井从完钻到正常注水之间所需进行的工作,主要包括排液、洗井和试注三部分。

(1)排液。排液的目的是清除井底周围油层内的污物,在井底附近造成低压带,为注水创造有利条件,并采出部分弹性油量,减少注水井附近的储量损失。排液可分为长期排液(排液时间在一年以上)和短期排液(排液时间在一年之内)两种。注水井排液会产生不利影响,长期排液将造成油层压力下降,影响周围油井生产;对于渗透率较低、吸水能力差的油层,若不排液,注水启动压力很高,因此需排液降低压力。排液注水应以不破坏油层结构为原则,含砂量控制在 0.2% 以内;排污量以排净井眼附近地层内的污物为原则。

(2)洗井。注水井排液结束后,要进行洗井。洗井的目的是把井筒内的腐蚀物、杂质等污物冲洗出来。洗井方式有两种:一种是正洗,注入水从油管进井,从油套环形空间返回地面;另一种是反洗,注入水从油套环形空间进井,从油管返回地面。对于安装有水力压差式封隔器的井,只能进行反洗。洗井排量应由小到大,进出口排量应保持平衡或出口排量稍高于进口。当进口、井底和出口的水质分析一致时,洗井才可结束。

(3)试注。试注的目的是确定地层注水能力的大小,根据注入量选定注入压力。试注需要进行水井测试,记录注水压力和注入量,求出地层吸水指数。若油层吸水效果不好,则需采用酸化压裂等措施提高注水能力。

2)分层注水管柱

对于层状油田,同一开发层系中各小层之间的渗透率、原油黏度和油层压力仍然存在差异,因此在开发过程中需要区别对待,针对不同性质的层段采用不同的注入压力和注入量。分层注水的方式有两种:一种是单井单注,需要较多的注水井,成本高;另一种是单井分层分注,需要井下封隔器,注水井较少,成本较低,因此应用广泛。单井分层分注是使用分层配注管柱来实现的,根据所采用的配水器的不同可分为固定式配水管柱、活动式配水管柱和偏心式配水管柱。

3)注水井指示曲线

注水井指示曲线是指稳定流动情况下注入压力与注水量间的关系曲线,正常情况为一直线。由于正确的指示曲线可反映地层的吸水规律和吸水能力,因此对比不同时间所得到的指示曲线,可以了解油层吸水能力的变化。在对指示曲线进行分析时,应该考虑到指示曲线的变化不仅与地层情况有关，而且与井下工具工况也有关。图1-1-4为分层测试时可能遇到的几种指示曲线形状。

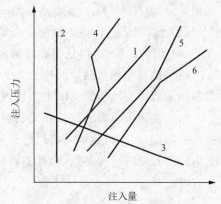

图 1-1-4 典型指示曲线示意图

曲线 1 为正常指示曲线。曲线 2 出现在：油层渗透性很差，虽然泵压增加，但注水量不增加；仪表有误差；水嘴堵死等情况。曲线 3 和 4 为不正常曲线，表明仪器设备有问题。曲线 5 除了与仪表、操作、设备有关外，还可能出现在地层条件差、连通性不好或不连通的"死胡同"油层情况下，向这种油层中注水时，注入水不易扩散，油层压力升高，注入水受到的阻力越来越大，使注入量增值减小，造成指示曲线上翘。曲线 6 表示有新油层在注入压力较高时开始吸水，或是当注入压力增加到一定程度后，地层产生微小裂缝，使油层吸水量增大，属正常指示曲线。

（1）吸水指数。吸水指数是指在单位注水压差（注水井流压与注水井静压之差）下的日注水量。吸水指数的大小表示地层的吸水能力。油田正常生产时不可能经常关井测量注水井静压，因此采用测指示曲线的方法取得不同流压下的注水量。

对不同地层的吸水能力进行对比分析时，需采用"比吸水指数"或"每米吸水指数"指标，它是地层吸水指数与地层有效厚度的比值。

（2）视吸水指数。采用吸水指数进行分析时，需对注水井进行测试，取得流压资料。在日常分析时，为及时掌握吸水能力的变化情况，通常采用日注水量除以井口压力得到的数值作为评价吸水能力的指标，这个指标称为视吸水指数。

在没有分层注水的情况下，若采用油管注水，则计算视吸水指数时用到的井口压力取套管压力；若采用套管注水，则计算视吸水指数时用到的井口压力取油管压力。在注水井进行分层注水时，可以通过分层测试获得分层注水量和分层注水压力来计算分层吸水指数。

## 三、油田储量

油田储量是指一个油田地下储存石油数量的多少，它是油田勘探成果的综合反映，是油田开发的物质基础，也是确定矿场建设规模和开发年限的基本依据。

### 1. 油田储量的分类和分级

1）储量分类

由于地质、技术和经济方面的原因，储存在地下的石油不能全部开采出来，因此石油储量分为以下两类：

（1）地质储量，即地下油层中石油的总储藏量；

（2）可采地质储量，是指在现有经济技术条件下最终可以开采出来的石油量。

可采储量与地质储量的比值称为采收率。实际工作中，通常先标定石油采收率，然后由采收率与地质储量的乘积得到可采储量。

一个油田采收率的高低除受油藏条件等客观条件影响外，还受到开采技术和经济条件的限制，因此采收率可以通过开采者的主观因素提高。采收率在很大程度上是受人为因素控制的可变参数，因此油田的采收率或可采储量是反映油田开发水平的一个综合性指标。

2）储量分级

由于油田在勘探和开发阶段因钻探程度不同对地质资料掌握的详细程度也不同，所以各阶段所计算出的石油储量的可靠程度也不同。Arps 提出了计算可采储量的模式图，如图 1-1-5 所示。

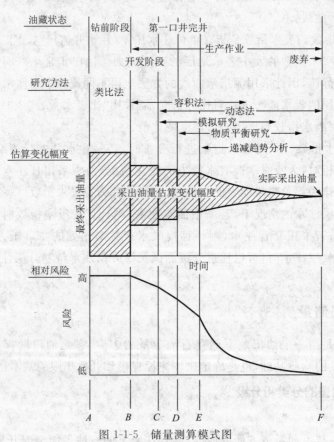

图 1-1-5　储量测算模式图

在第一阶段(识别阶段 $AB$ ),人们对油田储量的估计可能产生两种截然不同的结果,悲观测算储量结果和乐观测算储量结果差别最大,风险最高;第二阶段(试采阶段 $BC$ ),悲观测算储量结果和乐观测算储量结果差别减小;第三阶段(油气生产阶段 $CF$ ),悲观测算储量结果和乐观测算储量结果逐渐趋于一致。

不同国家的储量分级如表1-1-6所示。

表 1-1-6　世界各国储量分级比对

| 世界石油大会 | 已发现(discovered) | | | | 未发现(undiscovered) | |
|---|---|---|---|---|---|---|
| | 已探明(proved) | | 未探明(unproved) | | 推　测 | |
| | | | 概算(probable) | 可能(possible) | | |
| 中国<br>(2004 年) | 探　明 | | 控　制 | 预　测 | 资　源 | |
| | 已开发<br>(Ⅰ类) | 未开发<br>(Ⅱ类) | | | 潜　在 | 推　测 |
| 美　国 | 已开发<br>(developed) | 未开发<br>(undeveloped) | 概算或预示<br>(probable or<br>indicated) | 可能或推断<br>(possible or<br>inferred) | 假定＋推测<br>(hypothetical＋<br>speculative) | |
| 苏联<br>(1993 年) | A 级 | B 级＋<br>部分 C₁级 | 部分 C₁级 | C₂级 | C₃级 | D 级 |

我国根据石油地质储量的大小对油田规模进行了划分,如表1-1-7所示。

表 1-1-7　油田规模分类

| 类　型 | 特大型 | 大　型 | 中　型 | 小　型 |
|---|---|---|---|---|
| 油田地质储量/($10^8$ t) | ＞10 | 1～10 | 0.1～1 | ＜0.1 |

### 2. 石油储量计算方法

计算油气田储量所采用的方法包括:利用静态资料的类比法、容积法,利用动态资料计算的物质平衡法、产量递减法、水驱特征曲线法和压降法等。

类比法一般在油气田发现初期资料较少的情况下采用;当油田有较多的资料,并圈定了含油面积,确定了油层有效厚度、孔隙度、含油饱和度等资料时,采用容积法。当油田投入开发并累积了一定数量的动态资料,达到一定采出程度时,可以采用物质平衡原理计算地质储量;当油田开发了较长时间,动态变化有明显规律性特征时,可以采用产量递减规律、水驱规律等统计方法计算地质储量。

容积法是勘探阶段和油田开发初期广泛采用的一种方法,其实质是通过确定含油岩石孔隙体积及孔隙内饱含原油的量进行储量计算。

1) 地质储量

$$N = \frac{100Ah\phi S_{oi}}{B_{oi}}\rho_{osc}$$  (1-1-3)

式中　$N$——原油地质储量,$10^4$ t;

　　　$A$——含油面积,$km^2$;

　　　$h$——油层有效厚度,m;

　　　$\phi$——有效孔隙度,小数;

　　　$S_{oi}$——原始含油饱和度,小数;

　　　$B_{oi}$——原始原油体积系数;

　　　$\rho_{osc}$——地面原油密度,$g/cm^3$。

2) 储量丰度

单位含油面积控制的地质储量称为储量丰度,可表示为:

$$\Omega = \frac{100h\phi S_{oi}}{B_{oi}}\rho_{osc}$$  (1-1-4)

式中　$\Omega$——储量丰度,$10^4$ $t/km^2$。

3) 单储系数

单位体积控制的地质储量称为单储系数,可表示为:

$$SNF = \frac{100\phi S_{oi}}{B_{oi}}\rho_{osc}$$  (1-1-5)

式中　$SNF$——单储系数,$10^4$ $t/(km^2 \cdot m)$。

### 3. 储量参数确定

1) 确定含油面积

要确定含油面积,必须准确划分油气水层,综合多种资料进行油层对比,确定油气水接触面的位置,按地质规律分区、分层组确定油气边界、油水边界、断层边界、岩性尖灭边界,在构造图上圈定含油面积。

由于纯油区和含水区之间存在油水过渡带,通常将纯油区和过渡带分开计算。

2) 确定有效厚度

根据渗流力学理论,油井的产量主要取决于油层有效厚度、含油饱和度与有效渗透率等油层物性参数,以及原油黏度和油层压力等。在现有开采技术条件下,只有当油层有效厚度、原始含油饱和度与有效渗透率达到一定数值时,油井才能达到一定的产量。若油井产量较低,则表明油层不具备工业性开采价值。工业性油流的标准是根据国家技术条件和政治经济的要求,并考虑到油层生产特征而制定的。

油层中能够采出工业油流的那部分油层的厚度称为有效厚度。当有效厚度、原始含油饱和度与有效渗透率达到一定数值时,油层便具有工业性开采价值。具有工业性产油能力的油层物性参数下限值称为有效厚度的物性界限。一般采用资料井取心的方法来识别岩性、储油物性、含油性、电性之间的关系，制定出有效厚度的物性和电性下限。

当确定了划分有效厚度的下限后，综合运用岩心、试油、测井等资料，分井分层划分有效厚度。平均有效厚度可以采用面积加权法和算术平均法进行计算。

（1）算术平均法。若已完钻一批开发井，且布井均匀，井网比较完善，则采用算术平均法计算平均有效厚度 $\overline{h}_e$：

$$\overline{h}_e = \frac{h_{e1} + h_{e2} + \cdots + h_{em}}{m} \tag{1-1-6}$$

式中　$h_{e1}, h_{e2}, h_{em}$——第 1，第 2 和第 $m$ 口井的有效厚度。

（2）面积加权法。在井网比较稀，布井不均匀的情况下，用等值线面积加权法计算平均有效厚度 $h_e$，即利用两条等值线之间的平均有效厚度乘以两条线之间的面积计算出油层体积，然后用含油面积内的总体积除以总含油面积得到平均有效厚度 $\overline{h}_e$：

$$\overline{h}_e = \frac{\dfrac{h_{e0} + h_{e1}}{2}A_1 + \dfrac{h_{e1} + h_{e2}}{2}A_2 + \cdots + \dfrac{h_{en-1} + h_{en}}{2}A_n}{A_1 + A_2 + \cdots + A_n} \tag{1-1-7}$$

式中　$h_{e0}, \cdots, h_{en}$——第 0 到第 $n$ 条有效厚度等值线值；

　　　$A_1$——$h_{e0}, h_{e1}$ 两条等值线之间的含油面积；

　　　$A_n$——$h_{en-1}, h_{en}$ 两条等值线之间的含油面积。

如果已知单井点的厚度，可根据井点将井网划分出三角形，并用中垂线划分单井控制面积，如图 1-1-6 所示。油层平均有效厚度 $\overline{h}_e$ 可表示为：

$$\overline{h}_e = \frac{\sum\limits_{j=1}^{m} A_j h_{ej}}{\sum\limits_{j=1}^{m} A_j} \tag{1-1-8}$$

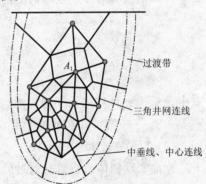

图 1-1-6  单井控制面积示意图

式中　$h_{ej}$——第 $j$ 井油层有效厚度，m；

　　　$A_j$——第 $j$ 井控制面积，km²；

　　　$m$——井数。

3）确定单储系数

（1）油层有效孔隙度与原始含油饱和度。

以岩心分析结果为主要依据，测井解释数据为辅助资料，确定单井单层的有效孔隙度。计算油层有效厚度范围内的油层平均孔隙度的方法为：

先用厚度权衡法计算单井平均孔隙度：

$$\overline{\phi}_j = \frac{\sum\limits_{i=1}^{n} \phi_{ij} h_{eij}}{\sum\limits_{i=1}^{n} h_{eij}}$$

(1-1-9)

式中　$\overline{\phi}_j$——第 $j$ 口井单井平均孔隙度,小数;

$\phi_{ij}$——第 $j$ 口井第 $i$ 块样品的分析孔隙度,小数;

$h_{eij}$——第 $j$ 口井第 $i$ 块样品的控制厚度,m;

$n$——样品块数。

然后用岩石体积权衡法计算区块或油田平均孔隙度:

$$\overline{\phi} = \frac{\sum\limits_{j=1}^{m} \overline{\phi}_j A_j h_{ej}}{\sum\limits_{j=1}^{m} A_j h_{ej}}$$

(1-1-10)

式中　$\overline{\phi}$——计算单元平均孔隙度,小数。

油层原始含油饱和度是指油层还没有进行开发,在保持原始油层条件下的含油饱和度。原始含油饱和度可以通过钻井取心方法在实验室分析确定或利用地球物理测井解释得出。若取心分析测定出束缚水饱和度,则可以换算出原始含油饱和度,并确定单井单层的原始含油饱和度。

计算油层有效厚度范围内的油层原始含油饱和度采用孔隙体积权衡法:

$$\overline{S}_o = \frac{\sum\limits_{j=1}^{m} S_{oj} \overline{\phi}_j A_j h_{ej}}{\sum\limits_{j=1}^{m} \overline{\phi}_j A_j h_{ej}}$$

(1-1-11)

式中　$\overline{S}_o$——计算单元平均含油饱和度,小数;

$S_{oj}$——第 $j$ 井含油饱和度,小数。

(2)原油密度和体积系数。

原油密度和体积系数是通过分井分层在地面取样后由实验室分析确定的。

若分井分层的有效孔隙度、原始含油饱和度、原油密度和体积系数变化较大,则纵向上需要分井采用厚度加权确定其平均值,横向上需要分区采用面积加权确定其平均值。

确定各分区单元的有效孔隙度、原始含油饱和度、原油密度和体积系数平均值后,即可确定相应油田的单储系数。

一般情况下,一个油田的单储系数变化不大,而含油面积与有效厚度则变化较大。实际应用中,通常先确定单储系数,再根据不同单元的含油面积和有效厚度计算地质储量。

# 第二节  油田开发程序

一个油田在勘探发现以后即转入开发阶段,油田开发整个过程中一般要经历三个阶段:开发前的准备阶段,包括详探和开发试验等;开发设计和投产阶段,包括研究和评价油层,全面布置开发井,制订和实施完井方案、注采方案;开发方案的调整和完善阶段。相应的开发设计也可划分为三个阶段:油田开发早期概念设计阶段、油田全面投入开发总体方案设计阶段和油田开发中后期的调整方案设计阶段。这三个阶段的开发设计都是至关重要的战略性问题,至于各个阶段的实施方案则是战术性问题,如钻井、完井、射孔方案,注采方案,配产配注方案等,所有这类设计都是围绕前述三个阶段的油田开发战略性的设计派生出来的。

## 一、油田开发概念设计

若一个油田在勘探过程中有了发现井,在预期有油田开发前景的条件下,即可开展概念设计。这是勘探过程中开发早期介入的重要阶段,其基本任务是充分应用地球物理资料和发现井地质及试采资料进行早期油藏评价,详细阐述继续详探评价的步骤及转入实施开发的条件,提出需要补充录取的资料及需要开展的先导试验,对油藏开发着重进行机理研究和敏感性分析,为进行早期科学决策提供依据。

### 1. 油藏开发概念设计

油藏开发概念设计是油藏早期评价的新方法,在油藏发现工业油流并将于近期开发时,使用勘探阶段取得的少量资料信息及时进行早期油藏描述,建立初期概念地质模型,并提出开发初步构想,包括基本开发方式、关键工艺技术、建设规模、生产条件、产品销售及经济效益等;对进一步详探井部署、资料录取、先导试验和系统工程的准备等提出要求;对油藏开发的基本形式和可能出现的问题进行研究,做出预测和评价,为油田正式开发做准备。

### 2. 油藏开发概念设计的基本内容

油藏开发概念设计的基本内容包括:
(1)判断油藏类型,包括初步认识油藏构造、储集层、驱动类型、流体性质等;
(2)储量测算;
(3)油藏产能、开发方式及油藏生产规模预测;
(4)可能采用的主体工艺技术,包括完井工艺、油层改造、开采工艺等;
(5)地面工程概念设计及集输工艺;
(6)油气产品结构、销售及开发经济效益初步预测和评价;

(7) 编制开发方案所需资料录取及后续开发各项准备工作。

油藏开发概念设计应提出为进一步认识油藏地质特征和后续开发所需进行的一系列工作,包括地震详查、钻详探井、测试、分析化验和综合研究等工作,进一步获取关于油藏的构造、储集层、流体性质、地层能量等方面的资料,明确后续资料录取的目的、项目、工作量,尽量做到少井多信息,最大限度地满足油藏描述和开发方案设计的要求。对于地质情况比较复杂和面积较大的油藏,应分批钻评价井或局部控制井。

在油田开发概念设计阶段,往往只有发现井及少数评价井资料,对油藏的认识还存在许多不确定性。不同的油藏类型及获得的各种信息量的多少对设计的可信度影响很大。在构造简单、含油面积大、油层多、储量丰富、获得较多储层信息的情况下,概念设计的可信度比较高;对于复杂的断块、构造-岩性和岩性油藏,必须采用滚动勘探开发程序,进行滚动评价和滚动开发。概念设计对这两大类油藏所提出的开发程序应该有明显的区分,对所提出的油田开发基本原则、可能采用的开发部署、开发指标、经济指标等,都应指明可能波动的幅度。

## 二、整装油田开发程序

### 1. 油田开发试验

依靠勘探阶段所取得的资料能够了解油藏静态的基本地质特征,但还不能掌握油藏开发过程中的油水运动和变化规律。另外,正式开发拟采用的开采方式和工艺技术是否合适也需要对油藏适应性进行检验。因此,需要开展相应的开发试验,为制订开发方案的各项技术方针和政策提供依据。

1) 选择先导试验区的原则

(1) 试验区的位置和范围应对全油田具有代表性,保证试验结果具有普遍指导意义。

(2) 试验区井组、单井或其他小型专项试验及需要取得的各种资料应具有代表性和普遍性。

(3) 试验区应具有相对独立性,以便于观察、管理和评价开发效果,有利于确定采收率。

(4) 试验区应有利于高采油速度要求,以保证先导试验周期尽可能短,试验目的明确,对比性强。

(5) 试验区应尽可能考虑到地面建设、运输等自然条件,以保证尽早投入先导试验。

大油田或特大油田的试验区应具有一定生产规模;对于中、小型油田,若已有类似油田的开发经验,或油田不具备先导试验条件,应主要做好单井的试油、试采工作。

2）先导试验的主要内容及要求

先导试验主要是通过生产试验观察和认识整个油田在正式投入开发后可能的生产规律,主要包括开采方式的适应性、储集层产能、油水运动特征等。同时,对正式开发具有重大影响的措施（如低渗透油田压裂）也需要开展试验。先导试验的要求为:

（1）编制完整的开发试验方案,严格按照方案的试验进度实施。

（2）进行先导试验区油藏描述,建立定量化地质模型,应用油藏数值模拟或油藏工程方法进行油藏实时动态跟踪模拟。

（3）试验区内注采井网系统较为完善,并具有先进的配套采油工艺技术。

（4）试验区块具有完善的动态监测系统,包括油气水计量、压力检测、注水井吸水剖面和油井产液剖面检测、剩余油饱和度检测等,取全取准各项资料数据。

（5）试验区具有符合油田高效开发的地面工艺流程,系统效率高。

（6）试验区各项开发指标及技术指标达到设计要求。

## 2. 油田正式开发

油田正式开发阶段首先通过油藏描述,按照储量、流体等地质特征的不同,当条件具备时划分若干开发区,分区进行优化设计和方案编制。

油田开发方案是根据油田地质、地理等客观条件以及国民经济发展的需要和技术及经济可行性编制的一整套关于油田开发的原则、办法和要求的文件。它是对一个要进行开发的油田制订出使油田投入长期和正式生产的总体部署和设计,是决定原油从油层流到生产井井底并采出地面的各种条件的综合。油田开发方案的制订和实施是油田开发的中心环节,必须切实完整地对各种可行的方案进行详细评价和全面对比,然后确定出符合实际情况、技术上先进、经济效益优越的方案。

油田投入开发必须有正式批准的开发方案,并按照开发方案文件逐步投入开发。开发方案的实施涉及钻井、矿场设施建设、油水井投产投注等。开发方案实施的基本任务是在设计工艺及技术经济指标下达到设计产油量。

1）开发方案实施

开发方案的实施是在组织者和设计人员监督下收集矿场生产和地质资料,定期进行整理和分析,以确保实际数据与设计数据相吻合,并根据实际指标与设计指标的差异程度,在设计规定的范围内进行调整。在方案实施过程中,当原方案与油藏实际差异较大时,改变实施设计的组织,或补充或修改方案必须经过论证和审批。

2）开发动态监测

在开发方案的实施阶段以及油藏整个开发期,采油企业对油田开发实施系统监测。根据油藏地质特点和开发要求,确定动态监测内容、井数和资料密度,目的是通过监测资料的采集和分析,对整个油藏开发系统进行评价,并为持续开发决策的最优化获取必要的资料。

### 3. 油田开发调整

1）开发动态分析

对开发过程中采集的各种资料进行分析,包括油井的原始产量数据、压力数据、水淹状况、产出物的物理化学性质、井下作业资料等,注水井的原始注水量数据、注水压力数据、水质数据、井下作业数据等,以及开发动态监测资料。开发动态分析所要解决的主要问题包括油藏地质特征校核、开发工艺的适应性分析、储量动用状况及开发效果评价,并提出油田开发调整措施。

2）开发调整

对于开发初期的油田,开发方案的设计主要基于有限的生产动态资料、岩心分析资料和地层测试资料,因此开发方案中可能存在一些不完善性因素;由于油田地质条件复杂,油田投产后将不可避免地出现原来估计不足的问题,导致实际生产动态与原方案设计不相吻合;同时国民经济的发展也会对油田生产提出新的要求,因此油田开发过程中应对原设计方案进行不断的调整。

## 三、断块油田开发程序

复杂断块油田的勘探开发难度很大,主要问题是用常规的详探井网难以探明油藏情况,无法针对油藏情况部署开发系统,因此常规勘探开发程序,即探明油藏情况→编制开发方案→按方案实施,是不适用于复杂断块油田的。在较复杂的区域内,常规的详探井网最密只能打到 5 000 m×1 000 m 左右的井网。显然,在复杂断块油田上,这种井网的相邻井都只能分别打在不同油藏里,其表现是:虽然广泛钻遇油层,但种种迹象表明相邻井的油层不属于同一油藏,也不属于同一断块,如含油层位不同,或者含油层位虽相同但油水关系矛盾,或者地层高差很大等,甚至由于断块太多,连地层构造都搞不清楚。当一个油藏只有一口井钻遇时,一般难以利用油藏概念对油水关系、含油范围和油层厚度变化等问题做出准确的判断,所以很难做出符合油藏情况的开发部署。经验表明,大约 400 m×400 m 的井网才能基本上不漏掉 0.5 km² 左右的断块油藏;250～300 m 的井距才能探明这种油藏的基本情况。即使是达到这种程度的井网,仍然会遗漏相当一批较小的断块油藏,但是用这样的开发井距打详探井显然是不允许的。

因此,对于复杂的断块油田,必须进行滚动勘探开发。复杂断块油田的滚动开发就是重点对油气富集区采取开发与详探紧密结合的、在实践与认识上多次反复逐步发展的开发方法。

断块油田由于地质结构的复杂性,不同部位存在较大差异,因此不可能对油田各部分同时进行细致的油藏工程设计,只能对那些油藏描述得比较清楚,能够建立地质模型的断块区进行油藏工程设计。

**1. 滚动开发的设计原则**

根据油田油气富集区分布情况及地质条件,按先富后贫、先高产后低产、先简单后复杂的原则,分批实施滚动开发,并严格遵循复杂断块油田详探开发工作程序,以油气富集区为重点,以控制主力含油断块并形成初期开发系统,迅速建成生产能力为目标。

**2. 滚动开发的工作要求**

处理好勘探与开发的衔接,把详探和开发工作紧密地结合在一起,并以富集区为开发单元整体部署详探开发井网。开发井通常带有详探的任务。在勘探与开发的结合中,开发井也存在风险性,但滚动开发要求在高经济效益前提下达到高速度与低风险两者的平衡。

滚动开发要查明油气富集在断块区的具体部位、边界的确切位置、内部结构、分界断层的确切位置、油气水层关系和估算的探明储量,依靠详探工作的开展和综合评价,为开发决策提供所需资料。详探工作包括三维地震、钻井、取心、试油试采、综合地质研究。

**3. 滚动开发基本工作程序**

以富集区为开发单元的滚动开发基本工作程序为:整体部署、分步实施、及时调整和逐步完善。力争用少量的井既能探明含油断块,又能形成较好的开发井网。

(1)整体部署。根据断块区钻探资料,结合地震细测资料,从认识主力断块与开发主力断块的需要出发,以该断块主力含油层系为对象,初步设计一套开发井网,作为钻井实施基础。

(2)分步实施。在初步设计的开发井网的基础上,先打关键井,后打一般开发井;根据断块区存在的地质问题,分批逐步加以解决。

(3)及时调整。根据关键井的资料进行研究,按新的认识及时调整原来设计井网的部署,确定下一批井位,以适应目标断块区的特点。

(4)逐步完善。一般要经过多次设计调整、多次评价决策和多次部署实施,才能较好地控制主力含油断块,逐步形成开发井网。

**4. 层系与井网**

对于含油面积大于 $1\,km^2$ 的断块,要进行层系划分与组合,并按正规井网布置。划分原则与整装油田一致。

对于含油面积小于 $1\,km^2$ 的断块,原则上不划分开发层系。开发井网一般以不规则四点法(反七点法)或五点法井网为主。

### 5. 开发方式与注水时机

在采用静态与动态资料相结合,进行早期判别油藏天然能量大小及驱动类型的基础上,根据不同条件和地质特点确定开发方式。

对于高渗透率、低黏度、高产能、强边(底)水驱的断块油藏,应充分利用天然能量进行开采。对于以弹性驱动为主、天然能量不充足的封闭或半开启的断块油藏,应采取人工补充能量的注水方式进行开发。凡具备注水条件的均应采取早期注水开发方式。

复杂断块油田开发方案编制应以划分出的断块区或主力含油断块为开发单元,分别进行开发方案编制。

# 第三节　油田开发方案编制

## 一、油田开发数据与指标

油田开发过程中能够表征油田开发状况的数据包括状态数据和评价数据。评价数据中能够表征油田总体数量特征的称为开发指标。开发指标可以评价和衡量油田开发的程度、速度和效率等。

### 1. 油田生产状态数据

(1)油田生产能力。油田内所有油井(除去报废井和暂闭井)能够生产油量的总和称为生产能力,油田实际日产量的大小称为生产水平。

生产能力和生产水平的差别在于:生产能力表明一个油田最大可能的采油量,但由于生产事故、停工、操作不当、计划不周、设计不合理、供应不足等原因,实际上没有达到最大生产能力。显然生产能力和生产水平的差异反映了油田的管理水平。

(2)含水率。油井日产水量(质量)与日产液量(质量)之比称为含水率。油田综合含水率是指各含水油井总产水量与所有生产井的总产液量之比。

(3)生产气油比。油田在开采过程中,每采出 1 t 油所伴随采出的天然气量。生产气油比的大小反映了地层原油的脱气程度。

(4)生产压差。油井关井时,油层压力处于平衡状态,当油井开井生产后,井底压力下降,油层与井底之间形成压力差,即为生产压差,又称工作压差。

(5)注水压差。注水井注水时井底压力与地层压力之差称为注水压差。注水井井底压力近似为井口压力与静水压力之和。如果注水井采用油管注水,则井口压力为油管压力;如果采用套管注水,则井口压力为套管压力。

(6)注水强度。单位有效油层厚度的日注水量称为注水强度。

（7）采油（液）指数。单位生产压差下的日产油量称为采油指数，它表示油井的生产能力。当油井含水时，单位生产压差下的日产液量称为采液指数。

（8）注采比。注入水的地下体积与采出的油气水的地下体积之比称为注采比。

**2. 油田开发指标**

根据油水井直接计量数据可以派生出评价油田开发状况的数据，具体包括：

（1）采油速度。年采油量占地质储量的百分比称为地质储量采油速度，也可以以可采储量为基础，称为可采储量采油速度。采油速度是衡量油田开采速度快慢的指标。

（2）采出程度和采收率。油田累积产油量占地质储量的百分比称为采出程度。油田开采废弃时的采出程度就是油田的最终采收率。开发方式不同，油田的采收率也不同。油田累积产油量占可采地质储量的百分比称为可采储量采出程度。

（3）含水上升率。含水上升率或含水上升速度表示某一阶段含水率的上升量，它是衡量油田含水上升快慢的指标。矿场上对含水上升率有两种表示方法：月（或年）含水上升率＝月（或年）末含水率－月（或年）初含水率；每采出 1％地质储量的含水上升率。

（4）注水利用率。注采水量之差与产水量的比值称为注水利用率，表示注入水存留于地下的百分数，用来衡量油田注水效果的指标。显然，油田在注水初期不产水，注水利用率为 100％；当油田产水后，注入水中的一部分随着原油一起开采出来，注水利用率逐渐降低。

## 二、油田开发方案设计

**1. 开发设计原则**

制订和选择合理的油田开发方案必须有一个正确的开发方针作指导，正确的油田开发方针是根据国民经济发展对石油工业的要求和总结以往油田开发的经验制订出来的。我国油田开发的基本方针为：必须在一个较长的时期内实现稳产和高产。根据油田开发的基本方针，针对具体油田的实际情况、现有的工艺技术手段和建设能力，制订出具体的开发原则。这些原则是：

（1）在油田客观条件允许的前提下，满足国民经济对原油生产的要求；

（2）充分利用油田天然能量资源，保证获得所预计的原油采收率；

（3）油田要长期稳产、高产；

（4）经济效益好。

**2. 油田开发阶段性**

任何油田的开发过程都表现为启动、发展、持续和衰竭的阶段性特征。油田开发工程属大系统工程,实施环节纷繁复杂,油田建设期不是短时间完成的,油田的生产运行期一般延续几十年甚至上百年。因此,认识和掌握油田开发不同阶段的发展变化规律和主要开采特点,对于合理开发油田具有重要意义,主要表现在:

(1)油田开发人员对油藏的认识是不断深化和逐步完善的。油气田开发的技术和经济风险性决定了需要根据不同阶段的要求制订不同时期的开发方案,开发的计划性可以避免一次性决策的风险,保证油田开发高效运行。

(2)适应不同阶段不同时期油田开发的规律性和主要开采特点,合理安排油田开发调整措施,实时转换开发方式,逐渐改善开发效果和提高油田采收率。

(3)适应不同阶段的油田产量变化特点,进行油田地面工程建设,使地面油气集输管线及各项建设工程可以有计划地进行,避免规模和投资过大或过小而造成浪费,有利于人力、物力、财力的合理使用。

油田按照开采方法划分开发阶段:

(1)一次采油。利用油藏的天然能量进行开采的方式称为一次采油。该阶段的油井生产方式取决于天然能量的大小,可以保持自喷方式,也可以采用人工举升方式。随着天然能量的消耗,地层压力下降,油井产量下降到极限产量。一次采油阶段的采收率通常为10%~15%。

(2)二次采油。利用人工注水或人工注气补充能量进行开采的方式称为二次采油。人工补充能量可以使地层压力回升,产量上升,但随着油井含水率或生产气油比的增加,油井产量下降到极限产量。二次采油阶段的采收率通常为20%~25%。

(3)三次采油。通过改变驱替流体介质来扩大水淹体积并提高洗油效率的开采方式称为三次采油。三次采油包括:聚合物驱、表面活性剂驱、碱驱或复合驱等化学剂驱方式,气驱混相或液驱混相方式,注蒸汽或火烧油层等热力采油方式。三次采油阶段的采收率通常为10%~30%。

**3. 编制油田开发方案的基本条件**

(1)认真完成油藏评价和开发前期工程的各项工作。经过室内实验、专题研究、试采或现场先导试验,系统地取全取准各项资料,并对油藏有比较清楚的认识。

(2)开发方案设计的技术要求中所规定的静、动态资料和数据已经收集得比较完整和准确,关键的技术参数不能用替代数据进行设计计算。

(3)开发方案设计必须以符合油藏实际的地质模型和已落实的探明地质储量为基础,以可靠的生产能力和注水能力为必要条件,确保开发方案设计的科学性和准确性。油藏工程设计中的地质储量、可采储量、产能、产量及采油速度等主要开发指标要具有较高的符合程度,实施后验证不得低于设计指标的90%。

### 三、开发方案设计内容

虽然石油开采历史非常久远，但对石油进行工业性开采从 1860 年到目前只有 150 多年的历史。早期的石油开采技术比较落后，谈不上有正式的开发方案，油气资源开发的盲目性很大。随着长期油田开发经验的累积和大量的理论研究，人们逐渐认识到要合理且有效地开发油田，必须制订油田开发方案。

**1. 油田开发方案的基本内容**

油田开发方案是指导油藏开发的重要技术文件，是由油藏工程设计、钻采工程设计、地面建设工程设计、技术经济优化四个部分组成的统一整体，又称油藏总体开发方案。

1）油藏工程设计

（1）进行油藏描述并建立地质模型。油藏描述的主要内容包括构造、储集层、储集空间、流体、渗流物理特性、压力和温度系统、驱动能量与驱动类型等。通过油藏描述，建立符合油藏实际的准确的地质模型，作为油藏工程设计的基础。

（2）评价或核算地质储量，计算可采储量。主要包括所使用的计算方法、参数的确定、储量级别的划分及计算结果。

（3）确定开发方式、开发层系、井网和注采系统。主要包括对天然能量、人工补充能量及选择何种开发方式的论证分析，层系划分、储量控制和产能分析，不同井网对储量控制程度的分析等。

（4）确定压力系统、生产能力、吸水能力和采油速度。主要包括油藏压力的保持水平和整个注采压力系统的确定，采油指数及分阶段合理生产压差的确定，人工改造油层及应用新技术对产能的影响，试采试注资料分析等。

（5）开发指标预测和推荐方案的论证分析。主要是应用常规油藏工程方法和油藏数值模拟方法计算不同开发阶段，不同开发层系的指标（一般为 15 年）；对比不同方案，选定合理、可靠的油井产能及采油速度。

（6）提出对钻井、完井、测井、采油工程及动态监测方案的建议和要求。

2）钻采工程设计

在油藏评价的基础上，结合油藏工程设计的基本要求，编制钻采工程设计。主要包括：

（1）选择钻井类型，如直井、定向井、水平井或丛式井等。

（2）根据储集层评价和岩心分析资料，选择油层以上及油层井段的钻井液体系，既要保证上部地层安全钻进，又要做到保护油层。

（3）根据开采方式、油井产量（包括开发后期采液量）、注水要求、采油工艺及增产措施等要求选定套管尺寸及强度，然后确定套管程序、井身结构及注水泥工艺。

（4）选择完井方式。根据油藏类型、储集层岩性及原油性质，确定套管射孔、割缝衬管、砾石充填或裸眼等完井方式。

（5）根据油藏工程研究的结果，进行流入（IPR）、流出（TPR）曲线及节点分析，优化开采方式，预测自喷开采期及转换人工举升的时机和方式。

（6）进行岩心敏感性实验，提出开采过程中保护油层的措施；进行油层敏感性分析，选择合理的油管尺寸；进行射孔敏感性分析，确定射孔孔密、孔径及射孔深度。

（7）根据油田注水开发方案，确定注水压力、水质标准、注水井排液标准、注水方式（合注、分注）、注水工具及设备以及分层测试的方法。

（8）根据储集层岩性，选择压裂、酸化等增产措施；对出砂油层，选择防砂方法。

（9）针对原油及地下流体性质和产出液中的腐蚀性介质，选择井下管柱及防蜡、防垢、防腐等油井保护措施。

（10）确定井下作业类型，测算井下作业工作量，并估算其配套队伍、工具、装备及辅助设施。

3）地面建设工程设计

地面建设工程设计主要包括原油集输和处理、天然气处理、油田注水及污水处理系统，油田供电、水源、道路、通信等配套设施建设，以及地面建设投资评价。

（1）油藏地面工程布局要依据整个油区的规划进行总体部署，按各个开发阶段的要求分期实施；地面工程要分专业规划，采油工程与地面工程整体优化，达到整体系统效率高、效益好的目标。

（2）油气工程原则上要同步建设，搞好综合利用，减少和消除天然气放空，油气水集输处理与计量、原油储运、天然气加工、供电供水、道路以及通信等都要从我国国情和当地经济、地理及社会状况出发，选择先进实用、安全可靠、环境保护好、有较强适应性的工艺技术，为方便油藏生产管理并最终获得最好的经济效益创造条件。

（3）新油藏的配套工程不搞"小而全""大而全"，要按照专业化、社会化的管理体制，根据石油行业和当地依托条件进行适度部署。

4）技术经济优化

技术经济优化主要包括勘探开发投资、油气成本及单位能耗、生产建设投资评价、开发方案各项经济技术指标对比及选择等，并进行各项经济指标的汇总。

（1）经济评价。油田开发的经济评价是决策过程中的一个重要环节，是在地质资源评价、开发工程评价基础上进行的综合性评价。对通过产量实现的收入和可能发生的费用支出进行现金测算，围绕经济效益进行分析，预测油藏开发项目的经济效果和最优化的行动方案，提供决策依据。

油藏开发经济评价必须以油藏经营参数的最佳化和经济效益更大化为出发点，在满足国民经济需要的同时，在物质生产上讲求经济效益，尽量做到投资少、利润大、见效快、返本期短。只有能满足这种要求的油藏,才具有较大的开采价值。

(2)油藏经济评价参数。经济评价参数制定得合理与否以及计算的准确程度,对经济评价工作的质量和经济评价的结果将产生直接影响。经济评价参数包括:

① 原油价格是一个非常重要的参数,它不仅关系到油藏经济价值的大小,而且直接影响一系列技术经济指标的确定。因此在油藏经济评价中,采用合理的原油价格是十分重要的。

② 投资是指投入的资金额。油藏开发建设总投资一般包括固定资产投资、固定资产投资方向调节税、建设期利息和流动资金等。

③ 成本和费用是指油藏开发中,主管企业在生产经营过程中所发生的全部消耗,包括油气产品的开采成本、管理费用、销售费用和经营费用。油气成本和费用除与油藏生产经营管理水平有关外,还与油藏的地质条件、开采技术条件有很大关系。

④ 利率和贴现率。油藏开发资金主要来源于贷款,贷款要按规定的利率付息。

一定时期的贴现利息与期票票面金额的比率称为贴现率。在石油经济评价中,运用这项指标是为了表现不同时间的收入之间的关系,所用方法与银行贴现相同,但内容与银行放款业务并不完全一样。贴现率的取值往往不是利息的取值,而是投资效益系数的标定值,即投资可行的下限,一般较利率值要高出一倍左右。

(3)油藏开发经济评价的常规分析。针对油藏开发经济特征,通过筛选,建立指标体系,如图1-3-1所示。

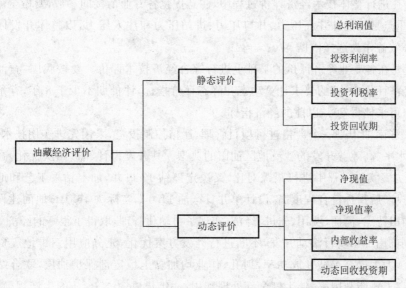

图 1-3-1　油藏经济评价指标体系

如果采用静态评价指标,由于没有考虑资金的时间价值,分析比较粗糙,计算上存在一定误差,在某些情况下可能影响项目或方案的决策,因此现在分析投资效益时,主要采用动态评价方法。动态评价要求投资者树立资金周转观念、利息观念、投入产出观念,这对合理使用资金、提高投资项目经济效益具有十分重要的意义。强调动态评价并不排斥静态评价。静态评价指标一般具有简单、直观、使用方便的优点,因而在项目评价的初始阶段,如在项目建议书阶段或机会研究及初步可行性研究阶段中普遍采用。

### 2. 油田开发方案优化

在油藏工程、钻采工程及地面建设工程等专业设计方案的基础上,经过综合技术经济分析和全系统优化,最终确定油田开发方案,并提出实施要点。油田开发方案追求的目标是经济效益好、采收率高,因此,方案优化的原则是:对利用或部分利用天然能量开采的油藏(或区块),尽早回收投资;对一个油区,要考虑一定的稳产期、高产期;对于单个油藏及有接替储量的区块,稳产期长短不作为方案选择的标准;对于具备高速开采条件的油藏,应根据油藏条件、市场状况确定开采速度;对于在开发初期利用天然能量开采的油藏,初期不建注水工程;不建或少建备用机组及设施(可预留扩建位置)。

总体方案优化要着重做好以下三方面的工作:

(1) 在编制油藏工程、钻采工程和地面建设工程等专业方案时,应进行"一体化组合设计",各专业并行、交叉研究,相互结合,加快设计速度,保证质量,互相衔接和相互制约,追求总体上的高效益。

(2) 在进行整体技术经济评价过程中,注意优化各专业衔接的参数,要做全流程的节点分析,重点是采油井井底压力、井口压力、进站压力和注入压力,以整体开发体系的能耗及经济效益作为选择依据。

(3) 要在各专业经济评价的基础上进行综合经济技术评价。要按我国"石油工业建设项目经济评价方法"的要求计算动态和静态评价指标,评价期不少于 8 年,有条件的要测算采出可采储量 80% 以前的经济指标。

新疆彩南油田是一个严格进行项目管理,严格控制投资,采用先进实用技术,实现高速度、高水平、高效益开发的沙漠地区油田的典型。其开发设计经过四次优化,减少钻井 87 口,在方案实施过程中进行跟踪对比,又决定停钻 17 口井,加上钻采工艺和地面工艺的优化,投产后指标符合程度高,设计单井日产油 14.0 t,实际为 16.1 t,地面建设符合沙漠地区油田特点,简捷、实用、先进、经济,实现了自动化管理,取得了很好的经济效益。

胜利临南油田实行滚动开发,不断进行开发方案优化,充分应用三维地震资料进行跟踪研究,大大提高了钻井成功率,射孔、作业均加黏土稳定剂保护油层,联合站内一热多用,提高了热能利用率,伴生气全部处理利用,一年建成 $50 \times 10^4$ t 的生产规模,采油速度为 3%,实现了高速度、高效益开发。

彩南、临南等一批新油田开发效果和效益好,与开发早期介入、多专业协同、优化开发方案设计、做好开发前期的准备工作是分不开的。

**【要点回顾】**

油气藏特征及其开发地质特征是正式开发设计中选择不同驱动方式的重要依据;地质储量是通过给定采油速度进一步获取年采油量的重要依据,因此油田正式开发之前对油水井进行试采试注,获得油水井生产和注水能力,就可以确定油田正式开发所需要的油水井数;开发方案设计内容是油田开发方案编制的规范性内容,体现了油气田开发工程的规模性、系统性和多学科性。

**【探索与实践】**

**一、选择题**

1. 下列油田数据中(　　)为开发指标。

　　A. 岩石渗透率　　B. 采收率　　　　C. 有效厚度　　　D. 地质储量

2. 凝固点大于 40 ℃的轻质含蜡原油称为(　　)。

　　A. 稀油　　　　　B. 稠油　　　　　C. 高凝油　　　　D. 挥发油

3. 采油速度是指(　　)与油田地质储量之比。

　　A. 采油量　　　　B. 采液量　　　　C. 月产油量　　　D. 年产油量

4. 含水率是指油井(　　)。

　　A. 日产水量与日产液量之比　　　　B. 月产水量与月产液量之比

　　C. 年产水量与年产液量之比　　　　D. 累积产水量与累积产液量之比

5. 利用注水或注气补充能量开采石油称为(　　)。

　　A. 一次采油　　　B. 二次采油　　　C. 三次采油　　　D. 初次采油

6. 单位有效厚度油层的日产液量称为(　　)。

　　A. 平均采液量　　B. 采液强度　　　C. 采液速度　　　D. 持液率

7. 下列(　　)的地质认识程度最高。

　　A. 控制储量　　　B. 探明储量　　　C. 预测储量　　　D. 远景储量

8. 当油气藏高度小于储层厚度时,油气藏下部的水称为(　　)。

　　A. 边水　　　　　B. 底水　　　　　C. 束缚水　　　　D. 外来水

9. 当油气藏高度大于储层厚度时,油气藏下部的水称为(　　)。

　　A. 边水　　　　　B. 底水　　　　　C. 束缚水　　　　D. 外来水

**二、判断题**

1. 采油速度是年产油量与地质储量之比。　　　　　　　　　　　　　　　(　　)

2. 注水指示曲线的斜率变小,说明吸水能力减弱。　　　　　　　　　　　(　　)

3. 油田可采出的油量占地质储量的百分数称为采收率。　　　　　　　　　(　　)

4. 注入水从油管进井、从油套环形空间返回地面称为反注。　　　　　　　(　　)

5. 在现有经济技术条件下最终可以采出的石油量称为地质储量。　　　　　(　　)

6. 油田的开发程序与油藏类型无关。　　　　　　　　　（　　）

7. 油田实际日产量的大小称为生产能力。　　　　　　　（　　）

8. 注水量与产水量之比称为注水利用率。　　　　　　　（　　）

## 三、问答题

1. 油气藏类型是什么?

2. 陆相沉积油藏的开发地质特征是什么?

3. 对油藏进行开发分类的主要依据及意义是什么?

4. 油井生产能力测试方法及主要作用是什么?

5. 整装油田的开发程序是什么?

6. 油田按照开采方法划分为几个开发阶段? 各阶段的主要特征是什么?

7. 编制油田开发方案的基本条件是什么?

8. 油藏开发总体方案的基本内容包括哪些?

# 第二章 油藏工程设计原理

**【预期目标】**

通过本章学习,掌握油藏不同驱动方式的主要生产特征及相应采收率的变化范围;理解开发层系划分原则和油田注水时机选择,重点掌握注水方式设计和注采系统设计,包括不同注水方式下井网形式、井距和适应性;理解断块油藏分级及其对井网井距的适应性界限;重点掌握排状注水和面积注水开发指标预测方法。

**【知识结构框图】**

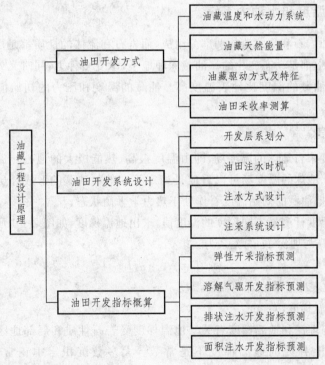

**【学习提示】**

需要首先了解油藏天然能量的来源和大小,理解不同油藏驱动方式的生产特征以及不同方式的驱替效率和对应的采收率,进一步理解选择注水开发方式的必要性和可行性,重点掌握排状注水系统和面积井网注水系统的井网井距设计方法,在此基础上,掌握排状注水和面积注水方式开发指标预测方法,并以此为基础进行方案优化。开发层系划分、注采系统设计和相应的开发指标预测是油气田开发方案设计的核心内容。

**【问题导引】**

问题1:油藏天然能量的来源和大小是什么?

问题2:油藏不同驱动方式的驱替效率和生产特征是什么?选择不同驱动方式的依据是什么?

问题3:油藏划分开发层系的重要意义和主要原则是什么?

问题4:切割注采系统和面积注采系统的适用性是什么?其具体设计方法是什么?

问题5:切割注采系统和面积注采系统的开发指标预测方法是什么?

# 第一节　油田开发方式

## 一、油藏温度和水动力系统

油藏由含油岩石和油藏流体两部分组成,而岩石和流体的性质都是压力和温度的函数,在开采过程中都是动态变化的。油藏深埋地下,承受多种力,同时又处于地球的温度场中,因此一般油藏的温度比地表温度高。油藏的温度和压力的初始值与油藏埋深有关。

### 1. 油藏温度

油藏的温度来自地球的温度场,即由温度很高、热能极大的地心热源向周围散热而形成的温度场。地球的温度场可以看成是稳定不变的。油藏的形成经历了漫长的地质年代,因此常常把油藏的初始温度看作处于热力学平衡状态。

利用井下温度计测量不同深度的温度值,求出地温梯度,如图2-1-1所示。

油藏温度 $T$ 与埋深 $H$ 的关系为:

$$T = A + \alpha H \tag{2-1-1}$$

式中　$A$——地表冻土层底部恒温层温度,℃;

$\alpha$——地温梯度,℃/m。

油藏温度与埋深和地温梯度有关。地温梯度受岩石性质和局部地区的地质条件等影响,因此地球上各处的地温梯度不是常数。大多数沉积岩中正常地温梯度约为 3 ℃/100 m,但很多地区油藏地温梯度较高,如大庆油田地温梯度高达 4.5 ℃/100 m。

### 2. 油藏压力

油藏不但与周围边底水水体相连通,而且常常存在水体补给来源,油藏内部流体处于静止状态。油藏流体的压力是指岩石孔隙内压力,一般简称油藏压力。油藏压力主要

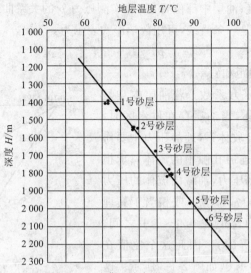

图 2-1-1 油藏温度与深度关系图

来源于地层孔隙空间内地层水的重量所产生的静水压力和上覆岩层重量所产生的压力，即地静压力；其他来源有流体膨胀力、岩石弹性力等。

在油藏的初始状态，没有油气流动，整个油藏中的压力处于平衡状态。但在油藏不同构造部位的油气井中测得的压力值随其埋深而有差别。这种压力差值相当于与埋深的差别相应的油柱的静水压力，如图 2-1-2 所示。

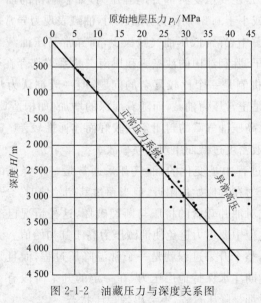

图 2-1-2 油藏压力与深度关系图

实测油藏埋藏深度(油层中部位置)$H$ 和实测压力 $p$ 的关系曲线称为压力梯度曲线。实际上,压力梯度曲线是一条直线,可用数学形式表示为:

$$p = B + \beta H \tag{2-1-2}$$

式中　$B,\beta$——直线截距和斜率。

直线斜率 $\beta$ 称为压力系数。若油层本身是同一水动力系统连通体,当油层存在供水区时,油层为与外界连通的开放体系,地静压力主要作用在岩石骨架上,岩层连通孔隙中的流体只承担地层水重量产生的静水压力,油藏内流体的压力(油藏压力或孔隙压力)常常等于或相当于其埋深的静水压力,二者的比值在 0.9～1.1 之间。由于考虑水的含盐度等因素,因此这个比值在 1.0 左右而不是严格的 1.0,如图 2-1-3 所示。这种情况下的油藏压力称为正常压力,油藏表现为常压系统。一般的正常压力油藏都有较好的连通性。

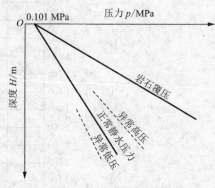

图 2-1-3　油藏岩石覆压、孔隙压力与深度的关系

对于封闭的油藏体系,如孤立的砂岩透镜体,或流体排出不畅通的体系,随着地壳隆起或下陷,岩石上覆负荷发生变化,地层孔隙中的流体不能及时排出,地层孔隙中的地层水不但要承受静水压力,还要承受一部分地静压力,如果测得的油藏压力与其相应的静水压力之比大于 1.2 或小于 0.8,则称为异常压力,油藏表现为异常压力系统。

在所发现的油气藏中,异常低压油气藏极少,而异常高压油藏或气藏则有相当的数量。我国新疆的独山子、胜利油田的沙三段和川南二叠系等都存在异常高压油气藏。异常高压油气藏的形成机制是一个比较复杂的问题,但一般都认为与油藏的封闭条件有关。还有的油藏部分是正常压力油藏,而随着埋深的增加(如构造翼部)出现一些异常高压区。总体来说,异常高压油气藏的封闭条件较好而连通性较差。这类油气藏常常由于在钻井中使用的钻井液密度过低而出现井喷事故。

油藏压力在开采过程中是变化的,油气开采通常是一个降压的过程。若在早期注水,有可能保持油藏压力在其原始值附近,但当超过其初始值时,会引起油藏上部岩层中的应力重新分配,造成对油井套管的挤压与断裂破坏,这种情况已经为很多矿场的实践所证实。因此,开采过程中要尽力避免使油藏压力高于其初始值。

对油藏流体来说,整个开采过程就是一个常温降压过程,而且是随时间和采出量而改变的非稳态过程(早期注水保持地层压力,在一定的开采阶段有可能使油藏接近常压稳态)。气藏开发一般都是降压过程,不会出现稳压状态。

### 二、油藏天然能量

**1. 油藏能量来源**

当油井投入生产后，石油就会从油层中流到井底，并在井筒中上升一定高度，甚至可以沿井筒上升到地面。这是因为处于原始状态的油藏，其内部具有能量，这些能量在开采时成为驱动油层流体流动的动力来源。在天然条件下，油藏的驱油能量主要包括：边底水压能、油藏岩石和流体的弹性能量、原油中溶解气的析出膨胀能量、气顶气膨胀压能、流体重力能。

流体在储集层中的流动是利用油藏所具有的做功能力，克服流体黏滞力、毛管力和重力等阻力的运动过程。对于等温渗流过程，做功即为建立能量差或释放能量，能量的表现形式可以是位能，也可以是变形能，这种能量可以是天然能量，也可以是人工能量。

1）流体位潜能

$$E_{pos} = M_1 g H \qquad (2\text{-}1\text{-}3)$$

式中　　$E_{pos}$——流体位潜能，N·m；

　　　　$M_1$——流体质量，kg；

　　　　$g$——重力加速度，m/s$^2$；

　　　　$H$——流位高度，m。

由于 $M_1 = V_1 \rho_1$，且 $\rho_1 g H = p_1$，则：

$$E_{pos} = V_1 \rho_1 g H = V_1 p_1 \qquad (2\text{-}1\text{-}4)$$

式中　　$\rho_1$——流体密度，kg/m$^3$；

　　　　$V_1$——流体体积，m$^3$；

　　　　$p_1$——流体压力，Pa。

可以看出，流体的质量和高程（压头）或流体体积和其所形成的压力越大，其位潜能就越大。

2）岩石和流体弹性变形潜能

$$E_{def} = F \Delta l \qquad (2\text{-}1\text{-}5)$$

式中　　$E_{def}$——岩石和流体的弹性变形潜能，N·m；

　　　　$F$——岩石和流体的受力，N；

　　　　$\Delta l$——岩石和流体的变形长度，m。

由于 $F = pA$，$\Delta V = A \Delta l$，则：

$$E_{def} = pA \Delta l = p \Delta V \qquad (2\text{-}1\text{-}6)$$

式中　　$p$——压力，Pa；

　　　　$A$——物质受力面积，m$^2$；

$\Delta V$——岩石或流体的体积增量，$m^3$。

弹性变形物体的体积增量 $\Delta V$ 可用弹性压缩系数表示：

$$c = \frac{1}{V} \frac{\Delta V}{\Delta p} \tag{2-1-7}$$

则：
$$E_{def} = cVp\Delta p \tag{2-1-8}$$

式中　$c$——弹性压缩系数，$MPa^{-1}$；

　　　$\Delta p$——压差，$MPa$。

可以看出，岩石和流体的体积 $V$ 和弹性压缩系数 $c$ 越大，压力 $p$ 和压差 $\Delta p$ 越大，则弹性变形潜能越大。如果油藏存在边底水、气顶，这些含水区和含气区也存在能量，同样原油中溶解气量越大，原油地下体积越大。由 $V_o = V_{osc}B_o$（$V_o$ 为地层油的体积，$V_{osc}$ 为原油地面脱气后在标准条件下的体积，$B_o$ 为原油体积系数），原油在高于泡点压力时的体积系数最大，随着原油脱气，原油体积系数逐渐降低，原油地下体积减小，原油的变形潜能降低。

在天然条件下，油藏能量的主要来源包括地层水体（边水和底水）位能、游离气（气顶气）的膨胀能、溶解气的膨胀能、流体和岩石的弹性能以及原油的位能。油藏能量的形式是综合性的，包括容积效应能、弹性效应能、压力及压差效应能。无论哪种效应能都对流体流动发挥作用。

### 2. 油藏天然能量评价

驱油的天然能量不同，油藏开发效果不同。国内外油藏开发实践证明，天然水驱开发效果最好，采收率高；溶解气驱开发效果差，采收率低。因此，油藏天然能量的早期评价直接关系到天然能量的合理利用和油藏开发方式的选择。

根据早期油藏试采资料，应用无量纲弹性产量（$N_{pr}$）方法，可对天然能量做出定性评价。若 $N_{pr} > 1$，说明实际产量高于封闭弹性产量，有天然能量补给，且该值愈大，天然能量补给愈充分。

无量纲弹性产量 $N_{pr}$ 的表达式为：

$$N_{pr} = \frac{N_p B_o}{N B_{oi} c_t \Delta p} \tag{2-1-9}$$

式中　$N_p$——与总压降对应的累积产油量，$10^4$ t；

　　　$N$——原始原油地质储量，$10^4$ t；

　　　$B_o$——当前压力 $p$ 对应的原油体积系数；

　　　$B_{oi}$——原始原油体积系数；

　　　$c_t$——综合压缩系数，$MPa^{-1}$；

　　　$\Delta p$——总压降，$MPa$。

应用这种方法时，油藏应采出 2% 以上的地质储量，且地层压力发生了明显降落，否则将对计算结果产生影响。评价天然能量的强弱，除了用 $N_{pr}$ 指标外，还可采用每采出 1% 地质储量的压降值（$\Delta p / \Delta R$）。根据 90 个油藏的资料，发现 $N_{pr}$ 与 $\Delta p / \Delta R$ 之间有很好的相关关系，如图 2-1-4 所示。

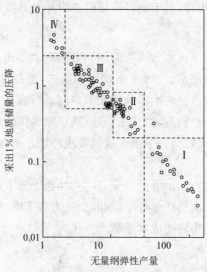

图 2-1-4  无量纲弹性产量与压降关系图

Ⅰ—天然能量充足；Ⅱ—天然能量较充足；Ⅲ—具有一定天然能量；Ⅳ—天然能量不足

天然能量评价指标分为四级，如表 2-1-1 所示。

表 2-1-1  天然能量评价指标

| 分 级 | | 指 标 | | |
|---|---|---|---|---|
| | | $\Delta p / \Delta R$ | $N_{pr}$ | 采油速度/% |
| Ⅰ | 天然能量充足 | <0.2 | >30 | >2 |
| Ⅱ | 天然能量较充足 | 0.3~0.8 | 10~30 | 2 |
| Ⅲ | 具有一定天然能量 | 0.5~2.5 | 2~10 | 1~1.5 |
| Ⅳ | 天然能量不足 | >2.5 | <2 | <1 |

## 三、油藏驱动方式及特征

油田开发过程中主要依靠哪一种能量来驱油，称为油藏的驱动类型（或驱动方式）。根据油藏能量的来源将驱动类型划分为水压驱动、弹性驱动、溶解气驱动、气顶驱动和重力驱动。

由于油层的地质条件和油气性质的差异，不同油田之间，甚至同一油田的不同油藏之间，驱动方式是不相同的。一方面，驱动方式不同，开发过程中油田的产量、压力、气油比等有着不同的变化特征,因此在油田开发初期就需要根据地质勘探成果和高压物性资料,以及开发之后所表现出来的开采特点来确定油藏属于何种驱动方式;另一方面,一个油田投入开发之后,其原来的驱动方式会因开发条件的改变而改变,因此掌握不同类型的驱动方式及其动态变化规律,对于制订合理的油田开发方案具有重要意义。

### 1. 水压驱动

水压驱动是以边底水、注入水为主要驱油动力的驱动方式。

在水压驱动条件下,边底水、注入水推动原油前进,把原油从油层驱入油井中,边底水或注入水逐渐替代原油,占据含油部分的孔隙空间。形成水压驱动方式的条件是油层渗透性好,油藏含油部分距离较近,而且连通好,油层原始压力高,饱和压力低,边底水或注入水的供给量与采油量大致保持平衡。这就要求边底水的地面供给充分,或保持适量的注水量。

水压驱动油藏的开发特点:油井的产量、压力、气油比基本上保持稳定,如图 2-1-5 所示。若采出量超过供水量,油层产生亏空,则油层压力将下降或出现局部低压区,气油比会迅速上升,水压驱动方式将转变成其他驱动方式。

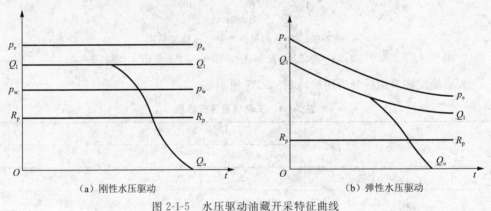

(a) 刚性水压驱动　　　　　　　　(b) 弹性水压驱动

图 2-1-5　水压驱动油藏开采特征曲线

$p_e$—油层压力;$Q_1$—产液量;$Q_o$—产油量;$p_w$—井底流压;$R_p$—生产气油比

### 2. 弹性驱动

弹性驱动是以液体和油层的弹性能量为主要驱油能量的驱动方式。

当油藏形成时,岩层中所含的液体在运移过程中受到压缩,液体压缩性的大小反映出液体内部存在反抗压缩的弹性力,液体具有做功的能力;同样埋藏在地下深处的岩层本身由于受到上覆巨厚岩层的压力,也具有反抗压缩的弹性力。当油藏投入开发时,油层压力开始下降,这时处于压缩状态的液体体积发生膨胀,同时岩石体积也发生膨胀,使得储层的孔隙体积缩小,这样就把油层中的原油排挤到生产井中。当油藏没有天然供水区,而油藏外围的含水区又很大时,往往表现为弹性水压驱动方式,其生产特点是当保持采液量不变时,油层压力逐渐下降,气油比不变,如图 2-1-6 所示。

当油藏边缘封闭,含水区很小时,在地层压力高于饱和压力时,主要靠油层岩石和原油本身的弹性能量将原油挤向井底,表现为纯弹性驱方式。若维持产量稳定,则井底压力和地层压力将迅速下降,如不及时进行人工注水补充油层能量,当地层压力低于饱和压力时,油藏就转入溶解气驱开发,油田产量也会逐渐下降。因此,弹性驱动类型油藏是一种能量纯消耗方式的油藏。

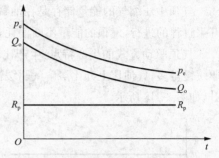

图 2-1-6 弹性驱动油藏开采特征曲线

### 3. 溶解气驱

如果油藏封闭,又没有外来能量补充,则在油田开采过程中,开始时消耗弹性能量,当油层压力低于饱和压力后,原来溶解在原油中的天然气将从原油中分离出来,形成气泡,并逐渐发展为整个油藏呈现油气两相渗流。随着压力的下降,天然气体积发生膨胀,这时油流入井主要是依靠分离出的天然气的弹性膨胀能量,这种驱动方式称为溶解气驱方式。在溶解气驱方式下采油,只有使地层压力不断下降,才能使地层内的原油维持连续的流动。

溶解气驱方式的生产特点:油层压力不断下降,油层中气体饱和度不断增加,气相渗透率不断增大,这样产气量也急剧增高,所以气油比上升,产油量不断下降,当气体耗尽时,气油比又急剧下降,如图 2-1-7 所示。油层中将剩下大量不含溶解气的原油,这些油的流动性很差,甚至不能采出,称为死油。这种驱动方式是一种纯消耗式开采方式,采收率较低,一般只有 10%～15%。

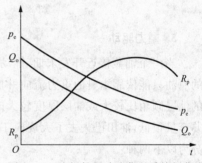

图 2-1-7 溶解气驱动油藏开采特征曲线

### 4. 气顶驱动

当油藏中存在较大的气顶时,开发时主要依靠气顶中压缩气体的膨胀能将原油驱向井底,这种油藏称为气顶驱动油藏。

当油藏中存在气顶时,说明在该油层压力下原油所能溶解的天然气已达到饱和程度,不能再溶解更多的天然气,此时油层压力等于饱和压力。在油井生产时,井底压力必然低于饱和压力,而近井地带的压力也必然低于饱和压力,所以溶解气驱的作用是不可避免的,而且只有在因采油而形成的压力降传到油气边界后,气顶才开始膨胀,压缩气的能量才能显示出来,这时油藏才真正处于气顶驱动条件下。在随后的生产中,为了保持油井生产,井底压力还必须低于饱和压力,所以溶解气驱作用依然存在。

气顶中压缩气的能量储存是在油藏形成过程中完成的,没有后期的能量补充。随着开采过程的进行,气顶的能量不断消耗,整个油层的压力不断下降。

气顶驱动方式的生产特点:生产比较稳定,压力逐渐下降,但下降的速度要比溶解气驱缓慢得多,气油比上升比溶解气驱缓慢得多,但当气顶气突入生产井后,气油比急剧上升,如图 2-1-8 所示。

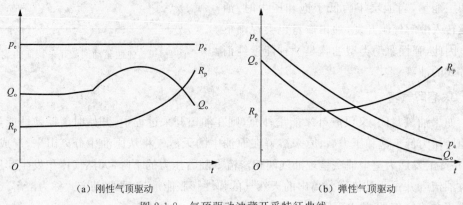

（a）刚性气顶驱动　　　　　　　　　　　（b）弹性气顶驱动

图 2-1-8　气顶驱动油藏开采特征曲线

### 5. 重力驱动

当一个油藏接近开发末期,推动油层中的原油流向井底的能量都已耗尽时,油层中的原油只能依靠本身的重力流向井底,这种驱动方式称为重力驱动。显然,当一个油藏的油层倾角比较大或油层厚度较大时,重力驱动才能发挥作用。在重力驱动条件下,油井产量很低,油田已失去了大规模工业开采的价值。根据油层的自然条件,重力驱动可分为以下两种:

（1）压头重力驱。在这种驱动方式下,原油将沿油层倾斜方向向下移动,并在油层较低的部位聚集起来。

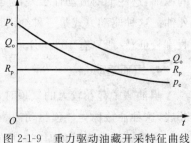

图 2-1-9　重力驱动油藏开采特征曲线

（2）具有自由液面的重力驱。在这种驱动方式下,油井周围附近的液面低于油层顶部,同时气体分离量很小,油井产量也很低。这种情况通常出现在能量枯竭的油层中。

重力驱动油藏的开采特征如图 2-1-9 所示。

## 四、油田采收率测算

原油采收率是衡量油田开发效果和开发水平最重要的综合指标,也是油田开发动态分析中最基本的问题之一,也就是说,在目前开发技术经济条件下,地下原油储量的多大部分可以被开采出来。原油采收率不仅与其天然条件有密切的关系,也在不同程度上反映出油田开发和油田开采的技术水平。

根据苏联和美国的相关资料,20 世纪苏联和美国原油采收率的变化列于表 2-1-2 中。从表中可以看出,采收率呈逐年增长的趋势,说明通过多年的生产实践、油田开发经验的积累以及大量的科学研究工作,再加上人们对储油条件、驱油机理等客观存在认识的逐步加深以及油田开发理论和采油工艺技术的使用,油田实际达到的采收率远远超过利用天然能量所能达到的 15%~20%,平均每 10 年采收率提高 6%~10%。

表 2-1-2  苏联和美国原油采收率的变化

| 年 代<br>国 别 | 20 世纪<br>40 年代以前 | 20 世纪 60 年代 | 20 世纪 70 年代 | 20 世纪 80 年代 | 21 世纪 |
|---|---|---|---|---|---|
| 苏 联 | 20% | 44% | 50% | 60%~65% | — |
| 美 国 | 20% | 33%~35% | 46.4% | — | 60% |

一个国家原油采收率的平均值取决于许多因素,如各种驱动类型、油田数目、油层的埋藏深度、原油性质、用人工保持压力来开发油田的技术水平以及井网密度等,而且各国储量的计算标准和采收率计算方法也不一致,因此苏联和美国原油采收率变化表不能完全反映出两国油田开发技术水平的高低。

**1. 影响采收率的因素**

一个大油田即使原油采收率提高 1%~2%,所增产的原油也是相当可观的,甚至相当于一定规模的新油田,因此目前世界各石油生产国都极为重视采收率的研究工作,并进行了多年的实验与研究。然而,由于采收率的大小涉及油田开发和开采的广泛内容,影响采收率的因素十分复杂,如驱动类型、流体性质、油层性质、表面现象等,从开发上看,注水与否、注水方式、注入速度、布井形式及井排距、水冲洗地层的程度、采油速度等都影响采收率的大小。影响采收率大小的主要因素可归纳为以下两个方面。

1)地质因素对采收率的影响

(1)天然驱动能量的大小及类型。油藏中的油、气处于多种天然能量的综合影响下,如含油区岩石和流体的弹性能、含水区的弹性能和露头水柱的压能、含油区溶解气的弹性能、气顶区的弹性膨胀能、油流本身的位能等。

最常见的驱动方式一般有三种,即水驱、气驱和溶解气驱(见表 2-1-3)。由微观渗流机理可知,水可以润湿岩层,故能渗入孔隙微细缝隙而将油驱入孔道,所以水驱油效率较高,为 35%~75%。气驱油时因气体不能润湿岩石,气流一般首先窜入大孔道中将油排出,所以容易留下残油,其次气体黏度远远低于水的黏度,所以窜流和混合流比较严重,因此气驱采收率低于水驱,为 20%～60%。一般来说,溶解气驱采收率是最低的,大致在 15%～25%之间,而且产量递减很快。

表 2-1-3  美国 1967 年不同类型油藏采收率数据

| 油藏驱动方式 | 砂 岩 | | | 灰 岩 | | |
|---|---|---|---|---|---|---|
| | 最 低 | 平 均 | 最 高 | 最 低 | 平 均 | 最 高 |
| 水 驱 | 28% | 51% | 87% | 6% | 44% | 80% |
| 溶解气驱 | 9% | 21% | 46% | 15% | 18% | 21% |
| 气顶驱 | 16% | 32% | 67% | — | — | — |
| 重力驱 | 16% | 57% | 63% | — | — | — |

(2)油藏岩石及流体性质。油藏岩石及流体性质对采收率有重大影响。岩石的渗透率是指某一流体通过多孔介质的一种能力。如果这种能力越大,则在消耗单位能量情况下所能获得的流量也越大,反之亦然。国内外的统计资料也都证实了油藏采收率随油层渗透率的增加而明显提高的趋势。但由于岩层渗透率仅作为油层性质对采收率综合影响的因素之一,因此至今仍未得出渗透率和采收率的某一固定函数关系。

油层的非均质性是影响采收率的重要因素之一,渗透率分布越不均匀,采收率就越小。

原油物化性质是影响采收率的重要因素之一。原油的组分不同,原油性质也就不同,其中原油黏度对油田开发具有重大影响。黏度高的原油,不仅会增加驱动能量的消耗,而且在油、气、水流动过程中,气和水由于黏度较小而超越原油流向生产井底,形成所谓的平面突进现象,最后导致大量原油损失。

对于目前广泛采用的注水保持地层压力开发油田的二次采油方法,油水的黏度比越大,注水的效果越差,这是由面积波及系数太小造成的。

油层岩石的润湿性等也影响油藏的采收率。

(3)油藏的地质构造形态。

构造形态表明油藏的边界条件。边界条件不同,流体波及范围不同。显然边水和气顶油气藏的流体波及范围较大,而断块和岩性油藏的边界会产生屏蔽效应,影响流体波及程度,最终影响采收率。

2)油田开发和采油技术对采收率的影响

事实上,开发油田的技术水平和方法往往对采收率起着重要的作用。

(1)油藏开发层系的划分。在同一油田内,如果不能合理组合与划分开发层系而使高渗透层与低渗透层合采,则低渗透层的生产能力便会受到限制,若低压层和高压层合采,则低压层往往不出油;在水驱油田,高渗透层往往很快水淹,在合采的情况下会加剧层间矛盾,严重影响采收率。相反,若开发层系划分得合理,则有利于充分发挥各类油层的作用,从而得到较高的采收率。

(2)布井方式与井网密度的选择。一般应根据油田的地质构造特点来选择布井方式,合理布井,以减少死油区,提高采收率。

(3)油井工作制度的选择和地层压力的保持程度。当周围油井工作制度不同时,将会引起不同的压力分布和流线的变化,最后导致不同程度的原油损失。

(4)完井方法与开采技术。在打开油层时,如不重视洗井液对油层的影响,就会污染井底附近的油层,严重的可使油层的生产能力完全丧失;若完井和射孔方法得当,将会增大油流的渗滤面积。

(5)增产措施以及采用新技术、新工艺的应用及效果。

(6)提高采收率的二次、三次采油方法的应用规模及效果。

综上所述,可能影响油层采收率的因素很多,且很复杂。这些影响因素会给正确评价采收率带来很多的困难。

**2. 采收率(或可采储量)的测算方法**

对于采收率的测算,在20世纪30年代只限于用已经开采枯竭的油田按不同驱动类型的统计资料来估计油层采收率。30年代以后,油层物理的研究得到迅速发展,为计算油层采收率奠定了基础。到40年代,特尔澳尔、麦斯盖特、贝克莱-列维瑞特等相继提出了计算溶解气驱、气顶驱及水驱采收率的各种方法,这些方法不仅提供了计算采收率的手段,而且也解释了很多油田采收率很低的原因,但是这些计算方法全部限于理想化的情况。1947年,苏联的马克西莫维奇曾用岩样分析资料提出了计算水驱及气驱最大采收率的经验公式,事实上,这个公式的计算结果只表示均质油层的驱油效率。20世纪50年代以后,在计算采收率方面已考虑到不均质性对采收率的影响。1956年,全苏石油和天然气研究所根据地层模拟资料和水动力学计算资料得到了确定原油采收率的方法,这个方法在苏联得到广泛应用。1955年,格斯里和格林伯捷尔根据克雷兹和贝克莱所收集的美国103个油田资料,经过分析对比提出了确定原油采收率的经验公式。直到现在,这个经验公式在确定采收率时还有参考价值。目前我国对水驱油田广泛采用驱替曲线方法预测水驱油田的采收率,计算结果较为符合实际,且方法简单。到目前为止,虽然已有很多确定原油采收率的方法,但是由于影响原油采收率的因素很多,还没有一种既直接而又能较精确地测定采收率的方法。国外一般都用两种以上的方法来计算采收率,最后综合选定。

目前计算油田采收率总体趋向于利用油田实际资料进行综合分析,一般常用的方法有:

(1)岩心分析法。这种方法包括两种:一种是在采油区内用失水量较大的水基钻井液取心,测定岩心中的残余油量,求得采收率;另一种是在油田水淹区内取心,测定岩心中的残余油量,求得采收率。

(2)岩心模拟实验法。利用天然岩心,模拟油层条件,通过水驱油实验求出水驱油效率,然后根据油田非均质性及流体性质加以校正,从而求出最终采收率。

(3)分流量曲线法。应用相对渗透率曲线,求得分流量,利用作图法求出水淹区平均含水饱和度,测算采收率。

(4)矿场资料统计法。

(5)地球物理测井法。在水淹区的井内,用电阻法等算出残余油饱和度,确定采收率。

(6)油田动态资料分析法。

这里着重介绍几种常用的确定原油采收率的方法。

1)岩心分析法

通过测定常规取心的残余油饱和度计算水驱油效率。通常认为,用失水量较大的水基钻井液钻井取出的岩心,由于在取心过程中受到钻井液滤液的冲刷,其岩心外层的含油饱和度接近于水驱过程的情况,因此可按岩心分析估算残余油饱和度。但岩心在提到地面时会受到溶解气膨胀的排油作用,因此应对在实验室用抽提法测定的残余油饱和度进行体积系数校正。

另外,考虑到取心过程中由于原油脱气而使残余油饱和度减小,致使计算的采收率偏大,应在最终采收率中扣除一部分(苏联曾采用的方法):

$$E_{\text{R}} = \frac{1 - S_{\text{wc}} - B_{\text{o}} S_{\text{or}}}{1 - S_{\text{wc}}} - E_{\text{go}} \tag{2-1-10}$$

式中　$E_{\text{R}}$——最终采收率,小数;

　　　$S_{\text{wc}}$——束缚水饱和度,小数;

　　　$S_{\text{or}}$——残余油饱和度,小数;

　　　$B_{\text{o}}$——原油体积系数;

　　　$E_{\text{go}}$——考虑取心过程中由于原油脱气而使残余油饱和度减小,致使计算的采收率偏大的部分,一般为 0.02~0.03。

该方法简便易行,目前油基钻井液取心成功率高,容易确定原始含油饱和度。但当未获得油层的真正原始含油饱和度以及由水基钻井液取心的岩心分析所得的残余油饱和度不具代表性时,该方法的使用受到限制。在油田水淹区内取心,测定岩心残余油饱和度,同样可用式(2-1-10)求得采收率。

2)岩心模拟实验法

岩心模拟可以直接用从油层中所取得的岩心做实验,也可以用人造岩心做实验。当水驱油时,岩心原油采收率按下式确定:

$$E_R = 1 - \frac{S_{or}}{S_{oi}} \tag{2-1-11}$$

式中  $S_{oi}$——原始含油饱和度,小数。

该方法是用本油田的实际岩心进行水驱油实验,模拟地下水驱油过程,因此比较符合油层实际情况。根据许多油田的实验结果,一般的含油岩心在一定的压力下,通过 2~3 倍孔隙体积的水即可将岩心中的原油含量降低到一定的剩余数量。在实验条件下,完全可以形成水驱油的效果,从而求准残余油饱和度并计算出采收率。但在实验室中求出的仅仅是岩心实验模拟的结果,未考虑实际油层的非均质性,实际上只是油层的洗油效率。由于最终采收率是注入工作剂的宏观波及系数与微观驱油效率的乘积,因而岩心模拟实验法得出的数据是最大的水驱采收率。实际油田油层的非均质性、油层类型、注水方式等不同,最终采收率也不一样。

3)分流量曲线法

根据油水相对渗透率曲线,用下式计算采收率:

$$E_R = 1 - \frac{1 - \overline{S}_w}{1 - S_{wc}} \frac{B_{oi}}{B_o} \tag{2-1-12}$$

式中  $\overline{S}_w$——极限含水率($f_w = 98\%$)下水淹区的平均含水饱和度,小数;

$B_{oi}$——原始地层条件下的原油体积系数。

上式中 $S_{wc}$ 可由岩心分析或测井解释结果得到,而 $\overline{S}_w$ 可根据含水率曲线求得。考虑到地层的垂向非均质,引入经验校正系数 $c$,最终采收率为:

$$E_R = c \left( 1 - \frac{1 - \overline{S}_w}{1 - S_{wc}} \frac{B_{oi}}{B_o} \right) \tag{2-1-13}$$

$$c = \frac{\mu_w K_{ro}}{\mu_o K_{rw}} (1 - V_k) \tag{2-1-14}$$

式中  $\mu_o, \mu_w$——油相和水相黏度,mPa·s;

$K_{ro}, K_{rw}$——油相和水相相对渗透率;

$V_k$——渗透率变异系数,可用数理统计法、图解法等来确定。

4)矿场资料统计法

矿场资料统计法是对油藏实际生产资料进行统计,并进行适当的数学处理,从而估算油藏采收率的方法。这种方法综合了各种地质因素和开发过程中各种人为因素的影响,而且方法比较简单,所以应用十分普遍。

为了研究和确定油藏的采收率,美国石油学会的采收率委员会以基本开发结束的大量油田的实际资料为依据进行统计和分析,应用回归方程对控制采收率或驱油效率的各主要参数进行分析,先后对美国、加拿大、中东的 312 个不同驱动类型的油田进行了综合研究和分析,认为在水驱条件下砂岩和碳酸盐岩油藏,采收率与岩石和流体特性存在如下关系：

$$E_R = 0.3225 \left[ \frac{\phi(1-S_{wc})}{B_{oi}} \right]^{0.0422} \left( K \frac{\mu_{wi}}{\mu_{oi}} \right)^{0.0770} S_{wc}^{-0.1903} \left( \frac{p_i}{p_a} \right)^{-0.2159} \quad (2\text{-}1\text{-}15)$$

式中　$E_R$——油田采收率，小数；

　　　$\phi$——地层有效孔隙度，小数；

　　　$\mu_{oi}, \mu_{wi}$——原始地层条件下原油和地层水的黏度，mPa·s；

　　　$K$——油藏平均绝对渗透率，$\mu m^2$；

　　　$p_i$——原始地层压力，MPa；

　　　$p_a$——油田开发结束时的地层压力或废弃油藏压力，MPa。

这是根据 72 个水驱砂岩和碳酸盐岩油藏的实际开发资料所建立起来的确定采收率的相关经验公式，相关系数为 0.9580，其有关资料列于表 2-1-4 中。式(2-1-15)中考虑了油藏岩石特性性 $K, \phi, S_{wc}$，油藏流体的地下特性 $\mu_{oi}, B_{oi}$ 和 $p_i$ 等，此外还考虑了与技术经济因素有关的油藏衰竭压力 $p_a$，从式中可以看出各参数对采收率的影响趋势。

表 2-1-4　美国 72 个水驱砂岩和碳酸盐岩油藏的相关资料

| 参　数 | | 砂　岩 | | | 碳酸盐岩 | | |
|---|---|---|---|---|---|---|---|
| | | 最　小 | 中　值 | 最　大 | 最　小 | 中　值 | 最　大 |
| 岩石物性 | 岩石渗透率/($10^{-3}\mu m^2$) | 11 | 568 | 4 000 | 10 | 127 | 1 600 |
| | 有效孔隙度/% | 11.1 | 25.6 | 35.0 | 2.2 | 15.4 | 30.0 |
| | 含油饱和度/% | 53.0 | 75.0 | 94.8 | 50.0 | 82.0 | 96.7 |
| 原油物性 | 地面原油相对密度 | 0.779 6 | 0.848 3 | 0.962 6 | 0.762 8 | 0.839 3 | 0.965 9 |
| | 饱和压力下原油黏度/(mPa·s) | 0.2 | 1.0 | 500.0 | 0.2 | 0.7 | 142.0 |
| | 地层水黏度/(mPa·s) | 0.24 | 0.46 | 0.95 | — | — | — |
| | 饱和压力下原油体积系数 | 1.008 | 1.259 | 2.950 | 1.110 | 1.321 | 1.933 |
| | 废弃压力下原油体积系数 | 1.004 | 1.223 | 1.970 | — | — | — |

除式(2-1-15)外，1954 年克雷兹和贝克莱为研究油藏的井网密度与采收率的关系，收集了 103 个油藏的矿场地质与开发资料，其中 70 个砂岩油藏是在完全水驱或部分水驱条件下进行开采的。1955 年，格斯里和格林伯捷尔利用复相关分析研究了上述油藏资料，得到了确定采收率的关系式：

$$E_R = 0.11403 + 0.2719 \lg K + 0.25569 S_{wc} - 0.1355 \lg \mu_{oi} - 1.5380 \phi - 0.00115 h \quad (2\text{-}1\text{-}16)$$

式中　$K$——油藏平均绝对渗透率，$10^{-3}\mu m^2$；

$h$——地层有效厚度,m。

从上式可以看出,采收率仅与油层岩石的 $K$,$\phi$,$h$ 及流体性质有关,而在所研究井网密度范围内,井网密度对采收率没有影响。

全苏石油和天然气研究所根据乌拉尔—伏尔加地区 50 个水驱砂岩油田资料得出的经验公式(相关系数 0.85)为:

$$E_R = 0.507 - 0.167 \lg \mu_r + 0.027\ 5 \lg K - 0.000\ 855A + 0.171 S_k - 0.05 V_k + 0.001\ 8h \tag{2-1-17}$$

式中  $\mu_r$——原始地层压力下的油水黏度比,小数;

  $A$——平均生产井井网密度,ha/井(1 ha = $10^4$ m$^2$);

  $S_k$——地层砂岩系数(有效厚度除以砂岩厚度),小数;

  $V_k$——地层渗透率变异系数,小数。

全苏石油和天然气研究所根据乌拉尔—伏尔加地区 47 个水驱砂岩油田的统计资料得出的经验公式为:

$$E_R = 0.143 - 0.008\ 9\mu_r + 0.121 \lg K + 0.001\ 3T + 0.003\ 8h + 0.149 S_k -$$
$$0.173 S_{wc} - 0.000\ 53A - 0.000\ 852Z \tag{2-1-18}$$

式中  $T$——地层温度,℃;

  $Z$——油水过渡区的地质储量与油田总储量之比,小数。

全苏石油和天然气研究所根据乌拉尔—伏尔加地区 50 个水驱砂岩油田的统计资料得出的经验公式(累积产液量除以地质储量为 0.5 时的采收率)为:

$$E_R = 0.414 - 0.159 \lg \mu_r + 0.012 \lg K - 1.5 \times 10^{-4} A + 0.043m -$$
$$0.018Z + 0.038 S_k - 0.013 V_k \tag{2-1-19}$$

式中  $m$——油田生产井与注水井数比。

美国石油学会的采收率委员会统计研究了分布在美国、加拿大和中东的 98 个溶解气驱油田(其中 77 个砂岩油田,21 个灰岩油田)的资料,得到计算采收率的经验公式为:

$$E_R = 0.418\ 15 \left[ \frac{\phi(1 - S_{wc})}{B_{ob}} \right]^{0.161\ 1} \left( \frac{K}{\mu_{ob}} \right)^{0.097\ 9} S_{wc}^{0.372\ 2} \left( \frac{p_i}{p_b} \right)^{0.174\ 1} \tag{2-1-20}$$

式中  $B_{ob}$——饱和压力下的地层油体积系数;

  $\mu_{ob}$——饱和压力下的地层油黏度,mPa·s;

  $p_i$——原始油藏压力,MPa;

  $p_b$——饱和压力,MPs。

以上是根据统计方法提出的各种估算水驱油藏最终采收率的经验公式,这些公式一般都包括许多因素,其中很多因素是无法直接得到的。

油田不同开发阶段有不同的采收率预测方法:一种情况是油田新区进行开发设计

时使用的方法,如探井岩心分析法、室内模拟实验法、相关经验公式法、微分形式描述的流管法、水电相似原理及等值渗滤理论多层叠加的面积注水法等,可为制订开发方案提供依据;另一种情况是在投入开发后的老油田,利用已获得的生产资料进行测算,为制订调整方案和选择新的开采方法(如三次采油法)提供依据,所使用的方法除前面所述的方法外,还有水驱特征曲线法、递减曲线法,对重点油藏或开发单元可采用数值模拟法等,各种方法可以相互校核。水驱特征曲线法、递减曲线法将在油田开发动态分析中介绍。

应该指出,利用上述几种方法计算出的采收率是不相同的,有时甚至差别很大,除数据来源不同外,关系式中考虑的因素也不相同,因此实际应用过程中可以采用与平均值的最小距离法标定油田的采收率。

# 第二节　油田开发系统设计

实施分层开采是调整多油层油藏层间差异的根本措施。我国陆相油藏的储层特征决定了必须实行分层开采。在陆相油藏注水开发过程中,采取以合理组合开发层系为基础,进行分层注水、分层监测、分层改造、分层实施堵水等一整套分层开采技术,可以有效地发挥多油层的生产能力。

## 一、开发层系划分

一个油田往往由几个油藏组成,而组成油田的各个油藏在油层性质、圈闭条件、驱动类型、油水分布、压力系统、埋藏深度等方面都不同,有时差别还很大。不同油藏的驱油机理、开采特点有很大的区别,它们对油田开发的部署、开采条件的控制、采油工艺技术、开采方式以及地面油气集输流程都有不同的要求。如果将高渗透层和低渗透层合采,则由于低渗透层的原油流动能力小,其生产能力会受到限制;如果将高压层和低压层合采,则低压层可能不出油,甚至产生倒灌现象。对于水驱开发油田,高渗透层通常很快水窜,在合采情况下,层间差别越来越大;同时出现油水层相互干扰现象,严重影响油田的采收率。因此在制订开发方案时,需要将油田的各层进行划分和组合,缓解层间差异。

根据国内外油田开发的经验,在开发非均质多油层油田时,各油层的特征往往差异很大,不能把它们放在同一口井中合采,而是将特征相近的油层合理组合在一起,用一套生产井网单独开采。开发层系可以包括一个油层或若干个油层或油田的全部油层。开发层系的基本特征表现为具有一定的地质储量和对应一套开发井网。

**1. 划分开发层系的重要意义**

（1）合理划分开发层系有利于充分发挥各类油层的作用,缓和层间不平衡性,改善开发效果。

在同一油田内,各油层在纵向上的沉积环境及其条件不可能完全一致,因而油层特性自然会有差异,开发过程中不可避免地出现层间不平衡性。如果不能合理地组合与划分开发层系,则是开发中的重大失策,会使油田生产出现重大问题而影响开发效果。

例如,大庆油田某井分层测试发现,该井主力油层萨 $\text{II}^{7+8}$ 层的压力高达 10.07 MPa,而差油层萨 $\text{II}^{14-16}$ 的压力只有 8.43 MPa,相差 1.64 MPa。差油层本身渗流阻力比较大,在多层合采条件下,油井的流动压力主要受高渗透主力层控制。

对于注水油田,主力油层出水后,流动压力不断上升,全井的生产压差越来越小。注水不好的差油层的压力可能与全井的流压相近,因而出油不多甚至根本不出油,在某些情况下还会出现高压含水层的油和水向差油层中倒流的现象,如图 2-2-1 所示。

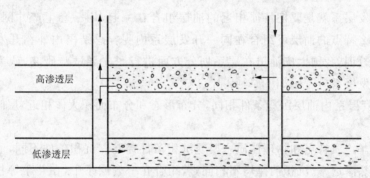

图 2-2-1　倒流现象示意图

显然将主力油层和差油层合并为一套开发层系是不合理的,应分两套开发层系采用不同的井网和开发方式生产。

由此看出,大段合采时,由于小层间或砂层组间往往存在严重的矛盾,降低了开发效果,所以将特征相近的油层组合在一起,用独立的井网开采,就会缓和层间矛盾,有利于发挥各类油层的生产能力。合理地组合与划分开发层系是实现油田稳产高产、提高最终采收率的一项根本性的措施。

（2）划分开发层系可以针对不同层系的特殊要求设计井网并对地面生产设施进行规划和建设。

确定了开发层系,即确定了井网套数,使得研究和部署井网、注采方式以及地面生产设施的规划和建设成为可能。每一套开发层系都应独立进行开发设计和调整,对其井网、注采系统、工艺手段都要独立做出规定。

（3）划分开发层系可以提高采油速度，加速油田生产，缩短开发时间，并缩短投资回收期。

用一套井网开发一个多油层油田必然不能充分发挥各类油层的作用，尤其是当主要出油层较多时，为了充分发挥各油层的作用，就必须划分开发层系，这样才能提高采油速度，加速油田的生产，缩短开发时间并提高基本投资的周转率。

（4）划分开发层系能发挥采油工艺技术的作用，实施分层注水、分层采油和分层控制措施。

多油层油田的油层数目较多，往往高达几十个，开采井段有时可达数百米。采油工艺的任务在于充分发挥各油层的作用，使它们吸水均匀，生产均衡，因此必须采取分层注水、分层采油和分层控制的措施。若分层技术不能达到较高的水平和要求，就必须划分开发层系，使一个生产层系内部的油层不致过多，井段不致过长，这样将更好地发挥采油工艺技术的作用，提高油田开发效果。

**2. 划分开发层系的原则**

划分开发层系就是要把特征相近的油层组合在一起，用一套生产井网单独开采。那么具备什么特点的油层可组合在同一开发层系内呢？总结国内外在开发层系划分方面的经验教训，我国大庆油田在层系划分方面进行了先导试验研究，认为合理地组合与划分开发层系应考虑如下原则：

（1）一套层系内油层沉积条件相同，分布形态和分布面积大体相近，层间渗透率级差小。

油层的非均质特点和物理性质主要受沉积条件控制。沉积条件不同，油层分布形态、分布面积、渗透率、沉积韵律均不相同，若组合在一套层系中，在井距等相同的情况下，油层的钻遇率和水驱控制程度会受到很大影响。

渗透率差别是产生层间干扰的基本因素。数值模拟研究表明，渗透率级差对油藏最终采收率有明显影响，级差越大，采收率越低，不出油的油层厚度比例越大。根据大庆喇萨杏油田38口井的统计资料，萨南地区渗透率级差不宜大于5，杏南地区不宜大于3。因此，一套层系内油层渗透率差异的允许范围要根据不同油藏的条件来确定。

原油性质差异较大的油层合注合采也会出现层间干扰现象，大量注入水进入稀油高渗透层，干扰稠油低渗透层。华北油区根据对注水开发油藏的研究，一套开发层系内的层间原油黏度级差应控制在2以内。

（2）一套开发层系控制的储量和单井产量应具有开发的经济效益。

每套开发层系都有相对独立的开发部署及相应的资金投入，层系划分过细，虽然可以更好地发挥每个油层的作用，但一定井距下，如果单井控制储量过少，油层很薄，单井产量过低，则会使油藏开发经济效益降低。因此，必须保证每套开发层系内单井平均控制储量和产油量达到一定的界限。我国陆相油藏主要采取几个小层的组合,以油层厚度 10 m 左右,单井控制储量 $20 \times 10^4$ t 左右为一套开发层系。

（3）一套层系内层数不宜过多,井段应比较集中,并具有比较良好的上下隔层。

若一套层系内油层层数过多,则会不可避免地加大层间差异,特别是有多个高渗透层的情况下,就会过早出现多层见水,使分层监测和油藏调整更加复杂,以致影响开发效果。研究表明,在相同地质条件下,划分一套和多套开发层系,它们的含水上升率和最终采收率差别较大,如表 2-2-1 所示。

表 2-2-1　层系划分对开采效果的影响

| 指　标　＼　层　系 | 一套层系<br>（9 个小层） | 二套层系<br>（4～5 个小层） | 三套层系<br>（3 个小层） |
|---|---|---|---|
| 含水上升率/% | 2.72 | 2.52 | 2.32 |
| 最终采收率/% | 34.4 | 35.4 | 42.6 |

层系间具有一定的隔层是保证其独立开采的必要条件,因此在划分与组合开发层系时,要对隔层厚度提出一定的要求。应根据油藏具体情况,确定隔层厚度,分析两个隔层之间的开发层系独立存在的可能性。

应该强调指出,自然界本身并不形成开发层系,它是根据需求人为划分的。虽然划分开发层系是按上述原则进行的,但在划分过程中这些原则可能无法同时满足,因此划分开发层系后,一套开发层系中仍然包括若干个小层,同一开发层系中层间差异仍是不可避免的。为进一步改善油田开发效果,实施分层注水和分层采油工艺以缓解层间矛盾。

### 3. 开发层系投产顺序

根据开发层系投入开发的顺序,可将层系分为两大组:平行开发层系和接替开发层系。

#### 1）平行开发层系

平行开发层系的优点是对所有层系的储量同时动用,包括单层开发层系和单层组合开发层系。单层开发层系要求每个小层都设计一套开发井网,需要钻大量的井,这种井网可以充分考虑单层的差异性,灵活实现油田的高速开采,由于井数较多,开发调整和监测的可靠性强,但基础投资大。单层组合开发层系是将两层或两层以上的小层组合为一套开发层系,即用一套开发井网同时开采多个小层。目前国内大部分油田采用单层组合开发层系,钻井数量可以兼顾组合单层的差异性和采油速度要求,可以达到较好的技术经济性。如果生产井和注水井都装有分采和分注装置,也可以采用一套井网实现分采分注开发。

2）接替开发层系

接替开发层系包括自上而下接替开发和自下而上接替开发。自上而下接替开发是指上面层系开发完成后开发下面的层系,这种方式只在石油工业发展初期采用过,目前认为是不合理的,它推迟了下面层系的勘探和开发,增加了钻井工作量和对上层系油藏破坏的可能性。自下而上接替开发是指下面层系开发完成后回采上面层系,显然这种接替方式无论是对认识和研究油层还是对井的利用都是最优的,例如对于具有活跃边底水的油藏,无须注水井补充能量,下面层系水淹后逐步上返回采上面层系。

## 二、油田注水时机

### 1. 天然能量的利用

在进行油田开发方案设计时,首先要确定油田开发方式。油藏普遍存在多种天然能量,对每个油藏均应根据实际地质条件和可供利用的天然能量类型及其可利用的程度进行技术经济评价。基本做法是:

(1) 对于天然能量充足的油藏,直接利用天然能量进行开发。我国这类油藏很少,主要是东部地区断陷盆地中小型屋脊式断块小油藏,如胜利油区垦利奥陶系小油藏,面积为 3 km²,地质储量为 $800 \times 10^4$ t,有较充分的弹性水驱能量,采用天然水驱开发方式,开发投入少,边水推进比人工注水均匀,是最好的开发方式。

(2) 对于有部分天然能量但不充分的油藏,一般采取尽量利用天然能量,同时补充部分人工能量的开发方式。对于有边底水驱油能量、气顶能量以及超高压油藏,一般在开发初期尽可能利用天然能量进行开采,在适宜时机转入注水开发,在开发过程中保持压力水平以继续发挥天然能量驱油的作用。

(3) 对于天然能量不充足但有注水条件的油藏,一般采用注水方式进行开发。我国绝大多数油藏属于此种类型,如大庆喇萨杏油田,边水区 4 口井的试水资料显示,日产水仅 2～12 m³,累积产水 100 m³,地层压力就下降了 0.2 MPa,理论计算采油速度 2%,靠边水能量开采 3 个月后油田总压降为 1.9 MPa,已低于饱和压力(地饱压差仅为 1.0 MPa)。

(4) 对于天然能量不足又没有注水条件的油藏,只能采取溶解气驱方式进行开发。这类油藏在我国很少,主要是东部的复杂小断块或透镜体岩性油藏和西部的青海油砂山、冷湖等小油田。由于断块太小,不能组合形成注采系统,无法补充能量开采,一般采收率低于 15%。为了改善开发效果,在有天然气气源或 $CO_2$ 气源地区,如江苏油区开展了注 $CO_2$ 单井吞吐,中原油区曾开展注天然气单井吞吐,江汉油区利用油层强亲水性质进行单井注水吞吐,都在一定时期取得了增油的效果。

在确定油田开发方式时,应尽可能充分利用油藏本身的天然能量来开发油田。一般来说,对如下油田可以利用天然能量进行开发:油层分布均匀,连通性好,具有广大的含水区,边水活跃;油层有很大气顶,油层垂向渗透率很高;油田面积较小,依靠天然能量开发,可以满足国民经济发展的要求。

从我国现有油田的开发情况来看,绝大多数油田不具备充足的天然能量补给条件,而且世界油田开发的历史也表明,若仅依靠油田本身的能量进行开发,采油速度低,采收率小,原油产量不能满足国民经济发展的要求。因此,国内油田开发中广泛采用人工注水方式保持或补充地层能量,使油田在水压驱动方式下开发。

**2. 注水时机的选择**

注水开发已成为世界油藏的主要开发方式,但对不同地质条件的油藏,选择不同的时机注水,其开发效果有较大差异。注水时机一般分为两种,即早期注水和晚期注水。

1)早期注水

人工注水是保持和控制油田平均压力的主要手段,压力的控制界限与油田能量的合理利用关系密切。早期注水是指在油藏地层压力保持在饱和压力以上时进行注水。在这种注水方式下,油层内没有溶解气渗流,原油基本保持原始性质,注水后油层内只有油、水两相流动,一般油井采油指数和产能较高,有利于保持较长的自喷开采期,但这种方式使油藏在投产初期需要建设注水工程,投资较大,投资回收期长。因此,早期注水方式并非对所有油藏都是最佳选择。

美国学者在 20 世纪 60 年代即发现注水时机不是早期,而是相对早期,注水后的油层平均压力可以保持在饱和压力附近,有利于使原油黏度保持在原始值附近。由于地层中原油的少量脱气会减小水相的相对渗透率,使得水油比降低,从而减少高渗透层的产水量。但地层中强烈脱气是有害的,因为它可使原油黏度上升 2～3 倍,导致最终采收率下降,因此选择合适的注水时机对于充分利用天然能量,提高注水开发效果具有重要意义。

注水时机的选择是比较复杂的问题,需进行全面的技术经济论证,在不影响开发效果的前提下,适当推迟注水时间,可以减少初期投资,缩短投资回收期,取得较好的经济效益。

2)晚期注水

在溶解气驱结束之后进行注水,称为晚期注水,国外通常将其称为"二次采油"。由于油田已经历溶解气驱开采,大量的溶解气已被采出,原油黏度增大,采油指数和产能已降低,油层中残存的天然气使油相渗透率变低。尽管后期注水可使油层压力得到一定的恢复,油井产量也有所增加,但由于前期溶解气开采已造成了不利条件,仅能使部分油层中游离的溶解气重新溶解到原油中,因此气油比不能恢复到原始值,这也使原油黏度不能恢复到原始值,尤其是油层中残留的游离溶解气,使晚期注水存有油、气、水三相流动,渗流条件变得更加复杂,采油指数和产能不会有大的提高。这种开发方式初期投资少,但其最大的弱点是采收率低于早期注水。从目前世界油田注水开发的发展趋势来看,一般不采用晚期注水。

我国油藏通常根据具体情况,开展注水时机的室内研究和矿场试验。例如,针对胜坨油田二区沙一段进行数值模拟研究,当油藏开采半年,地层压力低于饱和压力的10%时,地层中含气饱和度为1%;开采1年多后,地层压力低于饱和压力的20%时,含气饱和度为4%;当地层压力低于饱和压力的30%时,地层中的含气饱和度大于5%,地层内原油大量脱气,气油比为原始气油比的 16 ～ 24 倍,原油黏度由12.2 mPa·s 上升到 19～20 mPa·s,单井产量和采油指数均比采用早期注水开发下降50%。再如大庆萨中地区西三断块天然能量开采试验区,当地层压力低于饱和压力的20%时,生产气油比已由 52 m³/t 上升到 152 m³/t,单井日产油由 43 t 降到 29 t,此时油井结蜡严重,生产和管理困难,油井已接近停喷。我国油田原油黏度高,油井产量随地层压力下降而大幅度降低,根据实际情况,要求大中型油田有一定的稳产期,因此我国绝大多数油藏在尽可能利用弹性能量的基础上,均采用早期注水。尤其是大中型油田,实施早期注水可保持较高的地层压力,油井生产能力强,油田高产稳产时间较长,采收率也高。

### 3. 注水油田压力保持

1) 油藏保持压力的开发优势

(1) 保持地层压力可使油层保持充足的能量,特别是基本实现分层保持压力时,能使大多数油层都处于水压驱动下开采,油井生产能力旺盛,生产压差调整余地大,油井可以保持较长时期的高产。

我国绝大多数油藏边水不活跃,弹性能量小,气油比低。若依靠天然能量开采,油藏压力、产量大幅度下降,采收率一般低于 15%;若采取注水保持压力开采,则可大幅度提高采收率。我国已开发油藏采收率平均达 33%。

表 2-2-2　我国部分已开发油藏天然能量开发和注水开发采收率

| 油 田 | 油藏主要特征 | 采收率/% | | |
|---|---|---|---|---|
| | | 弹 性 | 天然能量 | 水 驱 |
| 喇萨杏 | 中高渗透砂岩 | 1.7 | 15 | 35～45 |
| 孤 岛 | 常规稠油 | 2.0 | 11.9 | 31 |
| 克拉玛依 | 砾 岩 | 0.21 | 16 | 32 |

续表

| 油　田 | 油藏主要特征 | 采收率/% | | |
|---|---|---|---|---|
| | | 弹　性 | 天然能量 | 水　驱 |
| 马　岭 | 低饱和低渗透砂岩 | 2.0 | 10 | 32 |
| 安　塞 | 特低渗透砂岩 | 0.8 | 8 | 20～25 |
| 双　河 | 低饱和砂砾岩 | — | 2.4 | 44 |

(2) 保持地层压力可使具备自喷能力的油井保持较长的自喷开采期。自喷开采不仅采油工艺简单、管理方便,而且有利于录取分层动态测试资料,掌握油层的动用状况和剩余油分布,及时进行油藏调整,改善油藏开发效果。

我国具有自喷条件的大庆喇萨杏油田、新疆克拉玛依油田等保持压力开采,油井自喷期长达 20 年以上,油田含水率达到 60%～70% 时,油井仍继续自喷生产。油田在中低含水期获取了大量分层测试资料,了解了油层动用状况和水淹情况,为做好油田分层开采、及时调整注采关系和控制含水上升提供了依据。

(3) 保持地层压力可以控制原油性质变化。我国油藏在油层条件下的原油黏度高,注水开发油藏的原油黏度一般为 10～30 mPa·s,还有一批常规稠油油藏,其地下原油黏度为 50～130 mPa·s,油水黏度比较高,保持地下原油性质就显得十分重要。保持地层压力在饱和压力以上,可缓解地下原油因大量脱气而黏度增高和蜡质析出,进而造成流动性变差的问题,避免给生产管理增加困难。

(4) 保持地层压力有利于充分发挥工艺技术措施的作用,发挥中低渗透层的潜力。对中低渗透层采取压裂酸化等增产措施,是改善中低渗透油层开发效果的重要技术,但如果压裂层压力过低,没有足够的生产压差,或者油层能量没有得到及时补充,压裂后的效果均不能持久。例如大庆杏树岗油藏杏 2-2-20 井,初期注水较少,地层压力低,总压差为 -1.74 MPa,地饱压差为 -0.34 MPa,进行了两次压裂均无效果。之后加强了注水,油层压力恢复到原始地层压力,该井日产油量由 33 t 逐步上升到 41 t。这表明保持较高地层压力是确保各项工艺技术措施取得较好效果的基础。

(5) 保持地层压力可以使油层结构保持稳定,不会因地层压力下降而引起孔隙度减小和渗透率降低。这对低渗透油藏和裂缝性油藏尤为重要。储集层的渗透率和孔隙度在上覆压力作用下发生的变化一般是不可逆的。因此,在油藏开发过程中,地层压力若下降,渗透率、孔隙度均会降低,即使恢复到原来的地层压力,由于孔隙结构对压力的不可逆性,油层渗流空间不可能恢复到初始状态。

2) 不同类型油藏保持压力水平

我国油藏基本上都采取早期注水保持地层压力开采,但不同类型的油藏保持压力水平不同。

（1）天然能量不足的近饱和油藏、低（特低）渗透油藏和常规稠油油藏。这类油藏的地层压力基本保持在原始地层压力附近，基本上采取刚性水驱开发方式。

（2）低饱和油藏和异常高压油藏。这类油藏具有一定的边底水能量和弹性能量，地饱压差大，但弹性采收率不高，可利用一定的天然能量，低于原始地层压力开采。

充分利用边底水能量，保持地层压力在原始地层压力的 80% 左右开采。例如我国河南双河油田，其原始地层力为 12.4～16.2 MPa，饱和压力为 2 MPa，地饱压差为 10～14 MPa，油田有边水，但天然能量采收率低，每采 1% 地质储量地层压力下降 4.64～6.16 MPa。双河油田采取油区压力保持水平始终低于水区压力开采，既避免了原油外溢造成储量损失，又充分利用了弹性水驱能量。

异常高压油藏的地层压力保持在饱和压力附近。例如大港马西深层沙一段下油藏，油层埋深 3 944 m，原始地层压力 56.8 MPa，压力系数 1.47，原始气油比 388 m³/t，地下原油黏度仅 0.38 mPa·s，采取在饱和压力附近的压力水平下注水，既可取得高的采收率，又可避免超高压注水而增加工程投资。

（3）裂缝性碳酸盐岩边底水低饱和油藏。该类油藏在高产期保持较高地层压力水平，高含水期依靠天然能量开采。例如，华北任丘油田的水体体积约为含油体积的 20 倍，原始气油比为 3～5 m³/t，饱和压力为 1.3 MPa。该油田即使在井底流动压力高于饱和压力下，由于油层压力下降，裂缝宽度显著变小，导致渗透率下降，采油指数也随油层压力下降而降低；油井自喷能力弱，机械采油生产压差大，容易导致水沿裂缝大量窜入油井，使水油比增加，转机械采油经济效益差。

该油田在油田高产阶段（采油速度大于 2%）注水保持较高地层压力开采，使油井保持自喷开采；在产量迅速下降，裂缝系统采出程度已很高的中后期，根据油藏边底水能量，酌情停注降压开采，充分利用弹性能量和边底水能量采出部分岩块系统和小裂缝剩余油。

## 三、注采系统设计

对于注水保持压力开采，必须正确处理注采压差与产液量和地层压力的关系。若油藏处于合理的注采压差下进行生产，则它将直接受注采井数比的控制。

注采系统部署包括井网排列形式和井网密度的确定。切割注水方式的井网部署主要考虑切割方向、切割距、排数、排距、油水井各自井距；面积注水方式的井网部署主要考虑井网方式和平均井距。

### 1. 注水方式

注水方式是指注水井在油藏上所处的部位和注水井与生产井之间的相互排列关系。一个油田采用人工注水方式进行开发称为注水开发方式。确定了开发方式后，要进一步确定油田上注水井和生产井的部署,包括井数、井距、油水井的分布形式等,通常称为注采系统。目前国内外油田所采用的注水方式主要有边缘注水、边内切割注水、面积注水和不规则点状注水。下面重点介绍前三种注水方式。

1) 边缘注水方式

凡是把注水井部署在含水区内或油水过渡带上,以及含油边界以内不远地方的注水方式统称为边缘注水。若注水井分布在含水区上,则称为边外注水(见图 2-2-2);若注水井分布在油水过渡带上,则称为边上注水(见图 2-2-3);若注水井分布在含油边界以内不远的地方,则称为边内注水(见图 2-2-4)。

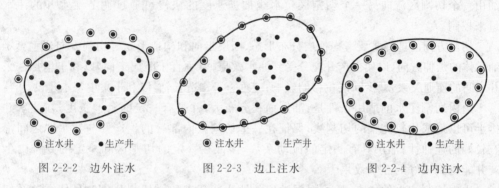

| ◎注水井 ●生产井 | ◎注水井 ●生产井 | ◎注水井 ●生产井 |
| --- | --- | --- |
| 图 2-2-2 边外注水 | 图 2-2-3 边上注水 | 图 2-2-4 边内注水 |

边缘注水的适用条件是:油藏构造比较完整,油层分布稳定,边部和内部连通性好,油层流动系数较高,以及边水比较活跃的中小油田,特别是边缘地区吸水能力要好,以保证压力有效传播,使油田内部受到良好的注水效果。

边缘注水的优点是:油水界面比较完整,能够逐步向油藏内部推进;易于控制,无水采收率和低含水采收率比较高,最终采收率也比较高;注水井少,注入设备投资少。其缺点是:位于油藏构造顶部的生产井往往得不到注入水能量的补充,在顶部易形成低压区,使油藏的驱动方式由水驱方式转变为弹性驱或溶解气驱等消耗开发方式;注入水利用率不高,部分注入水向四周扩散。

2) 边内切割注水方式

边内切割注水是利用注水井排人为地将含油面积切割成许多块,每一区块称为一个切割区,一个切割区可以作为一个独立的开发单元。为了把含油面积切开,通常把注水井布置成排状,有时也可布成环状。两排注水井之间一般部署一排或三排或五排等奇数排生产井,如图 2-2-5 所示。

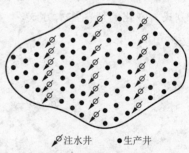

⊘注水井　●生产井

图 2-2-5 切割注水

切割距(两注水井排之间的距离)大小和生产井排之间排距大小的确定主要考虑油砂体的延伸长度和采油速度,切割应保证水驱储量达到80%以上,以减少储量损失,并使采油速度达到设计要求。排数和排距的选择主要考虑中间井排的受效条件和切割区内产量的递减,显然切割区内生产井排越多,中间生产井排的受效越差。生产井间的井距选择应保证有效控制油砂体的面积和储量,能够达到一定的采油速度和稳产年限。例如,大庆油田长垣内初期切割距为2～3 km,井距为400～500 m。

采用边内切割注水时,首先在注水井排拉水线,对切割线上的注水井进行强采,以便在井底周围地层中造成一个低压带,使注水井易于注水。当注水井开始注水后,沿注水井排形成一个压力较高的水线,此水线由注水井排向生产井排推进,并可阻止原油由一个切割区流向另一个切割区。水线推进速度的快慢可通过调节注水井的注水量来控制。

切割方向的选择主要考虑油层分布形态、断层走向和构造形态。切割方向要垂直于油砂体的延伸方向,以使生产井充分受到注水效果;要垂直于断层走向,以利于增加注采井之间的连通关系,减少断层位移的影响;应垂直于构造长轴,以利于集中基本建设。

边内切割注水的适用条件是:油层面积分布大,并具有一定的延伸长度,在注水井排上可以形成比较完整的切割线;保证在一个切割区内部署的生产井与注水井之间都有较好的连通性;油层具有一定的流动系数,保证在一定的切割区和一定的井排内生产井能见到较好的注水效果。

边内切割注水的优点是:可根据油田的地质特征来选择切割井排的最佳方向及切割距;可优先开发储量最丰富、油井产量高的区块,使油田很快具有一定的生产能力。其缺点是:不能很好地适应非均质油层;注水井间干扰大;注水井排两边地质条件不同时,容易出现区间不平衡现象。

3) 面积注水方式

面积注水方式是将注水井和生产井按一定的几何形状和一定的密度布置在整个含油面积上。

(1) 线性注水系统。注水井和生产井都等距地沿着直线分布,一排注水井对应一排生产井,注水井与生产井既可以正对也可以交错,如图2-2-6所示。显然,这种注水方式为强化的切割注水方式。

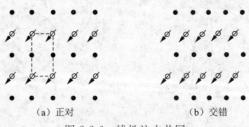

(a) 正对　　　　　　　　　(b) 交错

图 2-2-6　线性注水井网

(2) 强化面积注水系统。根据注采井的相互位置和所构成的井网形状,强化面积注水系统可分为四点法、五点法、七点法、九点法、反九点法,如图 2-2-7 所示。

对于一个有限伸展、均匀和对称布井的任何面积注水系统,既可以以注水井为中心,也可以以生产井为中心将含油面积划分成若干既相互独立又相互依存的基本单元。通常以生产井为中心的基本单元称为正 $n$ 点系统或正 $n$ 点法或 $n$ 点法,以注水井为中心的基本单元称为反 $n$ 点系统或反 $n$ 点法。

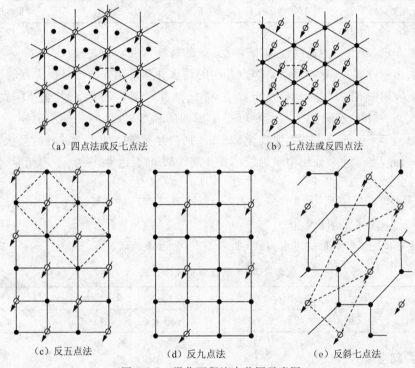

（a）四点法或反七点法　　　　　（b）七点法或反四点法

（c）反五点法　　　　（d）反九点法　　　　（e）反斜七点法

图 2-2-7　强化面积注水井网示意图

在油层物性和流体物性相同的条件下,面积注水井网的开发指标可以通过研究基本单元来确定整个油藏生产过程的动态变化。图 2-2-7 中标明了不同面积注水系统的基本单元,例如反五点井网和反九点井网的基本单元是正方形,四点井网的基本单元是等边三角形,七点井网的基本单元是正六边形等。

对于"反"式面积注水井网,系统的采油井与注水井井数之比 $m$ 由下式确定:

$$m=\frac{采油井井数}{注水井井数}=\frac{n-3}{2} \tag{2-2-1}$$

式中　$n$——基本单元的所有井数。

"正"式面积注水井网不同注水系统油水井数比则为 $2/(n-3)$,取值如表 2-2-3 所示。

表 2-2-3　不同注水系统的 $m$ 及井网形式

| 面积注水方式 | 正四点法 | 正五点法 | 正七点法 | 正九点法 |
|---|---|---|---|---|
| $m$ | 2 : 1 | 1 : 1 | 1 : 2 | 1 : 3 |
| 面积注水方式 | 反四点法 | 反五点法 | 反七点法 | 反九点法 |
| $m$ | 1 : 2 | 1 : 1 | 2 : 1 | 3 : 1 |
| 基础井网形式 | 三角形 | 正方形 | 三角形 | 正方形 |

可以看出,五点井网是线性交错注水系统的特殊情况,油水井数比为 1 : 1,是一种强注强采注水方式;七点井网是将四点井网的注水井和采油井位置互换得到的。

实际应用中,根据注水井吸水指数 $I_w$ 和采油井产液指数 $J_l$ 的比值 $M$ 选择合理注水方式。一般情况下,由于水的黏度小于原油的黏度,因此同一油层内同一口井的注入能力大于采油能力。若要实现注采平衡,则布井系统中的采油井井数要大于注水井井数,因此,实际注采井网中多为"反"式井网。$M$ 可表达为:

$$M = \frac{I_w}{J_l} \tag{2-2-2}$$

式中　$M$——注水采油指数比。

可根据 $M$ 值选择面积注水方式,如表 2-2-4 所示。

表 2-2-4　适宜面积注水方式

| $M$ | ≈3 | ≈2 | ≈1 | ≈0.5 | ≈0.3 |
|---|---|---|---|---|---|
| 注水方式 | 反九点 | 反七点或正四点 | 反五点或正五点 | 反四点或正七点 | 正九点 |

## 2. 井网密度

井网密度是指单位含油面积上的井数,或单井控制的含油面积。确定井数后可以进一步计算出井距。

1）根据试油试采测试资料确定

若已知油田地质储量、平均单井日产量和采油速度,即可测算出生产井数:

$$n_p = \frac{vN}{360\sigma q} \tag{2-2-3}$$

式中　$n_p$——生产井数;

$v$——采油速度,%;

$N$——地质储量,t;

$q$——平均单井日产量,t/d;

$\sigma$——采油时率,小数。

采油速度的大小通常根据国家需求确定,同时也受油田大小、油层岩石物性、流体性质等因素的控制。我国的平均采油速度约为地质储量的 $1.5\%\sim2.0\%$。

平均单井日产量可以先通过试油试采资料获得采油强度,然后根据油层有效厚度的分布状况求得。当一口井投入生产后,一年内可能因测压、修井维护或其他原因而关井,实际生产天数与一年的日历天数之比即为采油时率。正常的采油时率应达到 $80\%\sim90\%$。

一般在设计油田产能时,主要考虑生产井井数,而当核算油田投资时则需要考虑总井数。对于所选定的注水方式,可根据油水井数比计算出注水井井数 $n_i$,进一步计算出总井数。

2) 根据注采井测试资料确定

假定注水采油期间产液指数和注水井吸水指数保持不变,平均油藏压力为 $\overline{p}$,注采比保持平衡,采油井和注水井的井底压力分别为 $p_p$ 和 $p_i$,以"反"式注采井网为例,由注采平衡关系得:

$$2I_w(p_i-\overline{p})=(n-3)J_1(\overline{p}-p_p) \tag{2-2-4}$$

则:

$$\overline{p}=\frac{(n-3)p_p+2Mp_i}{n-3+2M} \tag{2-2-5}$$

采油井的工作压差 $\Delta p_p$ 为:

$$\Delta p_p=\overline{p}-p_p=\frac{2M(p_i-p_p)}{n-3+2M} \tag{2-2-6}$$

若满足注采平衡所需油井数为 $n_p$,则采油速度为:

$$v=\frac{360\sigma n_p J_1\Delta p_p}{N}=\frac{360\sigma n_p J_1}{N}\frac{2M(p_i-p_p)}{n-3+2M} \tag{2-2-7}$$

采油井数 $n_p$ 为:

$$n_p=\frac{Nv}{360\sigma J_1(p_i-p_p)}\frac{n-3+2M}{2M} \tag{2-2-8}$$

根据油水井数比关系得注水井数 $n_i$ 为:

$$n_i=\frac{Nv}{360\sigma J_1(p_i-p_p)}\frac{n-3+2M}{M(n-3)} \tag{2-2-9}$$

总井数为:

$$n_i+n_p=\frac{Nv}{360\sigma J_1(p_i-p_p)}\frac{(n-1)(n-3+2M)}{2M(n-3)} \tag{2-2-10}$$

### 3. 断块油藏注采系统部署

断块油藏的开发对策与断块油藏的大小有直接的联系。断块油藏的分级是指按面积大小划分等级。

1) 断块油藏注采关系特征

含油面积大于 1 km² 的断块油藏用通常的详探井网可以探明或基本探明,可以用正常的详探开发程序;小于 1 km² 的断块油田必须采用滚动开发程序。这反映出断块面积的量变造成了开发对策的质变,这是复杂断块油田与简单断块油田的界限,大断块油藏含油面积的下限应该是 1 km²。

根据许多复杂断块油田的开发和调整经验以及高效开发的要求,目前大多数断块油藏的开发井距在 300 m 左右。若用 300 m 井网衡量,则一般含油面积在 0.4 km² 以上的油藏基本上可以形成较好的注采井网;含油面积小于 0.4 km² 的断块一般不能形成较好的注采井网。从另外一个角度衡量,如果按长宽比大致为 1∶2 来考虑,那么含油面积为 0.4 km² 的断块油藏大体上宽 500 m、长 800 m,油井间油层对于 300 m 井网的连通率在 60% 以上。显然形成较好的注采关系是没有问题的,而小于该面积的油藏连通率急剧降低。对于含油面积大于 0.4 km² 的断块油藏,如果同一套层系有多个油层,将其划分为几套开发层系在平面上能满足多套井网部署的要求。

经验表明,采用 300 m 左右开发井距,含油面积为 0.2~0.4 km² 的断块油藏不会漏掉。一般一个断块油藏中最多只能有 2~3 口井,可以基本上探明断块的地质情况,但对油层的控制程度较低,要达到较好的开发效果,必须局部加密。含油面积为 0.2 km² 的油藏大体上相当于宽 300 m、长 600 m 的油藏,300 m 井距只有 37% 左右的连通率。含油面积小于 0.2 km² 则很难形成较好的注采井网。

对于含油面积为 0.2~0.4 km² 的断块油藏,开发层系只能按油层分布情况自然形成,因为即使一个断块内有许多连续分布的油层,一般也只有少数几个油层能基本上重叠在一起而用一套井网来开发。这个断块内的其他油层已经不和它们重叠,油水边界各不相同,因此很难合在一起开发。所以这一级的断块油藏虽然可以形成一定的层系和完善程度较低的井网,但这种层系是自然形成的,层系划分没有选择的余地,至少在开发初期无法考虑,较好的情况下可以在调整时考虑层系划分问题。这一级断块油藏的井网基本上在探明地下情况过程中形成。

含油面积大于 0.1 km² 的断块一般不会漏掉,可以形成一注一采的关系,大多数需要打补充井才能形成。因此,含油面积为 0.1~0.2 km² 的断块油藏可以实现注水开发,油井能有一定时期的稳产。在断块油藏密集的地方,一口井往往穿梭在好几个断块中,同一口井对不同油层注入的水会进入不同断块,在不同方向的油井上见效,也会出现同一口油井的不同层受不同方向注水井的效果。含油面积为 0.1 km² 的断块油藏,按长宽比 2∶1 估计,大约相当于宽 200 m、长 500 m 的油藏,300 m 井距时连通率只有 31%,所以含油面积小于 0.1 km² 的油藏很难实现一注一采的关系。

根据以上分析,断块油藏可以按含油面积界限划为五个级别:大断块油藏、较大断块油藏、中断块油藏、小断块油藏和碎块油藏。

2）断块油藏对井网的适应界限

断块油藏按含油面积大小可划分为五个级别：

（1）含油面积大于 1.0 km²，为大断块油藏；

（2）含油面积大于 0.4 km²、小于等于 1.0 km²，为较大断块油藏；

（3）含油面积大于 0.2 km²、小于等于 0.4 km²，为中断块油藏；

（4）含油面积大于 0.1 km²、小于等于 0.2 km²，为小断块油藏；

（5）含油面积小于 0.1 km²，为碎块油藏。

由含油面积小于 1 km² 的断块油藏组成，且地质储量占油田总储量 50％ 以上的断块油田，称为复杂断块油田。

对于断块油田，滚动开发的核心是勘探与开发交叉进行，详探和开发紧密结合，用少量的井既能探明含油断块，又能形成较好的开发井网。不同井网对断块油田的控制程度体现在对断块油藏的控制上。因此，各级断块油藏对不同井网的适应性具有一定的界限。断块油藏大小分级对井网的适应界限汇总如表 2-2-5 所示。

表 2-2-5　断块油藏对井网的适应性

| 井网井距<br>断块级别 | 详探井网，<br>井距 500~1 000 m | 500 m 井距，<br>三角形井网 | 300 m 井距，<br>三角形井网 | 300 m 井距，<br>井网局部加密 |
|---|---|---|---|---|
| 大断块油藏 | 能够基本探明，不会漏掉 | 可形成较好的开发井网 | 可形成较好的开发井网 | 可形成较好的开发井网 |
| 较大断块油藏 | 很难探明基本地质情况，一般不会漏掉 | 不会漏掉，可基本探明地质情况，不能形成良好的注采关系 | 可形成较好的开发井网，需考虑开发层系划分问题 | 可形成较好的开发井网，需考虑开发层系划分问题 |
| 中断块油藏 | 不能探明，易漏掉 | 一般不易漏掉，不能探明 | 不会漏掉，能形成不完善的注采系统，开发层系自然形成 | 可形成较好的注采井网 |
| 小断块油藏 | 不能探明，易漏掉 | 不能探明，易漏掉 | 不易漏掉，但可能漏掉，一般不能形成一注一采关系 | 一般可形成一注一采关系 |
| 碎块油藏 | 不能探明，易漏掉 | 不能探明，易漏掉 | 不能探明，易漏掉 | 少数能形成一注一采关系 |

## 四、注水方式选择

注采井网系统的部署是油藏注水开发方案设计中最重要的组成部分，直接关系着注入水波及体积和水驱采收率的提高,影响油藏的开发效果和经济效益。因此,注采井网系统部署是涉及技术和经济多方面综合性很强的问题,合理的注采井网系统要通过对油层适应性的分析、不同技术经济指标的综合分析后才能确定。

**1. 注水方式及井网优化选择原则**

注水方式应根据油层非均质特点进行选择,尽可能做到调整后的油井多层、多方向受效;水驱程度、注水方式的确定要和压力系统的选择结合起来,研究采液指数和吸水指数的变化趋势,确定合理的油水井数比,使注入水平面波及系数大,能满足采油井所需产液量及提高和保持油层压力的要求;保证调整后层系既有独立的注采系统,又能与原井网匹配好,协调注采关系,提高总体开发效果。对于裂缝和断层发育的油藏,其注水方式要视油藏具体情况灵活选定,例如采取沿裂缝注水和断层附近不布注水井等。注水方式的确定要留有余地,便于今后继续进行必要的调整,同时还要有利于油藏开发后期向强化注水的转化。

1)适应油层的地质条件

注采井网部署的核心任务是使注采井网最大限度地适应砂体的分布状况,获得尽可能大的水驱面积,保证尽可能多的油水井能对应连通,使更多的油井受到有效的注水影响。为了反映不同注采井网对油层的适应程度,一般采用不同井网的水驱控制程度来表示。所谓水驱控制程度,是指砂体上钻遇的油井能受到注水影响的厚度与钻遇总厚度的百分比。有时为了更好地反映注采井网对油层的适应程度,还考虑注水井的钻遇厚度和钻遇油井注水受效方向数的影响。根据研究,不同油层在不同注采井网下,其水驱控制程度的差别很大。对于砂体呈大面积分布的油藏,一套井网的水驱控制程度要达到80%以上。

2)保持一定稳产期并获得较高的采收率

选择的注采井网要保证达到一定的采油速度,以利于全油藏建成一定的生产规模和保持一定的稳产期。保证油井能受到良好的注水效果,在开采过程中能有效地保持油层压力;保证油井具有较高的生产能力,使绝大部分油层都能得到较好的动用。选择的注采井网要具有较高的面积波及系数、厚度波及系数和驱油效率,以获得较高的采收率。

3)适应分阶段调整的要求

油藏的开发过程是一个不断认识油藏、分阶段调整开发对策的过程,随着油藏开发生产的进行和不同开发阶段油藏开发调整的要求,油藏的注采井网需要不断变化。因此,井网部署要有长远考虑,力求选用的注采井网能为开采过程中注采系统的调整和井网的加密留有余地。

4)能形成合理注采压差,满足开采需要

(1)能使地层压力保持合理和均衡。不出现压力过低或过高的油水井、井组或区块,使油田基本保持在同一压力水平上;井间和井组间的注采压差不能相差悬殊,使油井基本上都处于注水受效第一线。

(2) 能满足增大产液量的需要。在油藏注水开采过程中,油井井底流压随着含水上升逐步提高。因此,选择的注水方式要能形成合理的生产压差,既要满足初期产液量的要求,也要满足油藏开发中后期提高产液量的要求。

(3) 能有效地控制含水上升速度。含水上升速度过快,将直接影响油藏开发效果。为此,选择注水方式和井网井距时,要将含水上升速度控制在油层物理性质所能适应的范围内。

(4) 能有效地控制油井产量递减,使油井保持合理生产压差,并使之有扩大生产压差的潜力,以控制油井产量递减。

(5) 能获得较好的经济效益。

注水方式及井网选择的原则除满足上述各项技术条件外,更重要的是要满足经济效益的要求,投入产出比达到一定的目标,所选择的注水方式和井网在经济上合理,使油藏开发获得较好的经济效益。

### 2. 不同类型油藏注水方式选择

#### 1) 多层砂岩油藏

对于大型多层砂岩油藏,注水方式可以选择行列注水方式,也可选择面积注水方式。行列注水方式的油水运动特征相对简单,可以分排治之,易于掌握,便于调整;面积注水方式的油水运动比较复杂,含水上升不稳定,初期规律性不强。这两种注水方式具有不同的适应性。行列注水方式适用于分布稳定、形态规则、渗透率较高且较均匀的油层。在此条件下,注入水的运动比较单一,注入水向水井排两侧运动,剩余油相对比较集中,井网调整的灵活性较大。面积注水方式适应的油层条件更为广泛,不仅适用于稳定油层,还适用于分布不够稳定、砂体形态不规则、渗透率较低或不均匀的油层。在面积注水条件下,油井处于受效第一线,油井可多方向受效,采油速度较高,但也存在油井多层多向见水后剩余油相对分散的问题,不仅调整难度较大,而且调整井网井数增多。

由于我国多层砂岩油藏多为陆相沉积储集层,砂体形态各异,储集层物性非均质严重,边水能量一般较弱,在选择注水方式时,多采用面积注水。例如,大庆油区开发初期采用行列注水的地区,经过调整也已转变为面积注水,使生产井处于注水受效第一线,且形成多向供水,抑制水线单向推进,开发效果得到显著改善。

基于整个开发过程注采平衡和各开发阶段注采系统转换的需要,我国油藏开发初期一般采用正方形井网反九点法面积注水方式。

#### 2) 块状潜山油藏

我国的块状潜山油藏主要是华北地区裂缝性块状潜山油藏,除其内部具有弹性能量外,它还有比砂岩油藏较为充足的外部边底水弹性能量。底水块状潜山油藏一般采取边缘底部注水方式,开发实践证明这样的选择是非常有效的。

例如,任丘雾迷山油藏是含油区与边底水区相互连通很好的块状底水油藏,把注水井布置在油水边界附近,注水井段在原始油水界面以下一定距离,使油藏内所有油井均受到明显注水效果,位于注水井附近的前排油井对后面的油井没有屏蔽作用,注入水和底水推进比较均匀,油井见效后压力稳定或回升,产油量保持稳定或上升。

### 3)带裂缝砂岩油藏

带裂缝砂岩油藏的最佳注水方式选择应当建立在对裂缝分布规律有清楚认识的基础上。研究和实践表明,该类油藏不能采用简单的面积注水或行列注水方式,因为这两种方式都未考虑裂缝方向,会导致裂缝成为注入水的通道,致使油井过早水淹。

大量研究和试验表明,带裂缝砂岩油藏开发井网布置的主要原则是平行裂缝方向布井和注水,采用线状注水方式,井距可以加大,排距需要缩小。这样的井网部署比较科学合理,而且总井数还可以相对减少。带裂缝砂岩油藏的井距应大于排距,井距可以为排距的2~3倍,甚至4倍。

井距主要根据裂缝规模和渗透率大小确定。一般裂缝渗透率越高,井距越大。开始阶段,生产井井距可以和注水井井距相同,到中后期根据需要再考虑调整加密。

排距应该根据基质岩块的渗透率和裂缝密度确定。一般基岩渗透率越低,裂缝越少,排距越小,反之可以加大。

对于一个油藏的具体开发井网,还要考虑储量丰度和油层深度等因素,以效益为中心,详细进行技术和经济评价论证。

### 4)带气顶砂岩油藏

根据国外众多带气顶油藏的开发经验和教训,结合我国带气顶砂岩油藏的开发实践,认为该类油藏选择注水方式的核心问题是如何防止油气互窜。

首先要把气顶油藏划分成纯油区、纯气区和油气边界附近的油气运动缓冲区三大块。在划分三个区的基础上,建立起油气缓冲带和气区水障隔离带,这是两种不同的隔离油气区的手段。通过两种隔离手段,达到油气区的压力平衡,在此基础上,可先开发油区,后开发缓冲区和气区,也可以同时开发油气区。

### 5)复杂断块油藏

对封闭、半封闭的复杂断块油藏,其注水方式的选择必须要从断块油藏的具体情况和条件出发,如含油面积断块形态、油层发育及储量的分布等,通过对比分析确定注水方式。一般采用不规则井网注水,该方式比较适应复杂断块地质条件。

# 第三节　油田开发指标概算

## 一、弹性开采指标预测

在弹性驱动方式下,油层一般是封闭的,没有边水和底水,油层压力始终高于饱和压力,计算时需要确定油层压力、采出程度、油井产量随时间的变化。

为了进行概算,假定油井均匀布置,在均质等厚度的油层内,每一口井有一个半径为 $r_e$ 的泄油面积,其边界是封闭的,泄油面积内的储量即单井平均控制储量为 $N$,则按物质平衡关系式和渗流力学方法可以计算其综合开发指标。

**1. 计算地层压力与采出程度的关系**

按物质平衡关系式,在考虑岩石和地下流体(束缚水与油)的压缩性时,平均压力与采出程度 $N_p/N$ 或累积产油量 $N_p$ 的关系为:

$$\frac{N_p}{N} = c_t \Delta p = c_t(p_i - \overline{p}) \tag{2-3-1}$$

$$N_p = N c_t \Delta p \tag{2-3-2}$$

式中　$N_p$——累积产油量,$10^4$ t;

　　　$N$——原始地质储量,$10^4$ t;

　　　$c_t$——综合压缩系数,$MPa^{-1}$;

　　　$\Delta p$——生产压差,MPa;

　　　$p_i, \overline{p}$——原始地层压力和平均地层压力,MPa。

**2. 计算单井产量**

若单井控制储量为 $N$,控制半径为 $r_e$,则在定产或定压条件下,均可采用有界封闭地层弹性拟稳定公式来计算其产量或井底压力。

若油井产量恒定,则可以很容易地用单井公式计算累积产油量 $N_p$,并利用下式计算井底流压:

$$p_w(t) = p_i - \frac{0.011\,574 Q \mu_o B_o}{2\pi K h}\left(\frac{2\varkappa t}{r_e^2} + \ln\frac{r_e}{r_w} - \frac{3}{4}\right) \tag{2-3-3}$$

式中　$p_w(t)$——$t$ 时刻井底流压,MPa;

　　　$Q$——单井平均产量,$m^3/d$;

　　　$B_o$——原油体积系数;

　　　$K$——渗透率,$\mu m^2$;

　　　$h$——油层厚度,m;

$æ$ ——导压系数,$m^2/d$;

$r_e$,$r_w$ ——单井平均泄油半径和井筒半径,$m$;

$\mu_o$ ——原油黏度,$mPa \cdot s$;

$t$ ——生产时间,$d$。

若油井压力恒定,则产量随时间是逐步变小的,因此可用下式计算产量随时间的变化:

$$Q(t) = \frac{86.4 \times 2\pi Kh(p_i - p_w)}{B_o\mu_o\left(\dfrac{2æt}{r_e^2} + \ln\dfrac{r_e}{r_w} - \dfrac{3}{4}\right)} \qquad (2\text{-}3\text{-}4)$$

式中 $p_w$ ——井底流动压力,$MPa$。

然后利用积分计算累积产量:

$$N_p(t) = \int_0^t Q(t)\mathrm{d}t \qquad (2\text{-}3\text{-}5)$$

## 二、溶解气驱开发指标预测

对于溶解气驱油田,在进行开发指标概算时需要概算不同时刻的全油藏综合指标和平均单井指标。全油藏综合指标包括全油藏平均地层压力、平均含油(气)饱和度、采出程度、生产气油比及最终采收率等。平均单井指标包括平均单井产量、流动压力、生产气油比等。

### 1. 溶解气驱采出程度预测

假设:

(1)任何时刻油藏的孔隙度、流体的饱和度和相对渗透率等都是均匀的;

(2)无论在油藏的气带还是油带中,油藏内各处的压力都是一样的,即气和油的体积系数、气和油的黏度以及气体的溶解量都是一样的;

(3)忽略重力影响;

(4)任何时刻油相和气相之间平衡;

(5)没有水侵并忽略出水量。

任一平均地层压力 $p$ 下,剩余在地层中的原油体积 $V_o$ 换算到大气条件下为:

$$V_o = \frac{S_o V_p}{B_o} \qquad (2\text{-}3\text{-}6)$$

式中 $V_p$ ——地层孔隙体积,$m^3$;

$S_o$ ——任一平均地层压力下的含油饱和度,小数;

$B_o$ ——任一平均地层压力下的原油体积系数。

折算到标准条件下的地下原油体积随平均地层压力变化的变化率是式(2-3-6)对

压力的导数：

$$\frac{dV_o}{dp} = V_p \left( \frac{1}{B_o} \frac{dS_o}{dp} - \frac{S_o}{B_o^2} \frac{dB_o}{dp} \right) \qquad (2\text{-}3\text{-}7)$$

任一平均地层压力 $p$ 下,剩余在地层中的气体体积(包括自由气和溶解气)$V_g$ 换算到地面标准条件为:

$$V_g = \frac{R_{so} V_p S_o}{B_o} + (1 - S_o - S_{wc}) B_g' V_p \qquad (2\text{-}3\text{-}8)$$

式中　$R_{so}$——溶解气油比,$m^3/m^3$;

　　　$B_g'$——气体体积系数的倒数。

式(2-3-8)中,等号右端第一项表示溶解气量的体积,第二项表示自由气体的体积。折算到标准条件下的地下气体体积随平均地层压力变化的变化率是式(2-3-8)对压力的导数:

$$\frac{dV_g}{dp} = V_p \left[ \frac{R_{so}}{B_o} \frac{dS_o}{dp} + \frac{S_o}{B_o} \frac{dR_{so}}{dp} - \frac{R_{so} S_o}{B_o^2} \frac{dB_o}{dp} + (1 - S_o - S_{wc}) \frac{dB_g'}{dp} - B_g' \frac{dS_o}{dp} \right]$$
$$(2\text{-}3\text{-}9)$$

式中的 $R_{so}, B_o, B_g$ 都是平均地层压力 $\overline{p}$ 的函数,可以由高压物性实验确定。

生产气油比 $R_p$ 为:

$$R_p = \frac{\dfrac{dV_g}{dp}}{\dfrac{dV_o}{dp}} = \frac{\dfrac{R_{so}}{B_o} \dfrac{dS_o}{dp} + \dfrac{S_o}{B_o} \dfrac{dR_{so}}{dp} - \dfrac{R_{so} S_o}{B_o^2} \dfrac{dB_o}{dp} + (1 - S_o - S_{wc}) \dfrac{dB_g'}{dp} - B_g' \dfrac{dS_o}{dp}}{\dfrac{1}{B_o} \dfrac{dS_o}{dp} - \dfrac{S_o}{B_o^2} \dfrac{dB_o}{dp}}$$

$$(2\text{-}3\text{-}10)$$

由于生产气油比是换算到标准条件下的气体流量(包括溶解气和自由气)与换算到标准条件下原油流量的比值,所以生产气油比也可写成:

$$R_p = \frac{Q_g B_g' + \dfrac{Q_o}{B_o} R_{so}}{\dfrac{Q_o}{B_o}} = B_o B_g' \frac{K_g \mu_o}{K_o \mu_g} + R_{so} \qquad (2\text{-}3\text{-}11)$$

式中　$Q_g$——油层条件下的气体流量,$m^3/d$;

　　　$Q_o$——油层条件下的原油流量,$m^3/d$;

　　　$K_g, K_o$——气相和油相渗透率,$\mu m^2$;

　　　$\mu_g, \mu_o$——气体和油的黏度,$mPa \cdot s$。

油的黏度 $\mu_o$ 和气体的黏度 $\mu_g$ 都是平均地层压力 $p$ 的函数。令式(2-3-10)和(2-3-11)两式相等,可得到平均地层压力与地层含油饱和度的关系式:

$$\frac{\mathrm{d}S_o}{\mathrm{d}p} = \frac{\dfrac{S_o}{B_o B_g'}\dfrac{\mathrm{d}R_{so}}{\mathrm{d}p} + \dfrac{S_o}{B_o}\dfrac{K_g}{K_o}\dfrac{\mu_o}{\mu_g}\dfrac{\mathrm{d}B_o}{\mathrm{d}p} + (1 - S_o - S_{wc})\dfrac{1}{B_g'}\dfrac{\mathrm{d}B_g'}{\mathrm{d}p}}{1 + \dfrac{K_g}{K_o}\dfrac{\mu_o}{\mu_g}} \tag{2-3-12}$$

为计算方便起见,可将上式分子中与压力有关的各项用下列符号表示:

$$X(p) = \frac{1}{B_o B_g'}\frac{\mathrm{d}R_{so}}{\mathrm{d}p}, \quad Y(p) = \frac{1}{B_o}\frac{\mu_o}{\mu_g}\frac{\mathrm{d}B_o}{\mathrm{d}p}, \quad Z(p) = \frac{1}{B_g'}\frac{\mathrm{d}B_g'}{\mathrm{d}p}$$

并将式(2-3-12)改写成增量形式:

$$\frac{\Delta S_o}{\Delta p} = \frac{S_o X(p) + S_o \dfrac{K_g}{K_o}Y(p) + (1 - S_o - S_{wc})Z(p)}{1 + \dfrac{K_g}{K_o}\dfrac{\mu_o}{\mu_g}} \tag{2-3-13}$$

上式可以是隐式计算格式:

$$\frac{S_o^{n-1} - S_o^n}{p^{n-1} - p^n} = \frac{S_o^n X(p^n) + S_o^n \dfrac{K_g(S_o^n)}{K_o(S_o^n)}Y(p^n) + (1 - S_o^n - S_{wc})Z(p^n)}{1 + \dfrac{K_g(S_o^n)}{K_o(S_o^n)}\dfrac{\mu_o(p^n)}{\mu_g(p^n)}} \tag{2-3-14}$$

也可以是显式计算格式:

$$\frac{S_o^{n-1} - S_o^n}{p^{n-1} - p^n} = \frac{S_o^{n-1} X(p^{n-1}) + S_o^{n-1} \dfrac{K_g(S_o^{n-1})}{K_o(S_o^{n-1})}Y(p^{n-1}) + (1 - S_o^{n-1} - S_{wc})Z(p^{n-1})}{1 + \dfrac{K_g(S_o^{n-1})}{K_o(S_o^{n-1})}\dfrac{\mu_o(p^{n-1})}{\mu_g(p^{n-1})}}$$

$$\tag{2-3-15}$$

利用式(2-3-13)可算出平均地层压力 $p$ 随着地层含油饱和度 $S_o$ 的变化规律。具体计算方法为:已知原始地层压力($p^{n-1}$)和原始含油饱和度($S_o^{n-1}$),给定地层压力下降值 $p^n$,在如图 2-3-1 所示相应曲线上读出流体物性值和相渗值。

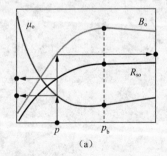 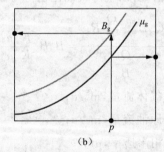 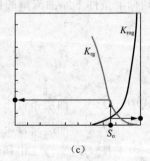

(a)　　　　　　　　　　(b)　　　　　　　　　　(c)

图 2-3-1　原油 PVT 和油气相渗关系

$K_{rg}$—气相相对渗透率;$K_{rog}$—气驱油相相对渗透率

计算出 $p^n$ 所对应的地层含油饱和度 $S_o^n$,依此计算,如图 2-3-2 所示,直到压力 $p^n$

为大气压为止,计算时 $\dfrac{\mathrm{d}R_{so}}{\mathrm{d}p}$, $\dfrac{\mathrm{d}B_o}{\mathrm{d}p}$ 和 $\dfrac{\mathrm{d}B_g'}{\mathrm{d}p}$ 也要改用增量形式。

利用 $p\text{-}S_o$ 关系曲线还可以进一步求出平均地层压力与采出程度 $\eta$ 的关系:

$$\eta=\frac{N_p(p)}{N}=\frac{N-N_r(p)}{N}=\frac{\dfrac{S_{oi}}{B_{oi}}V_p\rho_{osc}-\dfrac{S_o(p)}{B_o(p)}V_p\rho_{osc}}{\dfrac{S_{oi}}{B_{oi}}V_p\rho_{osc}}=1-\frac{B_{oi}}{S_{oi}}\frac{S_o(p)}{B_o(p)}$$

(2-3-16)

式中　$N_r(p)$——剩余油地质储量,$10^4$ t。

对任一平均地层压力,利用式(2-3-13)求出相应的地层含油饱和度,并进一步用式(2-3-16)求出相应的采出程度 $\eta$,即可得到 $\eta\text{-}p$ 关系曲线,如图 2-3-3 所示。

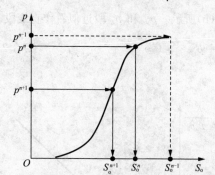

图 2-3-2　平均地层压力随含油饱和度变化曲线

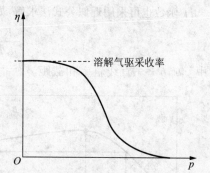

图 2-3-3　油藏采出程度 $\eta$ 随压力 $p$ 变化曲线

### 2. 溶解气驱油井生产气油比预测

瞬时生产气油比 $R_p$ 直接与井底压力和井底附近含油饱和度有关,其计算公式为:

$$R_p=\frac{B_o}{B_g}\frac{K_{rg}}{K_{ro}}\frac{\mu_o}{\mu_g}+R_{so}$$

(2-3-17)

### 3. 溶解气驱油井产量预测

溶解气驱油井产量 $Q_o$ 计算公式为:

$$Q_o=\frac{2\pi Kh(H_e-H_w)}{\ln\dfrac{r_e}{r_w}+S}$$

(2-3-18)

$$H_e-H_w=\int_{p_w}^{p_e}\frac{K_{ro}}{B_o\mu_o}\mathrm{d}p$$

(2-3-19)

式中　$H_e$,$H_w$——相应压力 $p_e$,$p_w$ 时的压力函数;

　　　$S$——表皮系数;

　　　$K_{ro}$——油相相对渗透率。

若已知油井井底压力,利用式(2-3-14)可以求得相应的产油量 $Q_o$;若已知油井产油量 $Q_o$,也可以求得相应的井底压力。

压力函数 $H_e$ 和 $H_w$ 的具体计算方法:在根据高压物性实验得出的 $B_o,\mu_o$ 与 $p$ 的关系曲线上,任选一压力 $p$,即可得到 $B_o(p)$ 和 $\mu_o(p)$,如图 2-3-4 所示。给定生产气油比 $R_p$,由于稳定流时生产气油比为常数,利用式(2-3-17)求得任一压力 $p$ 下的 $K_{rg}/K_{ro}$,又由 $K_{rg}/K_{ro}$-$S$ 关系曲线求出相应的含油饱和度,再根据相对渗透率曲线求出相应的 $K_{ro}$,即可求出在某一生产气油比 $R_p$ 下任一压力时的 $K_{ro}/(B_o\mu_o)$ 值,如此即可作出 $K_{ro}/(B_o\mu_o)$-$p$ 关系曲线,如图 2-3-5 所示。图 2-3-5 中阴影部分的面积即为 $H$ 函数。$H$ 函数可以采用数值积分法求解,如图 2-3-6(a)所示。

$$H_e - H_w = \int_{p_w}^{p_e} \frac{K_{ro}}{B_o\mu_o}\mathrm{d}p \approx \sum_{p_w}^{p_e} \frac{K_{ro}}{B_o\mu_o}\Delta p \qquad (2\text{-}3\text{-}20)$$

$H$ 函数也可采用近似公式法求解,如图 2-3-6(b)所示。$p_w$ 和 $p_e$ 段近似看作直线段。

$$\frac{K_{ro}}{\mu_o B_o} = ap + b \qquad (2\text{-}3\text{-}21)$$

式中  $a,b$——直线斜率和截距。

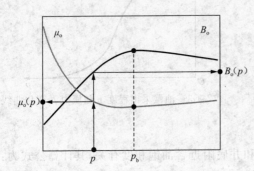
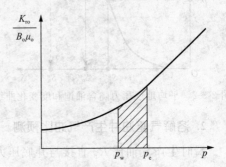

图 2-3-4  原油 PVT 关系          图 2-3-5  不同压力 $p$ 下 $K_{ro}/(B_o\mu_o)$

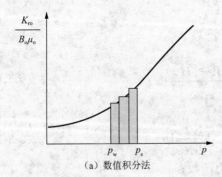
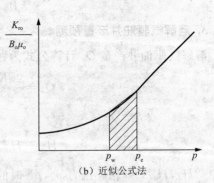

(a) 数值积分法                    (b) 近似公式法

图 2-3-6  $H$ 函数求解方法

$$H_e - H_w = \int_{p_w}^{p_e} \frac{K_{ro}}{B_o \mu_o} \mathrm{d}p = \int_{p_w}^{p_e} (ap+b)\mathrm{d}p = \frac{a}{2}(p_e^2 - p_w^2) + b(p_e - p_w)$$

$$(2-3-22)$$

溶解气驱油井产气量计算公式为：

$$Q_g = R_p Q_o \qquad (2-3-23)$$

### 三、排状注水开发指标预测

#### 1. 多油层排状注水动态预测方法

如图 2-3-7(a)所示，斯蒂尔斯把纵向不均质油藏简化为若干均质的多层油藏，并将每个小层水驱近似为活塞式驱替，活塞前缘的推进距离主要取决于地层的渗透率 $K$，经过一段时间后，各小层水驱前缘位置如图 2-3-7(b)所示。为方便书写，将各小层按照渗透率由大到小排序，形成一个假想的流动剖面，注入水沿渗透率较高的单层或层段突进，并较早地在生产井底突破，如图 2-3-7(c)所示。

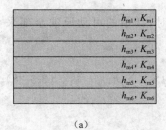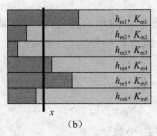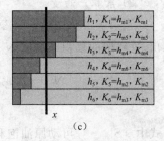

图 2-3-7　纵向多层水驱油藏

假设开发单元地层长度为 $L$，宽度为 $B$，由 $n$ 个单层组成。注水时单层按渗透率大小先后水淹，当注入水从第 $j$ 层刚刚突破生产井时，第 $j$ 层及比第 $j$ 层渗透率大的所有单层都已全部水淹，而渗透率比 $j$ 层小的所有单层仍然产油，每个单层中水驱前缘的运动距离与该层渗透率大小成正比。

1) 含水率

第 $j$ 层刚刚水淹时，生产井的产水量 $Q_w$ 为：

$$Q_w = \frac{BK_{rwro}\Delta p}{\mu_w L} \sum_{i=1}^{j} K_i h_i \qquad (2-3-24)$$

式中　$B$——带状油藏宽度，m；

　　　$K_{rwro}$——残余油下水相相对渗透率。

第 $j$ 层刚刚水淹时，生产井的产油量 $Q_o$ 为：

$$Q_o = B\Delta p \left( \frac{K_{rwro}}{\mu_w} \sum_{i=j+1}^{n} \frac{K_i h_i}{\frac{K_i}{K_j}L} + \frac{K_{rocw}}{\mu_o} \sum_{i=j+1}^{n} \frac{K_i h_i}{L - \frac{K_i}{K_j}L} \right)$$

$$= \frac{BK_j \Delta p}{L} \left( \frac{K_{rwro}}{\mu_w} \sum_{i=j+1}^{n} h_i + \frac{K_{rocw}}{\mu_o} \sum_{i=j+1}^{n} \frac{K_i h_i}{K_j - K_i} \right) \tag{2-3-25}$$

式中 $K_{rocw}$——束缚水下油相相对渗透率。

水油比 $F$ 为：

$$F = \frac{Q_w}{Q_o} = \frac{\sum_{i=1}^{j} K_i h_i}{K_j \left( \sum_{i=j+1}^{n} h_i + \frac{K_{rocw}}{K_{rwro}} \frac{\mu_w}{\mu_o} \sum_{i=j+1}^{n} \frac{K_i h_i}{K_j - K_i} \right)} \tag{2-3-26}$$

含水率 $f_w$ 为：

$$f_w = \frac{F}{1 + F} \tag{2-3-27}$$

2）累积产油量

当第 $j$ 层及比第 $j$ 层渗透率大的所有单层全部水淹时，其中的可动原油全部采出，这些层的累积产油量 $N_{p1}$ 为：

$$N_{p1} = BL\phi S_{om}(h_1 + h_2 + \cdots + h_j) = BL\phi S_{om} \sum_{i=1}^{j} h_i \tag{2-3-28}$$

$$S_{om} = 1 - S_{wc} - S_{or}$$

式中 $S_{om}$——可动原油饱和度，小数。

渗透率比 $j$ 层小的所有单层还在产油，这些层的累积产油量 $N_{p2}$ 为：

$$N_{p2} = B\phi S_{om} \left( h_{j+1} \frac{K_{j+1}}{K_j}L + h_{j+2} \frac{K_{j+2}}{K_j}L + \cdots + h_n \frac{K_n}{K_j}L \right) = \frac{BL\phi S_{om}}{K_j} \sum_{i=j+1}^{n} K_i h_i$$

$$\tag{2-3-29}$$

式中 $n$——小层数。

所有层的累积产油量 $N_p$ 为：

$$N_p = N_{p1} + N_{p2} = BL\phi S_{om} \left( \sum_{i=1}^{j} h_i + \frac{1}{K_j} \sum_{i=j+1}^{n} K_i h_i \right) \tag{2-3-30}$$

3）采出程度

开发单元的地质储量 $N$ 为：

$$N = BL\phi(1 - S_{wc}) \sum_{i=1}^{n} h_i \tag{2-3-31}$$

采出程度 $\eta$ 为：

$$\eta = \frac{N_p}{N} = \frac{S_{om}\left(\sum\limits_{i=1}^{j} h_i + \frac{1}{K_j}\sum\limits_{i=j+1}^{n} K_i h_i\right)}{(1-S_{wc})\sum\limits_{i=1}^{n} h_i} \tag{2-3-32}$$

开发单元的可采储量 $N_R$ 为：

$$N_R = BL\phi S_{om}\sum\limits_{i=1}^{n} h_i \tag{2-3-33}$$

可采储量采出程度 $R$ 为：

$$R = \frac{N_p}{N_R} = \frac{\sum\limits_{i=1}^{j} h_i + \frac{1}{K_j}\sum\limits_{i=j+1}^{n} K_i h_i}{\sum\limits_{i=1}^{n} h_i} = \frac{K_j\sum\limits_{i=1}^{j} h_i + \sum\limits_{i=1}^{n} K_i h_i - \sum\limits_{i=1}^{j} K_i h_i}{K_j\sum\limits_{i=1}^{n} h_i} \tag{2-3-34}$$

令 $C_t = \sum\limits_{i=1}^{n} K_i h_i$，称为地层总通过能力；$C_j = \sum\limits_{i=1}^{j} K_i h_i$，称为水淹层总通过能力；$K_i h_i$ 称为第 $i$ 单层的地层系数，则有：

$$R = \frac{K_j\sum\limits_{i=1}^{j} h_i + C_t - C_j}{K_j\sum\limits_{i=1}^{n} h_i} \tag{2-3-35}$$

4）瞬时产油量

若瞬时注水量为 $Q_{inj}$，则瞬时产油量 $Q_o$ 为：

$$Q_o = Q_{inj}(1 - f_w) \tag{2-3-36}$$

5）各单层开发时间

第 $j$ 层累积产油量 $\Delta N_p$ 为：

$$\Delta N_p = N_p(j) - N_p(j-1) \tag{2-3-37}$$

第 $j$ 层开发时间 $\Delta t$ 为：

$$\Delta t = \frac{\Delta N_p}{Q_o} \tag{2-3-38}$$

## 2. 排状注水动态预测方法

以一维水驱为例说明排状注水动态预测方法。设有一均质等厚的单一油层，其初始含水饱和度为束缚水饱和度，注水线与生产井排的距离为 $L$，注采井排保持定压差 $\Delta p$。根据非活塞式水驱油理论，注采井排间油水混合带随油水前缘的推进而延伸，渗流阻力逐渐发生变化，因此只要求出渗流阻力，即可得到相应油井产量的变化。

1）油井见水前流动压差与产量关系

采油井排见水前产量计算公式为：

$$Q_l(t) = -A \frac{KK_{rl}(S_w)}{\mu_l} \frac{dp}{dx} \quad (l = o, w) \tag{2-3-39}$$

$$Q(t) = Q_o(t) + Q_w(t) = -AK \left[ \frac{K_{ro}(S_w)}{\mu_o} + \frac{K_{rw}(S_w)}{\mu_w} \right] \frac{dp}{dx} \tag{2-3-40}$$

式中 $A$——截面积，$m^2$。

令 $\mu_r = \mu_o/\mu_w$，称为油水黏度比，则上式可写为：

$$Q(t) = -\frac{AK}{\mu_o} [K_{ro}(S_w) + \mu_r K_{rw}(S_w)] \frac{dp}{dx} \tag{2-3-41}$$

采油井排见水前，水驱前缘后为油水混合带，前缘前为纯油带。油水混合带中的压降 $\Delta p_1$ 为：

$$\Delta p_1 = p_e - p_f = -\int_{p_e}^{p_f} dp = \frac{\mu_o Q(t)}{AK} \int_0^{x_f} \frac{dx}{K_{ro}(S_w) + \mu_r K_{rw}(S_w)} \tag{2-3-42}$$

式中 $p_f$——水驱前缘压力，MPa；

$x_f$——水驱前缘位置，m。

由

$$x = \frac{f'_w(S_w)}{\phi A} \int_0^t Q(t) dt = \frac{f'_w(S_w)}{\phi A} V(t)$$

得：

$$dx = \frac{df'_w(S_w)}{\phi A} V(t) \tag{2-3-43}$$

式中 $V(t)$——累积注水量。

于是有：

$$\Delta p_1 = \frac{\mu_o Q(t)}{AK} \frac{V(t)}{\phi A} \int_0^{f'_w(S_{wf})} \frac{df'_w(S_w)}{K_{ro}(S_w) + \mu_r K_{rw}(S_w)} \tag{2-3-44}$$

纯油带中压降 $\Delta p_2$ 为：

$$\Delta p_2 = \frac{\mu_o Q(t)}{AKK_{rocw}} (L - x_f) \tag{2-3-45}$$

总压降 $\Delta p$ 为：

$$\begin{aligned}
\Delta p &= \Delta p_1 + \Delta p_2 \\
&= \frac{\mu_o Q(t)}{AK} \frac{V(t)}{\phi A} \int_0^{f'_w(S_{wf})} \frac{df'_w(S_w)}{K_{ro}(S_w) + \mu_r K_{rw}(S_w)} + \frac{\mu_o Q(t)}{AKK_{rocw}} (L - x_f) \\
&= \frac{\mu_o Q(t) L}{AKK_{rocw}} \left[ \frac{V(t) K_{rocw}}{\phi AL} \int_0^{f'_w(S_{wf})} \frac{df'_w(S_{wf})}{K_{ro}(S_w) + \mu_r K_{rw}(S_w)} + 1 - \frac{x_f}{L} \right]
\end{aligned}$$

$$\tag{2-3-46}$$

式中 $S_{wf}$——水驱前缘含水饱和度，小数。

由于

$$x_f = \frac{f'_w(S_{wf})}{\phi A} \int_0^t Q(t) \mathrm{d}t = \frac{f'_w(S_{wf})}{\phi A} V(t)$$

因此有:

$$\Delta p = \frac{\mu_o Q(t) L}{A K K_{rocw}} \left[ \frac{V(t) K_{rocw}}{\phi A L} \int_0^{f'_w(S_{wf})} \frac{\mathrm{d}f'_w(S_{wf})}{K_{ro}(S_w) + \mu_r K_{rw}(S_w)} + 1 - \frac{V(t) f'_w(S_{wf})}{\phi A L} \right]$$

$$(2\text{-}3\text{-}47)$$

2) 油井见水前产量和累积产量

油井初始产量 $Q_i$ 为:

$$Q_i = \frac{A K K_{rocw} \Delta p}{\mu_o L} \tag{2-3-48}$$

将压差与产量关系进行无因次化,令 $Q_D = \dfrac{Q(t)}{Q_i}$,$V_D = \dfrac{V(t)}{\phi A L}$,$t_D = \dfrac{Q_i t}{\phi A L}$

$$Q(t) = \frac{\mathrm{d}V(t)}{\mathrm{d}t} = \frac{\mathrm{d}\left[\dfrac{V(t)}{\phi A L}\right]}{\mathrm{d}\left[\dfrac{Q_i t}{\phi A L}\right]} Q_i = \frac{\mathrm{d}V_D}{\mathrm{d}t_D} Q_i \tag{2-3-49}$$

$$Q_D = \frac{\mathrm{d}V_D}{\mathrm{d}t_D} \tag{2-3-50}$$

由

$$\Delta p = \frac{\mu_o Q(t) L}{A K K_{rocw}} \left[ \frac{V(t) K_{rocw}}{\phi A L} \int_0^{f'_w(S_{wf})} \frac{\mathrm{d}f'_w(S_{wf})}{K_{ro}(S_w) + \mu_r K_{rw}(S_w)} + 1 - \frac{V(t) f'_w(S_{wf})}{\phi A L} \right]$$

$$(2\text{-}3\text{-}51)$$

得:

$$\frac{A K K_{rocw} \Delta p}{\mu_o L} = Q(t) \left[ \frac{V(t) K_{rocw}}{\phi A L} \int_0^{f'_w(S_{wf})} \frac{\mathrm{d}f'_w(S_{wf})}{K_{ro}(S_w) + \mu_r K_{rw}(S_w)} + 1 - \frac{V(t) f'_w(S_{wf})}{\phi A L} \right]$$

$$(2\text{-}3\text{-}52)$$

$$Q_i = Q(t) \left[ \frac{V(t) K_{rocw}}{\phi A L} \int_0^{f'_w(S_{wf})} \frac{\mathrm{d}f'_w(S_{wf})}{K_{ro}(S_w) + \mu_r K_{rw}(S_w)} + 1 - \frac{V(t) f'_w(S_{wf})}{\phi A L} \right]$$

$$(2\text{-}3\text{-}53)$$

$$\frac{\mathrm{d}V_D}{\mathrm{d}t_D} \left[ V_D K_{rocw} \int_0^{f'_w(S_{wf})} \frac{\mathrm{d}f'_w(S_w)}{K_{ro}(S_w) + \mu_r K_{rw}(S_w)} + 1 - V_D f'_w(S_{wf}) \right] = 1 \tag{2-3-54}$$

令 $I(S_{wf}) = \displaystyle\int_0^{f'_w(S_{wf})} \frac{\mathrm{d}f'_w(S_w)}{K_{ro}(S_w) + \mu_r K_{rw}(S_w)}$,则:

$$\frac{\mathrm{d}V_D}{\mathrm{d}t_D} \left[ V_D K_{rocw} I(S_{wf}) + 1 - V_D f'_w(S_{wf}) \right] = 1 \tag{2-3-55}$$

令 $E = K_{rocw}I(S_{wf}) - f'_w(S_{wf})$，称为非活塞水驱油影响系数，则有：

$$\frac{dV_D}{dt_D} = \frac{1}{V_D E + 1} \tag{2-3-56}$$

无因次累积注入量 $V_D$ 为：

$$V_D = \frac{\sqrt{1 + 2Et_D} - 1}{E} \tag{2-3-57}$$

油井见水前累积产量等于累积注入量 $V(t)$：

$$V(t) = \frac{\phi AL}{E}(\sqrt{1 + 2Et_D} - 1) = \frac{\phi AL}{E}\left(\sqrt{1 + 2E\frac{Q_i t}{\phi AL}} - 1\right) \tag{2-3-58}$$

油井见水前产量 $Q_D$ 为：

$$Q_D = \frac{dV_D}{dt_D} = \frac{1}{V_D E + 1} \tag{2-3-59}$$

将式(2-3-57)代入式(2-3-59)得：

$$Q_D = \frac{1}{\sqrt{1 + 2Et_D}} \tag{2-3-60}$$

或

$$Q(t) = \frac{Q_i}{\sqrt{1 + 2Et_D}} \tag{2-3-61}$$

3）油井见水时间

由 B-L 方程，见水时刻 $t_f$ 满足：

$$x_f = L = \frac{f'_w(S_{wf})}{\phi A}\int_0^{t_f} Q(t)dt = f'_w(S_{wf})\frac{V(t_f)}{\phi A} \tag{2-3-62}$$

见水时无因次累积注入量 $V_{Df}$ 为：

$$V_{Df} = \frac{V(t_f)}{\phi Ax_f} = \frac{V(t_f)}{\phi AL} = \frac{1}{f'_w(S_{wf})} \tag{2-3-63}$$

无因次见水时间 $t_{Df}$ 为：

$$t_{Df} = \frac{(1 + EV_{Df})^2 - 1}{2E} = \frac{2f'_w(S_{wf}) + E}{2[f'_w(S_{wf})]^2} \tag{2-3-64}$$

4）油井见水后流动压差

油井见水后流动压差 $\Delta p$ 为：

$$\Delta p = \frac{\mu_o Q(t)}{AK}\int_0^L \frac{dx}{K_{ro}(S_w) + \mu_r K_{rw}(S_w)} \tag{2-3-65}$$

将 $dx = \frac{df'_w(S_w)}{\phi A}V(t)$ 代入上式得：

$$\Delta p = \frac{\mu_o Q(t)}{AK} \frac{V(t)}{\phi A} \int_0^{f_w'(S_{we})} \frac{\mathrm{d}f_w'(S_w)}{K_{ro}(S_w) + \mu_r K_{rw}(S_w)} \qquad (2\text{-}3\text{-}66)$$

式中　$S_{we}$——见水后出口端会水饱和度，小数。

5）油井见水后产量和累积产量

由式（2-3-66）得：

$$\frac{AKK_{rocw}\Delta p}{\mu_o L} = Q(t)K_{rocw}\frac{V(t)}{\phi AL}\int_0^{f_w'(S_{we})}\frac{\mathrm{d}f_w'(S_w)}{K_{ro}(S_w) + \mu_r K_{rw}(S_w)} \qquad (2\text{-}3\text{-}67)$$

$$Q_i = Q(t)K_{rocw}\frac{V(t)}{\phi AL}\int_0^{f_w'(S_{we})}\frac{\mathrm{d}f_w'(S_w)}{K_{ro}(S_w) + \mu_r K_{rw}(S_w)} \qquad (2\text{-}3\text{-}68)$$

$$1 = Q_D V_D K_{rocw}\int_0^{f_w'(S_{we})}\frac{\mathrm{d}f_w'(S_w)}{K_{ro}(S_w) + \mu_r K_{rw}(S_w)} \qquad (2\text{-}3\text{-}69)$$

$$Q_D V_D K_{rocw} I(S_{we}) = 1 \qquad (2\text{-}3\text{-}70)$$

$$V_D = \frac{1}{f_w'(S_{we})} \qquad (2\text{-}3\text{-}71)$$

$$Q_D = \frac{f_w'(S_{we})}{K_{ro}(S_{we})I(S_{we})} \qquad (2\text{-}3\text{-}72)$$

油井见水后产量 $Q(t)$ 为：

$$Q(t) = Q_i \frac{f_w'(S_{we})}{K_{ro}(S_{we})I(S_{we})} \qquad (2\text{-}3\text{-}73)$$

油井见水后累积产量 $V_{oe}$ 为：

$$V_{oe} = V_p(\overline{S}_w - S_{wc}) = \phi AL(\overline{S}_w - S_{wc}) \qquad (2\text{-}3\text{-}74)$$

$$\overline{S}_w = S_{we} + \frac{1 - f_w(S_{we})}{f_w'(S_{we})} \qquad (2\text{-}3\text{-}75)$$

$$V_{oe} = \phi AL\left[S_{we} + \frac{1 - f_w(S_{we})}{f_w'(S_{we})} - S_{wc}\right] \qquad (2\text{-}3\text{-}76)$$

式中　$V_p$——油藏孔隙体积。

6）油井见水后油井含水率达到 $f_w(S_{we})$ 经过的开发时间

由 $V_D = \dfrac{1}{f_w'(S_{we})}$ 得：

$$Q_D = \frac{\mathrm{d}V_D}{\mathrm{d}t_D} = -\frac{1}{[f_w'(S_{we})]^2}\frac{\mathrm{d}f_w'(S_{we})}{\mathrm{d}t_D} \qquad (2\text{-}3\text{-}77)$$

将上式代入式（2-3-72），整理得：

$$-K_{rocw}\frac{1}{[f_w'(S_{we})]^3}I(S_{we})\frac{\mathrm{d}f_w'(S_{we})}{\mathrm{d}t_D} = 1 \qquad (2\text{-}3\text{-}78)$$

对上式进行积分，可以得到油井见水后油井含水率达到 $f_w(S_{we})$ 或含水饱和度达

到 $S_{we}$ 时的无因次时间 $t_{De}$:

$$t_{De} = -K_{rocw} \int_{f'_w(S_{wf})}^{f'_w(S_{we})} \frac{1}{\left[ f'_w(S_{we}) \right]^3} I(S_{we}) df'_w(S_{we}) \qquad (2\text{-}3\text{-}79)$$

令

$$F(S_{we}) = \int_{f'_w(S_{wf})}^{f'_w(S_{we})} \frac{1}{\left[ f'_w(S_{we}) \right]^3} I(S_{we}) df'_w(S_{we}) \qquad (2\text{-}3\text{-}80)$$

$$= -\int_{f'_w(S_{we})}^{f'_w(S_{wf})} \frac{1}{\left[ f'_w(S_{we}) \right]^3} I(S_{we}) df'_w(S_{we})$$

则有:

$$t_{De} = -K_{rocw} F(S_{we}) \qquad (2\text{-}3\text{-}81)$$

**例题 2-1** 有一砂岩油藏,根据试采资料得到油井产能,确定出满足一定采油速度下的井网密度为每平方千米油藏面积上有 4 口油井。现设计一种线性注水井网,要求排距为井距的 2 倍,试计算这种井网的水驱开发指标。已知油层厚度为 4 m,岩石的绝对渗透率为 $1.2\ \mu m^2$,孔隙度为 0.25,原油的地下黏度为 30 mPa·s,水的地下黏度为 0.5 mPa·s,注采压差为 2 MPa,油水相对渗透率关系如表 2-3-1 所示。

**解**

(1) 根据油水相渗数据和油水黏度数据,计算不同含水饱和度下的含水率及其导数。

① 计算含水率,列于表 2-3-1 中。

$$f_w(i) = \frac{K_{rw}(i)/\mu_w}{K_{rw}(i)/\mu_w + K_{ro}(i)/\mu_o}$$

② 计算含水率的导数,列于表 2-3-1 中。

$$f'_w(i) = \left( \frac{df_w}{dS_w} \right)_i \approx \frac{f_w(i+1) - f_w(i-1)}{S_w(i+1) - S_w(i-1)}$$

③ 利用作图法求得前缘含水饱和度,然后通过插值求得相应的含水率和含水率的导数。求得前缘含水饱和度为 $S_{wf} = 0.398\ 2$。

表 2-3-1 计算结果表 1

| $i$ | $S_w$ | $K_{ro}$ | $K_{rw}$ | $f_w$ | $f'_w$ |
|---|---|---|---|---|---|
| 1 | 0.320 0 | 0.650 0 | 0.000 0 | 0.000 0 | 0.000 0 |
| 2 | 0.352 0 | 0.586 1 | 0.002 6 | 0.150 7 | 5.589 1 |
| $\vdots$ | 0.384 0 | 0.524 4 | 0.007 3 | 0.357 7 | 6.010 9 |
| $N_k$ | 0.398 2 | 0.498 2 | 0.010 0 | 0.445 3 | 5.509 2 |
| $N_k + 1$ | 0.416 0 | 0.465 1 | 0.013 4 | 0.535 4 | 4.876 6 |

| $i$ | $S_w$ | $K_{ro}$ | $K_{rw}$ | $f_w$ | $f'_w$ |
|---|---|---|---|---|---|
| $N_k+2$ | 0.448 0 | 0.408 2 | 0.020 7 | 0.669 8 | 3.598 4 |
| $N_k+3$ | 0.480 0 | 0.353 8 | 0.028 9 | 0.765 7 | 2.562 5 |
| | 0.512 0 | 0.302 1 | 0.037 9 | 0.833 8 | 1.834 4 |
| | 0.544 0 | 0.253 2 | 0.047 8 | 0.883 1 | 1.323 4 |
| | 0.576 0 | 0.207 2 | 0.058 4 | 0.918 5 | 0.956 3 |
| ⋮ | 0.608 0 | 0.164 4 | 0.069 7 | 0.944 3 | 0.696 9 |
| | 0.640 0 | 0.125 1 | 0.081 6 | 0.963 1 | 0.507 8 |
| | 0.672 0 | 0.089 5 | 0.094 2 | 0.976 8 | 0.367 2 |
| | 0.704 0 | 0.058 1 | 0.107 3 | 0.986 6 | 0.260 9 |
| | 0.736 0 | 0.031 6 | 0.121 0 | 0.993 5 | 0.176 6 |
| $N-1$ | 0.768 0 | 0.011 2 | 0.135 3 | 0.997 9 | 0.101 6 |
| $N$ | 0.800 0 | 0.000 0 | 0.150 0 | 1.000 0 | 0.000 0 |

（2）计算单重积分 $I$、非活塞因子 $E$、双重积分 $F$、见水后无因次开发时间 $t_{De}$，并列于表 2-3-2 中。

利用数值方法计算单重积分 $I$：

$$I(i) = \frac{f'_w(i+1) - f'_w(i)}{K_{ro}(i) + \frac{\mu_o K_{rw}(i)}{\mu_w}} + \frac{f'_w(i+2) - f'_w(i+1)}{K_{ro}(i+1) + \frac{\mu_o K_{rw}(i+1)}{\mu_w}} + \cdots +$$

$$\frac{f'_w(N) - f'_w(N-1)}{K_{ro}(N-1) + \frac{\mu_o K_{rw}(N-1)}{\mu_w}} \quad (i = N_k, N_k+1, \cdots, N-2, N-1)$$

利用数值方法计算双重积分 $F$：

$$F(i) = -\frac{f'_w(i) - f'_w(i-1)}{[f'_w(i)]^3} I(i) - \frac{f'_w(i+1) - f'_w(i)}{[f'_w(i+1)]^3} I(i+1) - \cdots -$$

$$\frac{f'_w(N) - f'_w(N-1)}{[f'_w(N)]^3} I(N) \quad (i = N_k+1, N_k+2, \cdots, N)$$

表 2-3-2 计算结果表 2

| 序　号 | 含水饱和度 $S_w$ | 单重积分 $I$ | 非活塞因子 $E$ | 双重积分 $F$ | 无因次时间 $t_{De}$ |
|---|---|---|---|---|---|
| $N_k$ | 0.398 2 | 4.040 5 | −2.882 9 | 0.000 0 | 0.000 0 |
| $N_k+1$ | 0.416 0 | 3.336 2 | −3.340 7 | −0.018 2 | 0.011 8 |

| 序 号 | 含水饱和度 $S_w$ | 单重积分 $I$ | 非活赛因子 $E$ | 双重积分 $F$ | 无因次时间 $t_{De}$ |
|---|---|---|---|---|---|
| $N_k+2$ | 0.448 0 | 2.059 4 | −4.170 6 | −0.074 7 | 0.048 6 |
| $N_k+3$ | 0.480 0 | 1.221 4 | −4.715 3 | −0.149 9 | 0.097 4 |
| | 0.512 0 | 0.739 2 | −5.028 7 | −0.237 1 | 0.154 1 |
| | 0.544 0 | 0.458 1 | −5.211 4 | −0.338 1 | 0.219 8 |
| | 0.576 0 | 0.288 6 | −5.321 6 | −0.459 2 | 0.298 5 |
| ⋮ | 0.608 0 | 0.186 6 | −5.387 2 | −0.602 2 | 0.391 4 |
| | 0.640 0 | 0.122 6 | −5.429 5 | −0.779 3 | 0.506 5 |
| | 0.672 0 | 0.081 1 | −5.456 5 | −1.009 6 | 0.656 2 |
| | 0.704 0 | 0.053 5 | −5.474 4 | −1.329 8 | 0.864 4 |
| $N-2$ | 0.736 0 | 0.034 1 | −5.487 0 | −1.851 7 | 1.203 6 |
| $N-1$ | 0.768 0 | 0.018 7 | −5.497 0 | −3.189 0 | 2.072 9 |

（3）见水后无因次产液量 $Q_{lD}$、无因次产油量 $Q_{oD}$、无因次累积产油量 $V_{oD}$ 和无因次累积产水量 $V_{wD}$，并列于表 2-3-3 中。

表 2-3-3　计算结果表 3

| 序 号 | 含水饱和度 $S_w$ | 产液量 $Q_{lD}$ | 产油量 $Q_{oD}$ | 累积产油量 $V_{oD}$ | 累积产水量 $V_{wD}$ |
|---|---|---|---|---|---|
| $N_k$ | 0.398 2 | 2.097 7 | 1.163 6 | 0.178 8 | 0.002 7 |
| $N_k+1$ | 0.416 0 | 2.248 8 | 1.044 8 | 0.191 3 | 0.013 8 |
| $N_k+2$ | 0.448 0 | 2.688 2 | 0.887 6 | 0.219 8 | 0.058 1 |
| $N_k+3$ | 0.480 0 | 3.227 7 | 0.756 2 | 0.251 4 | 0.138 8 |
| | 0.512 0 | 3.817 8 | 0.634 5 | 0.282 6 | 0.262 5 |
| | 0.544 0 | 4.444 4 | 0.519 6 | 0.312 3 | 0.443 3 |
| | 0.576 0 | 5.097 8 | 0.415 5 | 0.341 2 | 0.704 5 |
| ⋮ | 0.608 0 | 5.745 7 | 0.320 0 | 0.367 9 | 1.067 0 |
| | 0.640 0 | 6.372 5 | 0.235 1 | 0.392 7 | 1.576 6 |
| | 0.672 0 | 6.965 0 | 0.161 6 | 0.415 2 | 2.308 1 |
| | 0.704 0 | 7.502 5 | 0.100 5 | 0.435 4 | 3.397 5 |
| $N-2$ | 0.736 0 | 7.967 5 | 0.051 8 | 0.452 8 | 5.209 7 |
| $N-1$ | 0.768 0 | 8.358 7 | 0.017 6 | 0.468 7 | 9.373 9 |

（4）根据井网密度和井网形式要求，确定井距、排距、油井初产和见水时间，并将无

因次水驱开发指标转化为相应的有因次量,列于表 2-3-4 中。井距为 $B=250$ m,排距为 $L=500$ m,油井初始产量 $Q_i=26.96$ m³/d,油井见水时间 $t_f=3.45$ 年。

表 2-3-4　计算结果表 4

| 开发时间/年 | 瞬时产液量 /(m³·d⁻¹) | 累积产液量 /(10⁴m³) | 瞬时产油量 /(m³·d⁻¹) | 累积产油量 /(10⁴m³) | 采出程度 /% | 前缘含水 饱和度 | 含水率 |
|---|---|---|---|---|---|---|---|
| 0.00 | 26.96 | 0.00 | 26.96 | 0.00 | 0.00 | | |
| 1.00 | 30.60 | 1.03 | 30.60 | 1.03 | 6.07 | | |
| 2.00 | 36.27 | 2.23 | 36.27 | 2.23 | 13.10 | | |
| 3.00 | 47.03 | 3.70 | 47.03 | 3.70 | 21.77 | | |
| 3.45 | 56.55 | 4.54 | 56.55 | 4.54 | 26.69 | | |
| 3.45 | 56.55 | 4.54 | 31.37 | 4.47 | 26.30 | 0.398 2 | 0.445 3 |
| 3.76 | 60.62 | 5.13 | 28.16 | 4.78 | 28.13 | 0.416 0 | 0.535 4 |
| 4.70 | 72.46 | 6.95 | 23.93 | 5.49 | 32.32 | 0.448 0 | 0.669 8 |
| 5.96 | 87.01 | 9.76 | 20.39 | 6.29 | 36.98 | 0.480 0 | 0.765 7 |
| 7.42 | 102.92 | 13.63 | 17.10 | 7.07 | 41.56 | 0.512 0 | 0.833 8 |
| 9.11 | 119.81 | 18.89 | 14.01 | 7.81 | 45.93 | 0.544 0 | 0.883 1 |
| 11.14 | 137.42 | 26.14 | 11.20 | 8.53 | 50.18 | 0.576 0 | 0.918 5 |
| 13.54 | 154.89 | 35.87 | 8.63 | 9.20 | 54.11 | 0.608 0 | 0.944 3 |
| 16.50 | 171.77 | 49.23 | 6.34 | 9.82 | 57.75 | 0.640 0 | 0.963 1 |
| 20.36 | 187.77 | 68.08 | 4.36 | 10.38 | 61.06 | 0.672 0 | 0.976 8 |

## 四、面积注水开发指标预测

在面积注水开发方式下,油田动态指标计算是以一维两相渗流理论为基础,借助于水电相似原理和等值渗流阻力法,将流体在地层中的流动看成由两个径向流组成,即从注水井到圆形生产坑道的径向流和从圆形生产坑道到生产井底的径向流,求得各种布井方式下的生产动态指标。其基本思路为:首先将各种面积井网中不同几何形状的基本单元化成圆形的,以注水井为中心,注入水向外扩展并以非活塞形式向油井推进,假定油层为均质。水驱油过程划分为三个连续流动区:一是从注水井到目前油水接触前缘,为两相渗流阻力区;二是从油水前缘到生产坑道,为油单相渗流阻力区;三是从生产坑道到生产井井底,为内部渗流阻力区,如图 2-3-8 所示。

### 1. 初始产量

在面积注水的初始条件下,地层为油单相渗流,从注水井到排油坑道的阻力为:

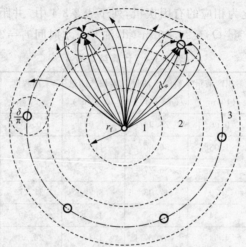

图 2-3-8　七点注水系统渗流阻水区

1—油水两相渗流阻力区；2—外部渗流阻力区；3—内部渗流阻力区；

$\dfrac{\delta}{\pi}$—生产井等效供给半径；$d_{\mathrm{w}}$—注采井井距；$r_{\mathrm{f}}$—注水前缘

$$\Omega + S \approx \frac{\mu_{\mathrm{o}}}{2\pi K K_{\mathrm{ro}}(S_{\mathrm{wc}})h}\ln\frac{d_{\mathrm{w}}}{r_{\mathrm{w}}} \tag{2-3-82}$$

式中　$\Omega$——油水两相渗流阻力；

　　　$S$——油单相渗流阻力；

　　　$d_{\mathrm{w}}$——注采井井距，m。

从排油坑道到所有生产井井底的总阻力可以根据渗流-电流相似原理求得。如图 2-3-9 所示，在圆形排油坑道上共有 $2(m+1)$ 口油井，总阻力可以看作这些井流动阻力并联的结果。

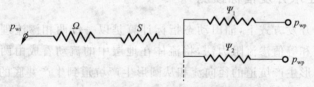

图 2-3-9　渗流-电流等效电路示意图

$p_{\mathrm{wi}}$—注水井井底压力；$p_{\mathrm{wp}}$—生产井井底压力；$\Psi_1,\Psi_2,\cdots$—生产井内阻

圆形排油坑道上每口井的阻力可以通过确定出各井等价供给边缘求得，各井周围的等价供给边缘等于圆形排油坑道的周长被所有油井均分，或取邻井井距。

若生产井井距为 $2\delta$，注采井井距为 $d_{\mathrm{w}}$，生产井等效供给半径为 $r_{\mathrm{e}}$，则有：

$$2\pi r_{\mathrm{e}} = 2\delta \tag{2-3-83}$$

$$2\pi d_{\mathrm{w}} = 2(m+1)2\delta \tag{2-3-84}$$

得：

$$r_e = \frac{d_w}{2(m+1)} \tag{2-3-85}$$

式中 $m$——油水井数比。

排油坑道内生产井各单井阻力 $\Psi_j$ 为：

$$\Psi_j = \frac{\mu_o}{2\pi K K_{ro}(S_{wc})h} \ln \frac{r_e}{r_w} = \frac{\mu_o}{2\pi K K_{ro}(S_{wc})h} \ln \frac{d_w}{2(m+1)r_w} \tag{2-3-86}$$

对于生产井与注水井之比为 $m$ 的井网系统，$m$ 个阻力并联后的总阻力 $\Psi$ 满足：

$$\frac{1}{\Psi} = \sum_{i=1}^{m} \frac{1}{\Psi_i} = m \frac{1}{\Psi_j} \tag{2-3-87}$$

所以有：

$$\Psi = \frac{1}{m} \Psi_j = \frac{\mu_o}{2\pi K K_{ro}(S_{wc})h} \frac{1}{m} \ln \frac{d_w}{2(m+1)r_w} \tag{2-3-88}$$

因此面积注水的初始产量 $Q_i$ 为：

$$Q_i = \frac{p_{wfi} - p_{wfp}}{\Omega + S + \Psi} = \frac{2\pi K K_{ro}(S_{wc})h(p_{wfi} - p_{wfp})}{\mu_o \left[ \ln \frac{d_w}{r_w} + \frac{1}{m} \ln \frac{d_w}{2(m+1)r_w} \right]} \tag{2-3-89}$$

**2. 油井见水前生产指标**

油井见水前，在注水井和生产井之间存在三个连续流动阻力区：油水两相阻力区、油单相阻力区和井底油单相阻力区。

假定油水两相渗流区的阻力主要分布在注水井井底附近，则油水两相区的阻力 $\Omega$ 近似为：

$$\Omega = \frac{\mu_w}{2\pi K K_{rw}(S_{wm})h} \ln \frac{r_f}{r_w} \tag{2-3-90}$$

油单相渗流区阻力 $S$ 为：

$$S = \frac{\mu_o}{2\pi K K_{ro}(S_{wc})h} \ln \frac{d_w}{r_f} \tag{2-3-91}$$

井底油单相渗流区阻力 $\Psi$ 为：

$$\Psi = \frac{\mu_o}{2\pi K K_{ro}(S_{wc})h} \frac{1}{m} \ln \frac{d_w}{2(m+1)r_w} \tag{2-3-92}$$

1）油井见水前产量
油井见水前产量 $Q$ 为：

$$Q = \frac{p_{wfi} - p_{wfp}}{\Omega + S + \Psi} = \frac{2\pi K K_{ro}(S_{wc})h(p_{wfi} - p_{wfp})}{\mu_o \left[ \frac{\mu_w}{\mu_o} \frac{K_{ro}(S_{wc})}{K_{rw}(S_{wm})} \ln \frac{r_f}{r_w} + \ln \frac{d_w}{r_f} + \frac{1}{m} \ln \frac{d_w}{2(m+1)r_w} \right]}$$

$$\tag{2-3-93}$$

无因次产量 $Q_D$ 为：

$$Q_D = \frac{Q}{Q_i} = \frac{\ln \dfrac{d_w}{r_w} + \dfrac{1}{m} \ln \dfrac{d_w}{2(m+1)r_w}}{\dfrac{\mu_w}{\mu_o} \dfrac{K_{ro}(S_{wc})}{K_{rw}(S_{wm})} \ln \dfrac{r_f}{r_w} + \ln \dfrac{d_w}{r_f} + \dfrac{1}{m} \ln \dfrac{d_w}{2(m+1)r_w}} \qquad (2\text{-}3\text{-}94)$$

式中的 $r_f$ 由一维径向水驱油前缘移动方程求得。

2）油井见水前开发时间

对径向水驱前缘移动方程求导数得：

$$\mathrm{d}r_f^2 = \frac{f'(S_{wf})}{\pi h \phi} Q(t) \mathrm{d}t = f'(S_{wf}) d_w^2 \frac{Q(t)}{Q_i} \frac{Q_i}{\pi h \phi d_w^2} \mathrm{d}t \qquad (2\text{-}3\text{-}95)$$

仿排状注水定义的无因次变量，上式可以写成：

$$\mathrm{d}\left(\frac{r_f^2}{d_w^2}\right) = f'(S_{wf}) Q_D \mathrm{d}t_D = f'(S_{wf}) \frac{\ln \dfrac{d_w}{r_w} + \dfrac{1}{m} \ln \dfrac{d_w}{2(m+1)r_w}}{\dfrac{\mu_w}{\mu_o} \dfrac{K_{ro}(S_{wc})}{K_{rw}(S_{wm})} \ln \dfrac{r_f}{r_w} + \ln \dfrac{d_w}{r_f} + \dfrac{1}{m} \ln \dfrac{d_w}{2(m+1)r_w}} \mathrm{d}t_D$$

$$(2\text{-}3\text{-}96)$$

对上式进行积分，得：

$$t_D = \frac{\dfrac{\mu_w}{\mu_o} \dfrac{K_{ro}(S_{wc})}{K_{rw}(S_{wm})} \displaystyle\int_{r_w}^{r_f} \ln \dfrac{r_f}{r_w} \mathrm{d}\left(\dfrac{r_f^2}{d_w^2}\right) + \displaystyle\int_{r_w}^{r_f} \ln \dfrac{d_w}{r_f} \mathrm{d}\left(\dfrac{r_f^2}{d_w^2}\right) + \dfrac{1}{m} \ln \dfrac{d_w}{2(m+1)r_w} \displaystyle\int_{r_w}^{r_f} \mathrm{d}\left(\dfrac{r_f^2}{d_w^2}\right)}{f'(S_{wf})\left[\ln \dfrac{d_w}{r_w} + \dfrac{1}{m} \ln \dfrac{d_w}{2(m+1)r_w}\right]}$$

$$(2\text{-}3\text{-}97)$$

其中：

$$\int_{r_w}^{r_f} \ln \frac{r_f}{r_w} \mathrm{d}\left(\frac{r_f^2}{d_w^2}\right) = \int_{r_w}^{r_f} \ln r_f \mathrm{d}\left(\frac{r_f^2}{d_w^2}\right) - \ln r_w \int_{r_w}^{r_f} \mathrm{d}\left(\frac{r_f^2}{d_w^2}\right) \approx \frac{r_f^2}{d_w^2}\left(\ln \frac{r_f}{r_w} - \frac{1}{2}\right)$$

$$(2\text{-}3\text{-}98)$$

$$\int_{r_w}^{r_f} \ln \frac{d_w}{r_f} \mathrm{d}\left(\frac{r_f^2}{d_w^2}\right) = \int_{r_w}^{r_f} \ln d_w \mathrm{d}\left(\frac{r_f^2}{d_w^2}\right) - \int_{r_w}^{r_f} \ln r_f \mathrm{d}\left(\frac{r_f^2}{d_w^2}\right) \approx \left(\frac{1}{2} + \ln \frac{d_w}{r_f}\right) \frac{r_f^2}{d_w^2}$$

$$(2\text{-}3\text{-}99)$$

则：

$$t_D = \frac{\dfrac{r_f^2}{d_w^2}\left[\dfrac{\mu_w}{\mu_o} \dfrac{K_{ro}(S_{wc})}{K_{rw}(S_{wm})}\left(\ln \dfrac{r_f}{r_w} - \dfrac{1}{2}\right) + \dfrac{1}{2} + \ln \dfrac{d_w}{r_f} + \dfrac{1}{m} \ln \dfrac{d_w}{2(m+1)r_w}\right]}{f'(S_{wf})\left[\ln \dfrac{d_w}{r_w} + \dfrac{1}{m} \ln \dfrac{d_w}{2(m+1)r_w}\right]}$$

$$(2\text{-}3\text{-}100)$$

上式中，令 $r_f = d_w$，可得到油井见水时间。

### 3. 油井见水后生产指标

油井见水后,从注水井到生产坑道为油水两相渗流区,从生产坑道到生产井井底分为两部分:水波及的部分为油水两相渗流区,水未波及的部分为油单相渗流区。水波及的部分与水淹角有关,均质单元油井见水后的水淹角如图 2-3-10 所示。水淹角系数 $\alpha$ 与含水率 $f_w$ 和油水流度比 $M$ 有关:

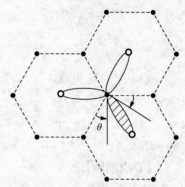

图 2-3-10　油井水淹角示意图

$$\alpha = \frac{f(S_{we})}{f(S_{we}) + M[1 - f(S_{we})]} \quad (2\text{-}3\text{-}101)$$

$$M = \frac{\mu_o}{\mu_w} \frac{K_{rw}(S_{wm})}{K_{ro}(S_{we})} \quad (2\text{-}3\text{-}102)$$

油井见水后,从注水井井底到生产坑道两相渗流区的阻力为:

$$\Omega + S = \frac{\mu_w}{2\pi h K K_{rw}(S_{wm})} \ln \frac{d_w}{r_w} \quad (2\text{-}3\text{-}103)$$

从生产坑道到生产井井底,注入水波及部分的阻力 $\Psi_1$ 为:

$$\Psi_1 = \frac{\mu_o}{2\pi K \left[ K_{ro}(S_{we}) + \frac{\mu_o}{\mu_w} K_{rw}(S_{we}) \right] h} \frac{\alpha}{m} \ln \frac{d_w}{2(m+1)r_w} \quad (2\text{-}3\text{-}104)$$

从生产坑道到生产井井底间注入水未波及部分的阻力 $\Psi_2$ 为:

$$\Psi_2 = \frac{\mu_o}{2\pi K K_{ro}(S_{wc}) h} \frac{1-\alpha}{m} \ln \frac{d_w}{2(m+1)r_w} \quad (2\text{-}3\text{-}105)$$

1）油井见水后产量

油井见水后产量 $Q$ 为:

$$Q = \frac{p_{wi} - p_{wp}}{\Omega + S + \Psi_1 + \Psi_2} \quad (2\text{-}3\text{-}106)$$

经过整理得到无因次产量 $Q_D$ 为:

$$Q_D = \frac{Q}{Q_i} = \frac{\ln \dfrac{d_w}{r_w} + \dfrac{1}{m} \ln \dfrac{d_w}{2(m+1)r_w}}{\dfrac{1}{M} \ln \dfrac{d_w}{r_w} + \left[ \dfrac{\alpha}{m} \dfrac{K_{ro}(S_{wc})}{K_{ro}(S_{we}) + \dfrac{\mu_o K_{rw}(S_{we})}{\mu_w}} + \dfrac{1-\alpha}{m} \right] \ln \dfrac{d_w}{2(m+1)r_w}}$$

$$(2\text{-}3\text{-}107)$$

2）油井见水后开发时间

仿排状注水油井见水后的无因次累积注水量 $V_D$ 为:

$$V_D = \frac{1}{f'(S_{we})} \quad (2\text{-}3\text{-}108)$$

则无因次产量 $Q_D$ 为:

$$Q_D = \frac{dV_D}{dt_D} = -\frac{1}{[f'(S_{we})]^2}\frac{df'(S_{we})}{dt_D} \tag{2-3-109}$$

对上式进行积分,可以得到油井见水后含水饱和度达到 $S_{we}$ 时的无因次时间 $t_{De}$:

$$t_{De} = -\int_{f'(S_{wf})}^{f'(S_{we})}\frac{1}{Q_D[f'(S_{we})]^2}df'(S_{we}) = \int_{f'(S_{we})}^{f'(S_{wf})}\frac{1}{Q_D[f'(S_{we})]^2}df'(S_{we}) \tag{2-3-110}$$

【要点回顾】

油藏天然能量的来源和大小、不同油藏驱动方式的生产特征以及不同方式的驱替效率和所对应的采收率大小,是陆相油藏选择注水开发方式的重要依据;进行开发设计时,以陆相油藏的开发地质特征为基础,考虑多层状油藏的层间差异进行层系划分,并选择注水开发方式和面积注采系统,以及不同注采系统的开发指标预测方法。

【探索与实践】

一、选择题

1. 面积注水方式中的反斜七点注采井网注采井数比为(    )。

　　A. 1∶1　　　　　　B. 1∶2　　　　　　C. 1∶3　　　　　　D. 1∶4

2. 七点法基础井网是(    )。

　　A. 四方形　　　　　B. 三角形　　　　　C. 菱形　　　　　　D. 矩形

3. 天然水能量是指(    )。

　　A. 底水和边水　　　B. 束缚水　　　　　C. 地层水　　　　　D. 注入水

4. 井网密度是指(    )。

　　A. 单位含油面积上的井数　　　　　　　B. 井距大小

　　C. 井网形状　　　　　　　　　　　　　D. 单井控油量

5. 生产井数与注水井数之比为1∶1的面积注水方法是(    )。

　　A. 五点法　　　　　B. 七点法　　　　　C. 四点法　　　　　D. 九点法

6. 天然水驱、气驱和(    )属枯竭式开采的驱动方式。

　　A. 边外注水　　　　B. 面积注水　　　　C. 弹性驱动　　　　D. 气顶注气

7. 采油速度受多种因素的影响,变化范围较大,平均采油速度一般为地质储量的(    )左右。

　　A. 100%　　　　　　B. 50%　　　　　　C. 25.5%　　　　　D. 2%

8. 面积井网中的水淹角系数与(    )有关。

　　A. 油井含水率和油水流度比　　　　　　B. 油层厚度

　　C. 油层渗透率　　　　　　　　　　　　D. 油层厚度与渗透率乘积

二、判断题

1. 压力梯度曲线是指原始地层压力与油层中部深度的关系曲线。　　　　（　　）

2. 面积注水是一种强化注水方式，尤其不适合非均质油藏。　　　　　（　　）

3. 弹性驱动油藏采收率要明显大于水驱油藏采收率。　　　　　　　（　　）

4. 注水方式的选择直接影响油田的采油速度、稳产年限、水驱效果以及最终采收率。　　　　　　　　　　　　　　　　　　　　　　　　　　（　　）

5. 一个注采井组基本单元中水井与油井的比例关系称为油水井数比。　（　　）

6. 行列井网的供油面积为井距与排距相乘的矩形面积。　　　　　　（　　）

7. 按正方形布置的井网形成反九点法注采方式，每口注水井注水量与 8 口采油井采油量相等。　　　　　　　　　　　　　　　　　　　　　　（　　）

8. 地饱压差是衡量油层弹性能量大小的重要指标，地饱压差越大，说明弹性能量越小。　　　　　　　　　　　　　　　　　　　　　　　　　　（　　）

三、问答题

1. 简述弹性驱动的形成条件及主要生产特征。

2. 简述溶解气驱动的形成条件及主要生产特征。

3. 简述弹性水压驱动的形成条件及主要生产特征。

4. 开发层系划分的原则是什么？

5. 简述注水时机的选择原则。

6. 简述早期注水的主要特点及其适应性。

7. 简述边缘注水适宜的油藏条件及优缺点。

8. 简述面积注水的适用条件及优缺点。

9. 某油藏面积 $A = 4.8\sqrt{3}$ km², $h = 10$ m, $\phi = 0.2$, $S_{oi} = 0.8$, $B_o = 1$, 现以四点法面积注水井网进行注水，井距 400 m，问可布多少口生产井和注水井？若以 2% 的采油速度进行开采，则生产井单井产量应达到多少才能满足要求？

10. 已知油水相对渗透率数据（见表 1），油水黏度比为 10，试求含水率曲线和无水采收率。

表 1

| $S_w$ | 0.30 | 0.35 | 0.40 | 0.45 | 0.50 | 0.55 | 0.60 | 0.65 | 0.70 | 0.75 |
|---|---|---|---|---|---|---|---|---|---|---|
| $K_{ro}$ | 1.000 | 0.775 | 0.55 | 0.350 | 0.200 | 0.100 | 0.050 | 0.025 | 0.010 | 0.000 |
| $K_{rw}$ | 0.000 | 0.015 | 0.045 | 0.100 | 0.175 | 0.300 | 0.425 | 0.500 | 0.550 | 0.575 |

# 第三章 油藏动态监测资料分析方法

**【预期目标】**

通过本章学习,了解油藏动态的监测方法、监测内容,重点掌握压力监测资料的解释方法,包括常规试井分析方法和现代试井分析方法,通过试井分析确定油层和油井的特征参数,通过示踪监测资料分析确定井间剩余油和油层连通性,进一步理解油藏动态监测对油田开发决策和调整的重要性。

**【知识结构框图】**

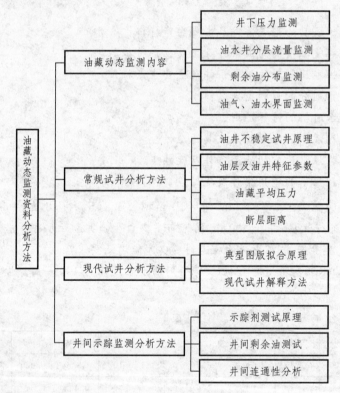

**【学习提示】**

监测可获取开发过程中油藏动态变化的直接数据,这些数据资料主要包括压力、温度、流量等,监测数据可以是时变的,油层间监测资料的差异性可作为改善层间储量动用程度的重要依据。这些数据资料中同时又包含许多油层信息,因此通过试井理论分析和井间示踪信息分析,可进一步推算油层参数、剩余油分布和井间连通性。监测资料分析是了解油藏动态变化的重要手段。

【问题导引】

问题1:油藏动态监测的主要内容是什么?其在开发设计和调整中的作用是什么?

问题2:油井不稳定试井的基本原理是什么?

问题3:常规试井和现代试井分析的主要内容是什么?

问题4:井间示踪剩余油测试原理是什么?

问题5:井间示踪油层连通性原理与方法是什么?

油藏投入开发后,地下油层及流体特性不断发生变化,及时、准确地掌握油藏动态变化并进行系统的动态分析,是搞好油藏调整和提高采收率的重要基础工作。所谓油藏动态监测,就是运用各种仪器、仪表,采用不同的测试手段和测量方法,测得油藏开发过程中井下和油层中大量具有代表性的、反映动态变化特征的第一手资料。在此基础上,对资料做系统整理、综合分析,深化油藏开发规律认识,并预测油藏开发变化趋势和开发指标,从而制定出切合油藏实际的开发设计、技术政策和调整措施,以指导油藏合理开发。动态监测和动态分析贯穿于油藏开发的全过程。

# 第一节　油藏动态监测内容

动态监测系统是指按油藏开发动态要求的监测内容,对独立的开发单元确定一定数量具有代表性的监测井点,形成定期录取第一手资料的监测网络。

建立监测系统的原则:确保动态监测资料的准确性、代表性和系统性;油水井要对应配套监测;固定井监测与非固定井的抽样监测相结合,常规监测与特殊动态监测相结合;以油层、井下动态监测为重点,结合地面常规测试。

我国根据地质条件和开发特征,对中高渗透砂岩油藏、砾岩油藏、复杂断块油藏、低渗透油藏、稠油热采油藏、高凝油油藏、气顶底水油藏以及浅海油藏等八种类型油藏制定了动态监测资料录取规定。油藏动态监测内容主要集中在五个方面,即井下压力监测、分层流量监测、剩余油分布监测、油气、油水界面监测以及井下技术状况监测。

## 一、井下压力监测

我国油藏基本都采取注水保持压力开采,油层压力的变化直接关系着油藏的开发效果,而且在开发过程中要保持分层注采平衡。因此,压力监测工作非常重要,每年压力监测工作量一般为动态监测总工作量的50％,每年1/3的油井和1/2的注水井都必须测一次压力。压力监测已成为我国油藏动态监测最主要的内容。

油藏压力监测要求在油藏开发初期测原始油层压力,绘制原始油层压力等压图和压力系数剖面图,以确定油藏水动力系统;油藏投入开发以后,一般采用实测压力和不稳定试井方法进行压力测试。按不同类型油藏录取资料的规定,对独立开发单元,一般要求把30％的油井和50％的注水井作为固定测压点;对低渗透油藏,要分别选10％~15％的油井和注水井进行测压,每半年或一年测一次地层压力,每月测一次流动压力。根据动态监测系统的要求,固定测压井点要能反映开发单元的压力分布情况,一般分布要比较均匀,以便了解全油藏油层压力在开发过程中的变化情况。

油藏压力监测中还有一项很重要的内容就是系统试井。通过稳定试井,可以测定较为准确的采油指数,确定合理的油井工作制度和生产能力。通过不稳定试井,可用油井压力恢复曲线或注水井压力降落曲线计算油层渗流参数,分析油、水井完善程度及与边界(断层、边水、岩性尖灭)的距离,可对油层渗流条件和流体渗流特性进行详细分析,并判断独立开发单元大小,划分断块等。利用水文勘探、干扰试井和脉冲试井,可了解井间油层连通状况,确定油层导压系数,了解油层不渗透边界分布和油水(油气)边界。这种试井方法可为油藏动态分析提供重要的资料。

目前我国已广泛应用现代试井方法。该方法精度高,使用的电子压力计可在井下长时间工作,配有高精度的读卡仪,并有相应的现代试井解释软件进行计算机处理,使我国压力监测资料具有较高的准确度,为油藏动态分析提供更为可靠的压力资料。

## 二、油水井分层流量监测

分层流量监测主要包括注水井吸水剖面监测、油井产液剖面监测、注蒸汽剖面监测。分层流量监测是我国油藏注水开发采取以分层注水为重点的一整套分层开采技术的最直接依据,是认识分层开采状况和采取改善油藏注水开发措施的重要基础。我国每年分层流量监测工作量近2.5万井次,占动态监测总工作量的26％。

### 1. 注水井吸水剖面监测

注水井测吸水剖面是指注水井在一定的注水压力和注入量条件下,采用同位素载体法、流量法、井温法等方法测得各层的吸水量。吸水量一般用相对吸水量表示,即用分层吸水量与全井吸水量的比值表示。我国主要采用同位素载体法,每年选取注水井数的30％~50％测一次吸水剖面,1997年实际测吸水剖面井数已占全国注水井井数的47.3％。

应用吸水剖面监测资料可判断出注水井的吸水层位、吸水厚度和吸水能力,为注水井确定分注层段和分层配注水量提供依据。例如,在喇嘛甸油藏注水井未分层注水前 18 口井的吸水剖面测试结果中,不吸水层占射开层数的 55.3%,平均每口井仅有 1～3 层吸水;将葡Ⅰ4 以下层单注后,吸水层增加 1.3 倍,吸水厚度增加 37.7%。

利用注水井吸水剖面可以推测附近油井产液剖面。例如 3-15 井正韵律厚油层,其上部吸水能力低,仅为 17.5 $m^3/d$,下部吸水能力高,达 45.1 $m^3/d$,而与其连通的油井该层上部产液强度仅为 1.7 $m^3/(d \cdot m)$,下部产液强度达 13.2 $m^3/(d \cdot m)$,反映了不吸水层对应的正韵律层上部油层动用程度差、剩余油多,为进一步挖潜的方向。目前我国的采油井绝大部分是机械采油,油井测试产液剖面远比注水井测试吸水剖面复杂,因此,利用注水井的吸水剖面推测油井的产液剖面非常重要。

利用吸水剖面资料,还可绘制出分层吸水指示曲线,了解分层吸水能力,为选择合理的注水压力提供依据。

在油藏注水开发过程中,根据油井见效、见水情况,定期测吸水剖面,不仅能及时掌握分层水驱动用情况,并且可以及时调整分层注水的层段及其注水量,控制高渗透层的水窜,对低渗透层采取增注措施,不断扩大注水波及体积,控制含水上升。

**2. 油井产液剖面监测**

油井产液剖面监测是指在油井正常生产的条件下,测量各生产层或层段的产出流体量。由于产出的可能是油、气、水单相流,也可能是油气、油水、气水两相流,或油气水三相流,因此在测量分层产出量的同时,根据产出的流体不同,还要测量含水率或含气率及井内的温度、压力、流体的平均密度等有关参数。对于早期注水保持压力开采油藏,油井含水后主要是油水两相流,只要测量体积流量和含水率两个参数即可确定产液剖面及分层产水量。根据油井开采方式不同,对自喷井,采用综合仪、找水仪、井温仪通过油管测井;对机械采油井,仪器由特制的偏心井口经油套管环形空间下井测试,也可用气举法测试。

由产液剖面可给出分层产液量、分层含水率,也可得到分层产油量、分层产水量;对厚油层内部加密细分测量,可以发现沉积韵律与产液和水淹的关系。新井投产要立即测产液剖面,开发过程中要进行定期测试,分析对比测得的资料,监视和了解多油层的动用和水淹情况,估算分层累积产出量,指出注水及分层改造效果,绘出各油层的油水分布图,为分层动态分析提供资料,为调整注采方案提供依据。现每年有 10% 的油井取得了产液剖面资料。

**三、剩余油分布监测**

随着油藏注水开发,油、水在油层中的分布越来越复杂,研究和检查地下油、水分布规律,确定剩余油分布及其特点,有针对性地采取措施,才能达到提高采收率的目的。剩余油分布主要采取钻密闭取心检查井、水淹层测井、试油以及中子寿命方法、碳氧比能谱测井和井间监测方法进行监测。全国每年剩余油分布监测工作量约 7 000 井次,约占每年动态监测总工作量的 7%,录取了大量分层剩余油分布资料,为油藏调整挖潜提供了可靠依据。

### 1. 钻密闭取心检查井

在油藏注水开发的不同阶段,有针对性地部署油基钻井液取心、高压密闭取心或普通密闭取心井,是一项十分重要的动态监测手段。通过对取心岩样含水状况的逐块观察、试验分析、指标计算,取得每个小层的水洗程度和剩余油饱和度等资料。一般将油层水洗程度分为强洗、中洗、弱洗和未洗四类。根据水洗程度,可计算油层的含油饱和度、含水饱和度和剩余油饱和度。强洗层剩余油饱和度在 20% 左右,中洗层剩余油饱和度在 30%~50% 之间,弱洗层剩余油饱和度在 50% 以上。

对岩心水洗状况进行描述时,厚油层(一般单层厚度大于 4 m)要分多段描述,以了解层内水淹特点。

密闭取心检查井所录取的资料要及时进行收集整理,为综合分析研究做准备。资料整理的主要内容有:岩心综合柱状图和油层水洗状况综合柱状图;岩石综合数据的计算整理;岩样密闭率计算;含油、含水饱和度关系曲线的编制;原始含油、含水饱和度的确定;脱气对油、水饱和度的影响及校正工作等。

密闭取心检查井完钻后,在岩心分析的基础上还要有目的地进行试油,进一步验证各类油层的产能、含水、压力等状况,通过试油资料与岩心和测井解释的水淹状况的对比,建立水淹程度与测井曲线的关系,以更好地指导油田资料录取和油田调整工作。

密闭取心检查井投资多、成本高、技术难度大,钻井数量有限。因此,合理部署密闭取心检查井,搞好密闭取心检查井的设计很重要,应注意以下几点:

(1)密闭取心检查井井位要选择在油层条件和开发效果具有代表性的地区,或开发中主要问题暴露得比较突出的地区,或先导性开发试验区。

(2)要分析取心井井区的油层发育情况和开采动态,确定取心层位,预测取心层位的深度、油层压力和水淹状况等。

(3)明确取心要求,提出岩心收获率、岩样密闭率及录取资料的各种标准。

(4)对固井、测井、试油等提出要求。

利用密闭取心检查井所录取的资料,可直接观察注水后分层水洗状况和剩余油分布的情况,这些资料是分析油藏潜力和研究油藏开发调整部署最可贵的第一性资料。我国每年都有计划地安排密闭取心检查井的钻井,如表 3-1-1 所示。

萨尔图油田在 20 世纪 60 年代初,注水仅 4 年,行列井网第二排生产井已见水,为此,在中区东部距离注水井排位置不等处部署了 6 口密闭取心检查井,以了解主力油层葡I2层水淹状况。从检查井资料可以看出,葡I2层已较大面积水淹,距离注水井排 850 m 的中检 2-22 和中检 2-23 井的含水饱和度已达 32%,而距离注水井 150 m、300 m 的中检 3-23 和中检 4-24 井正韵律油层葡 I2 仅底部见水 1.3～1.4 m,只占该油层有效厚度的 17.1%～21.3%,单层试油含水已高达 91.4%～94.3%。检查井的取心资料证实了高渗透层正韵律油层底部水窜,油层中上部存在大量剩余油,表明层间层内非均质性严重。这些资料成为喇萨杏油田做出分层开采决策的重要依据。大庆中区东部葡 I2 层水淹状况如表 3-1-2 所示。

表 3-1-1　我国年度钻密闭取心井工作量

| 年份/年 | 取心井数/口 | 取心进尺/m |
|---|---|---|
| 1990 | 15 | 2 949.83 |
| 1991 | 16 | 2 001.73 |
| 1992 | 17 | 2 072.13 |
| 1993 | 8 | 765.34 |
| 1994 | 16 | 2 217.81 |
| 1995 | 10 | 1 599.16 |
| 1996 | 20 | 1 956.89 |
| 1997 | 15 | 1 943.04 |

表 3-1-2　大庆中区东部葡 I2 层水淹状况

| 井　号 | 距注水井排/m | 有效厚度/m | 见水 | | 含油饱和度/% | | 含水饱和度/% | | 水淹驱油效率/% | 试油含水/% |
|---|---|---|---|---|---|---|---|---|---|---|
| | | | 厚度/m | 见水厚度比/% | 原始 | 取心 | 原始 | 取心 | | |
| 中检 3-22 | 300 | 5.9 | 1.4 | 23.7 | 85.8 | 58.1 | 14.2 | 31.2 | 32.1 | 77～83 |
| 中检 3-24 | 300 | 5.0 | 2.3 | 46.0 | 84.4 | 62.3 | 15.6 | 37.7 | 49.3 | 90 |
| 中检 4-24 | 300 | 8.2 | 1.4 | 17.1 | 84.3 | 75.5 | 15.7 | 24.5 | 63.8 | 91.4 |
| 中检 3-23 | 150 | 6.1 | 1.3 | 21.3 | 81.6 | 72.6 | 18.4 | 27.4 | 37.3 | 94.3 |
| 中检 2-22 | 850 | 5.0 | 2.3 | 46.0 | 86.8 | 47.2 | 13.2 | 32.1 | 45.8 | 45.0 |
| 中检 2-23 | 850 | 8.0 | 1.2 | 15.0 | 86.4 | 55.1 | 13.6 | 32.4 | 40.1 | 13.3 |

### 2. 水淹层测井

利用注水开发过程新钻加密井、层系调整井或更新井的条件,在较多的新井中进行水淹层测井和解释,解释结果是掌握油藏地下剩余油分布的重要资料,也是编制调整井射孔方案的重要依据。

油藏经过长期注水开发后,储层的岩性、物性、含油性特征发生了变化,在电测曲线形态上较原始状态也发生了变化。为了利用电测曲线来反映油层水淹状况，需要与密闭取心资料结合，利用计算机程序软件进行解释，确定分层水淹程度。水淹层测井解释成果图如图 3-1-1 所示。

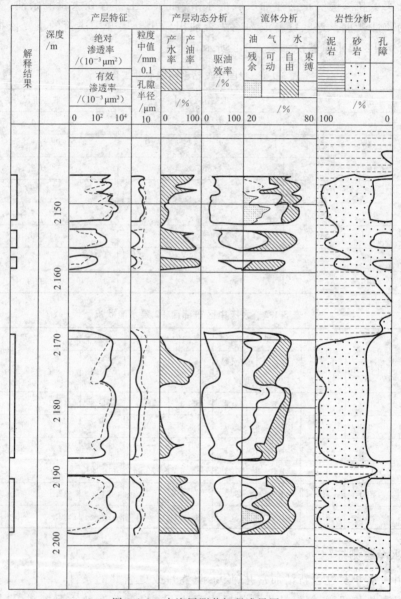

图 3-1-1  水淹层测井解释成果图

通常用于判断水淹状况的水淹层测井方法有自然电位、梯度电极系列、深浅三侧向、声波时差、视电阻率、微电极测井等,应利用多项资料进行综合判断。近几年,为了解决薄油层和厚油层内细分层解释水淹状况,发展了新系列水淹层测井,又增加了高分辨率三侧向、高分辨率声波、微球、自然伽马和密度测井。

有了较翔实的水淹层解释资料后,可以绘制出不同时期分层的含油饱和度分布图,揭示控制剩余油分布的因素,而剩余油富集区(层)将成为各时期油藏调整挖潜的对象。

我国每年约钻 4 000 口开发调整井和更新井,充分利用这些井进行水淹层测井和解释,可取得大量分层水淹资料,这已成为我国广泛应用于剩余油分布监测的方法。

例如,1994 年大庆喇萨杏油田进入高含水采油期,在中区西部开辟密井网开发试验区,在 1 km² 内按 100 m 井距新钻井 87 口,水淹层测井和解释结果揭示剩余油分布形成了九种类型,即井网未控制区、低渗透层带、注采系统不完善区、注水二线受效区、油井单向受效区、储层未动用区、层间干扰、层内未水淹区和隔层遮挡区。由于地质条件不同,含水阶段不同,剩余油分布的主要富集区(带)也不同(见表 3-1-3)。

表 3-1-3　剩余油分布类型

| 区　域<br>类　型 | 有效厚度占总有效厚度百分数/% | | |
|---|---|---|---|
| | 中区西部 | 北二区东部 | 喇嘛甸北块 |
| 井网未控制 | 3.1 | 8.4 | 2.0 |
| 低渗透层带 | 4.3 | 11.6 | 1.8 |
| 注采系统不完善 | 20.1 | 31.4 | 26.7 |
| 注水二线受效 | 11.0 | 4.4 | 5.9 |
| 油井单向受效 | 8.1 | 5.0 | 7.3 |
| 储层未动用 | 5.4 | 12.0 | 4.0 |
| 层间干扰 | 5.6 | 13.6 | 0.5 |
| 层内未水淹 | 30.0 | 0 | 40.1 |
| 隔层遮挡 | 12.3 | 13.6 | 11.0 |

从表 3-1-3 中可以看出,各区剩余油集中的部位不同,中区西部、喇嘛甸北块以层内未水淹区剩余油为主,占 30%～40%;另外三个区均存在注采系统不完善造成的剩余油,一般占 20%～30%。

### 3. 碳氧比能谱和中子寿命测井

碳氧比(C/O)能谱和中子寿命测井可取得地下剩余油分布资料,但由于 C/O 仪精度尚不能满足高含水的要求,且监测费用较高,中子寿命测井在高矿化度地层水油藏中应用受限,因此我国每年碳氧比能谱和中子寿命测井井数不多。另外,20 世纪 90

年代以来,我国大多数油藏已开始用井间示踪监测研究剩余油饱和度分布,并开展了井间地震、井间电位、井间电磁波的矿场试验研究。

### 四、油气、油水界面监测

我国大多数油藏底水不活跃,多为油藏内部注水,带气顶油藏也很少。但华北油区裂缝性碳酸盐岩块状底水油藏多采取底部注水,油水界面的变化直接关系到油藏开发效果。该区从油藏投产开始就建立油水界面观察系统,部署一定数量观察井,采用染色法、电阻率法、持水率法和取样法定期测量油水界面深度,把观察结果整理成油水界面随时间的变化曲线、油水界面深度随累积产油量的变化曲线以及油水界面上升速度与采油速度关系曲线,并对其进行分析。根据油水界面深度,计算出不同时期水淹区的驱油效果(即水淹区采收率),用以评价不同时期油藏的开发效果。

具有较大气顶的喇嘛甸油藏采取早期注水保持压力开采,油气界面上逐步形成水障,保护气顶暂不开发的做法。在油藏开发过程中,严格监测油气界面变化,以防气顶气窜入油区或油侵入气区而影响油藏开发效果。为此,从油藏投产开始即建立了气顶油藏动态监测系统。气顶油藏动态监测系统主要由气顶监测井、油气界面监测井和含油区监测井三部分组成,如图 3-1-2 所示。气顶监测井主要用来定期监测气顶压力,以了解气顶受挤压和扩张的情况;油气界面监测井主要用来监测油气界面移动情况,监测井选在油气界面(原始或目前)上或靠近油气界面的油气井及注水井,定期进行放射性测井,以判断油气界面的变化;含油区监测井选在距油气界面最近的一排油井,主要监测压力和气油比的变化。根据定期监测资料,绘制气顶油藏压力分布图、油气界面移动图、气顶油藏油层含油厚度图、含油区油井生产气油比图,结合这些地区的产油量、产液量和产气量变化进行综合分析,研究油气界面移动情况和变化趋势,以确定控制界面移动措施。

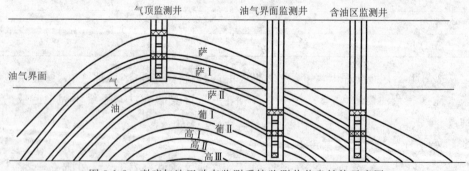

图 3-1-2  喇嘛甸油田动态监测系统监测井井身结构示意图

### 五、井下技术状况监测

随着油藏开发期的延长,油水井套管损坏的问题越来越突出,严重影响到油藏的正常开发。搞好油水井井下技术状况监测,及时发现套管损坏的部位和程度,并采取相应的修复或工程报废措施,防止成片套管损坏和注入水窜流,是油藏开发中越来越重要的一项工作。

## 第二节  常规试井分析方法

试井分析方法通过改变油井工作制度,测得井底压力的时变资料,以不稳定渗流理论为基础研究油层和油井的特征。不稳定试井方法可以确定油层参数,研究油井不完善程度,判断增产措施效果,推算地层压力,确定油层边界并估算泄油区内的地质储量。

### 一、油井不稳定试井原理

**1. 油井生产压力时变特征**

根据渗流力学知识,油井开井生产初期,压力降传到边界之前,油井井底压力随时间的变化关系为:

$$p_w(t) = p_i - \frac{\alpha Q \mu_o B_o}{4\pi K h} \ln \frac{2.25\beta K t}{r_{wr}^2 \mu_o c_t} \tag{3-2-1}$$

式中　$p_w(t)$——$t$ 时刻井底压力,MPa;

　　　$p_i$——原始地层压力,MPa;

　　　$Q$——油井产量,m³/d(地面);

　　　$K$——地层渗透率,$\mu m^2$;

　　　$h$——油层厚度,m;

　　　$t$——从开井起算的时间,h;

　　　$r_{wr}$——油井折算半径,m;

　　　$\mu_o$——原油黏度,mPa·s;

　　　$\alpha,\beta$——单位换算系数,$\alpha=0.011\,574$,$\beta=3.6$;

　　　$B_o$——原油体积系数;

　　　$c_t$——综合压缩系数,$MPa^{-1}$。

上式可以变化为:

$$p_w(t) = p_i - \frac{\alpha Q\mu_o B_o}{4\pi Kh}\frac{1}{\lg e}\lg\frac{2.25\beta Kt}{r_{wr}^2\mu_o c_t}$$

$$= p_i - \frac{\alpha Q\mu_o B_o}{4\pi Kh}\frac{1}{\lg e}\lg\frac{2.25\beta K}{r_{wr}^2\mu_o c_t} - \frac{\alpha Q\mu_o B_o}{4\pi Kh}\frac{1}{\lg e}\lg t \qquad (3\text{-}2\text{-}2)$$

令

$$B = p_i - \frac{\alpha Q\mu_o B_o}{4\pi Kh}\frac{1}{\lg e}\lg\frac{2.25\beta K}{r_{wr}^2\mu_o c_t}$$

$$m = \frac{\alpha Q\mu_o B_o}{4\pi Kh}\frac{1}{\lg e} = 2.121\times10^{-3}\frac{Q\mu_o B_o}{Kh}$$

则有：

$$p_w(t) = B - m\lg t \qquad (3\text{-}2\text{-}3)$$

可以看出，在不稳定生产期，油井井底压力与时间的对数呈直线关系。

如图 3-2-1 所示为一口油井定产量生产一段时间的井底压力测试数据。经过半对数处理得到直线关系，并通过线性回归得到直线斜率和截距，如图 3-2-2 所示。由于直线特征中包含油层和油井的特征，因此可以通过研究直线的特征进一步研究油层和油井的特征。

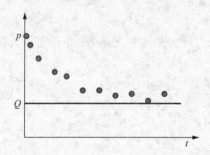

图 3-2-1 油井定产量井底压力测试数据

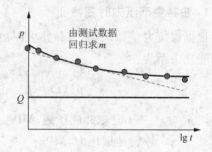

图 3-2-2 井底压力测试数据半对数处理

## 2. 油井关井压力恢复时变特征

压力恢复测试是目前矿场应用最普遍的一种试井方法，它是在油井以定产量生产一定时间后，关井测量井底压力随时间的变化曲线，即压力恢复曲线。假定油井产量为 $Q$，生产时间 $T$ 后关井，关井后地层液体立即停止向井内流动（即砂层面关井），地层压力重新分布，压力的变化过程满足弹性不稳定渗流规律。

1) 油井压力恢复 Horner 分析方法

假设油井关井后的压力变化如图 3-2-3 所

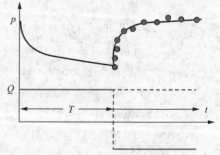

图 3-2-3 油井关井后的压力变化

示。

根据弹性不稳定渗流基本方程,应用叠加原理,可以得到关井后井底压力变化规律:

$$\Delta p = \frac{\alpha Q \mu_o B_o}{4\pi Kh}\ln\frac{2.25\beta \ae (T+t)}{r_{wr}^2} + \frac{\alpha(0-Q)\mu_o B_o}{4\pi Kh}\ln\frac{2.25\beta \ae t}{r_{wr}^2}$$

$$= \frac{\alpha Q \mu_o B_o}{4\pi Kh}\ln\frac{2.25\beta K(T+t)}{r_{wr}^2 \mu_o c_t} + \frac{\alpha(-Q)\mu_o B_o}{4\pi Kh}\ln\frac{2.25\beta K t}{r_{wr}^2 \mu_o c_t} \qquad (3-2-4)$$

上式表明,油井生产 $T$ 时间关井后的压力变化相当于关井后继续以 $Q$ 生产,但又以注入量 $Q$ 注入,关井后的压力变化为以 $Q$ 继续生产和同时以 $Q$ 注入时的叠加结果:

$$p_w(t) = p_i - \frac{\alpha Q \mu_o B_o}{4\pi Kh}\ln\frac{2.25\beta K(T+t)}{r_{wr}^2 \mu_o c_t} - \frac{-Q\mu_o}{4\pi Kh}\ln\frac{2.25 K t}{r_{wr}^2 \mu_o c_t} \qquad (3-2-5)$$

$$p_w(t) = p_i + \frac{\alpha Q \mu_o B_o}{4\pi Kh}\ln\frac{t}{T+t} \qquad (3-2-6)$$

$$p_w(t) = p_i + \frac{\alpha Q \mu_o B_o}{4\pi Kh}\frac{1}{\lg e}\lg\frac{t}{T+t} = p_i + m\lg\frac{t}{T+t} \qquad (3-2-7)$$

如图 3-2-4 所示,对油井关井后的井底压力测试数据进行对数处理得到直线关系,并通过线性回归得到直线斜率,直线斜率中包含油层特性参数,也可以将直线外推到 $\lg\dfrac{t}{T+t}=1$ 得到 $p_i$,因此可以通过研究直线的特征进一步研究油层特征。

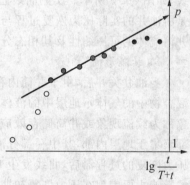

图 3-2-4　油井压力恢复测试
数据 Horner 处理

2) 压力恢复曲线 MDH 分析方法

油井工作制度在实际生产过程中通常是不断变化的,关井前油井的生产时间 $T$ 很难求得,因此公式(3-2-7)主要用于新开发油田的地层参数评价,当开发历史较长时,公式(3-2-7)的应用受到限制。

关井瞬间(即生产时间为 $T$ 时)井底压力值为:

$$p_w(0) = p_i - \frac{\alpha Q \mu_o B_o}{4\pi Kh}\ln\frac{2.25\beta K T}{r_{wr}^2 \mu_o c_t} \qquad (3-2-8)$$

由式(3-2-7)与式(3-2-8)相减可得关井后的井底压力增加值:

$$p_w(t) - p_w(0) = \frac{\alpha Q \mu_o B_o}{4\pi Kh}\ln\left(\frac{2.25\beta K t}{r_{wr}^2 \mu_o c_t}\frac{1}{1+t/T}\right) \qquad (3-2-9)$$

当 $T \gg t$ 时,上式可以写为:

$$p_w(t) = p_w(0) + \frac{\alpha Q \mu_o B_o}{4\pi Kh}\ln\frac{2.25\beta K}{r_{wr}^2 \mu_o c_t} + \frac{\alpha Q \mu_o B_o}{4\pi Kh}\ln t$$

$$= p_{\mathrm{w}}(0) + \frac{\alpha Q \mu_{\mathrm{o}} B_{\mathrm{o}}}{4\pi K h} \frac{1}{\lg \mathrm{e}} \lg \frac{2.25\beta K}{r_{\mathrm{wr}}^2 \mu_{\mathrm{o}} c_{\mathrm{t}}} + \frac{\alpha Q \mu_{\mathrm{o}} B_{\mathrm{o}}}{4\pi K h} \frac{1}{\lg \mathrm{e}} \lg t \qquad (3\text{-}2\text{-}10)$$

$$p_{\mathrm{w}}(t) = A + m \lg t \qquad (3\text{-}2\text{-}11)$$

上式表明,当关井前井底压力已经稳定时,关井后井底压力的变化规律可以近似采用以产量注入所引起的压力变化来表示,井底压力与 $\lg t$ 呈直线关系,如图 3-2-5 所示。

对油井关井后的井底压力测试数据,采用式(3-2-11)进行处理得到直线关系,直线斜率与Horner 分析方法相同,同样包含油层特性参数,由直线推算出截距 $A$,截距中包含油井的特征,可以求得折算半径和污染因子。

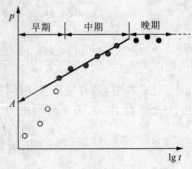

图 3-2-5　油井压力恢复测试
数据 MDH 处理

### 3. 典型压力恢复曲线特征

大量矿场实际资料表明,实测压力恢复曲线在半对数坐标中并非是一条理想的直线,如图 3-2-5 所示。实测曲线通常分为三段,前后两段均偏离直线段,这种偏离主要是由油井的实际压力恢复过程与理论模型的假设条件之间的差异造成的,具体体现在井筒流体的可压缩性及其相态分布、油井的完善程度和油层边界等因素。

1)续流影响

当油井关井后,由于井筒内存在大量气体(油套环形空间中的气体和油管内油气混合物中的气体),地层中的液体继续流入井内,并压缩井筒中的气体和液体,这种现象称为续流现象或井筒储存效应。续流现象的存在使得井底附近区域的液体并不全部聚集于地层内部,其中一部分液体流入井筒,使得地层中聚集的液体流量相对减小,压力恢复的过程滞后,曲线发生变形,压力恢复曲线偏离直线。续流对压力恢复过程的影响主要表现在压力恢复初期,其影响随井底压力的升高而逐渐减小。

2)油井完善性的影响

油井在钻进、完井和生产过程中,通常由于钻井液浸泡、井下作业和增产措施等,致使井底受到污染,井筒附近的渗透率发生变化,这种现象称为油井的非完善性。井眼周围渗透率发生变化后,油井的井底流压与完善情况下相比产生一定的附加压降值 $\Delta p_{\mathrm{s}}$。

油井的非完善性所产生的井壁附加阻力将对初期的压力恢复造成影响,同时油井的完善程度还影响到关井后续流的变化情况。由于附加阻力使得井底附近的压力梯度与完善井相比增大或减小,因此压力恢复速度与完善井之间存在差异,压力恢复曲线偏离直线。关井一段时间后,随着续流的迅速减小及外围区域影响的逐渐增加,油井完善程度的影响也随之减弱。

3）边界影响

油井周围一般存在两种边界：一种是地层本身所具有的不渗透边界，如断层、尖灭等；另一种是生产过程中形成的边界，如油田以多井生产时，各井周围形成一定的封闭泄油区，或在水驱开发时，油井周围形成定压油水边界。

井底压力的恢复过程实际上是油层内压力传播和能量平衡的过程。在关井初期和中期，压降波动没有达到边界，压力恢复呈现无限大地层的压力恢复特征，压力恢复曲线为直线。在关井后期，压降波动逐渐传播到边界，此后的压力恢复特征偏离理论曲线。边界不同，压力恢复曲线的后一段反映不同，油井附近具有直线断层边界时，压力恢复曲线上翘；油井具有圆形封闭边界时，压力恢复曲线趋于平缓。试井解释中通常利用这些特征变化来研究油井附近的边界情况。

由以上分析可以看出，由于实际压力恢复过程中存在续流、油井的非完善性、边界影响，造成了实测曲线与理论曲线之间的差别。这三种影响存在于压力恢复过程的不同时期，使得实测曲线带有明显的阶段性。在压力恢复中期，一般实测压力恢复曲线基本符合理论公式的直线形式，所以实际计算中通过确定压力恢复曲线的直线段，利用理论公式反求油层参数，推算地层压力。

## 二、油层及油井特征参数

将实测数据绘制在坐标系中，确定出具有代表性的直线段，在直线段上任取两时间点 $t_1$ 和 $t_2$，从而求得直线的斜率：

$$m = \frac{p_w(t_2) - p_w(t_1)}{\lg t_2 - \lg t_1} = \frac{p_w(t_2) - p_w(t_1)}{\lg \frac{t_2}{t_1}} \qquad (3\text{-}2\text{-}12)$$

若选取直线段上的起止时间对应于一个对数周期，则直线的斜率为起止时间点的压差值。

### 1. 计算油层流动参数

由式（3-2-11）中直线斜率关系得：

$$\frac{Kh}{\mu_o} = \frac{\alpha Q B_o}{m 4\pi \lg e} \qquad (3\text{-}2\text{-}13)$$

若已知 $h$ 或 $\mu_o$ 可求得地层系数 $Kh$ 或油层有效渗透率 $K$ 及导压系数 $æ$：

$$Kh = \frac{\alpha Q B_o \mu_o}{m 4\pi \lg e} \qquad (3\text{-}2\text{-}14)$$

$$K = \frac{\alpha Q B_o \mu_o}{m 4\pi h \lg e} \qquad (3\text{-}2\text{-}15)$$

$$æ = \frac{K}{\mu_o c_t} \qquad (3\text{-}2\text{-}16)$$

由压力恢复曲线求得的油层参数主要代表井眼附近以外油层的平均值。

**2. 确定油井折算半径**

为了研究油井的完善程度,可将直线延长得到直线截距 $A$。由式(3-2-11)得直线截距 $A$ 的表达式,然后求得油井折算半径 $r_{wr}$ 和表皮系数 $S$:

$$A = p_w(0) + m \lg \frac{2.25\beta K}{r_{wr}^2 \mu_o c_t} \tag{3-2-17}$$

$$r_{wr} = \sqrt{\frac{2.25\beta æ}{10^{\frac{A - p_w(0)}{m}}}} \tag{3-2-18}$$

$$S = \ln \frac{r_w}{r_{wr}} \tag{3-2-19}$$

表皮系数也可利用压力恢复曲线的直线段直接求得。折算半径实际上反映了井壁附近油层"污染"所产生的附加阻力,则式(3-2-10)可以表示为:

$$p_w(t) = p_w(0) + \Delta p_s + \frac{\alpha Q \mu_o B_o}{4\pi K h} \ln \frac{2.25\beta K t}{r_w^2 \mu_o c_t} \tag{3-2-20}$$

式中　$\Delta p_s$——附加压降。

将附加压降 $\Delta p_s$ 代入上式得:

$$
\begin{aligned}
p_w(t) &= p_w(0) + \frac{\alpha Q \mu_o B_o}{2\pi K h} S + \frac{\alpha Q \mu_o B_o}{4\pi K h} \ln \frac{2.25\beta K t}{r_w^2 \mu_o c_t} \\
&= p_w(0) + \frac{\alpha Q \mu_o B_o}{4\pi K h} \left( \ln \frac{2.25\beta K t}{r_w^2 \mu_o c_t} + 2S \right) \\
&= p_w(0) + \frac{\alpha Q \mu_o B_o}{4\pi K h} \ln \frac{2.25\beta K t}{r_w^2 \mu_o c_t} e^{2S}
\end{aligned} \tag{3-2-21}
$$

$$p_w(t) = p_w(0) + m \left( \lg \frac{2.25\beta K t}{r_w^2 \mu_o c_t} + 2S \lg e \right) \tag{3-2-22}$$

$$S = \frac{1}{2\lg e} \left[ \frac{p_w(t) - p_w(0)}{m} - \lg \frac{2.25\beta K t}{r_w^2 \mu_o c_t} \right] \tag{3-2-23}$$

所以:

$$\Delta p_s = \frac{\alpha Q \mu_o B_o}{2\pi K h} S = \frac{\alpha Q \mu_o B_o}{4\pi K h} \frac{2\lg e}{\lg e} S = 2m S \lg e \tag{3-2-24}$$

**例题 3-1**　已知油井关井前的稳定产量为 28.7 m³/d(地面),井底压力为 5.7 MPa,油层有效厚度为 8 m,地层原油黏度为 9 mPa·s,原油体积系数为 1.12,油层弹性容量系数为 $3.5 \times 10^{-4}$ MPa⁻¹,油井半径为 10 cm,关井后测得的压力恢复数据如表 3-2-1 所示。试计算油层流动系数、有效渗透率、油井折算半径和井壁附加阻力。

表 3-2-1　压力恢复数据

| $t/h$ | $p_w/MPa$ | $t/h$ | $p_w/MPa$ |
|---|---|---|---|
| 0.5 | 6.21 | 2.5 | 6.47 |
| 0.66 | 6.22 | 3 | 6.49 |
| 0.8 | 6.25 | 4 | 6.51 |
| 0.9 | 6.30 | 6 | 6.54 |
| 1.0 | 6.38 | 8 | 6.56 |
| 1.5 | 6.43 | 10 | 6.57 |
| 2.0 | 6.45 | | |

**解**　把压力恢复数据绘制在半对数坐标纸上,如图 3-2-6 所示。

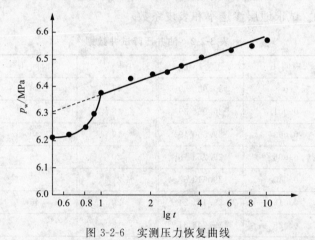

图 3-2-6　实测压力恢复曲线

（1）根据图 3-2-6,求得压力恢复曲线上直线段的斜率为 $m=0.1849$。

（2）流动系数：

$$\frac{Kh}{\mu_o}=2.121\times 10^{-3}\frac{QB_o}{m}=2.121\times 10^{-3}\times \frac{28.7\times 1.12}{0.1849}$$

$$=0.3687\ [\mu m^2\cdot m/(mPa\cdot s)]$$

（3）油层有效渗透率：

$$K=\left(\frac{Kh}{\mu_o}\right)\times \frac{\mu_o}{h}=0.3687\times \frac{9}{8}=0.4148\ (\mu m^2)$$

（4）油层导压系数：

$$\ae=\frac{K}{\mu_o c_t}=\frac{0.4148}{9\times 3.5\times 10^{-4}}\times 10^{-3}=0.13168\ (m^2/s)$$

（5）油井折算半径：

将直线段延长到 $\lg t = 0$ 处，求得截距 $A = 6.3$ MPa。

$$r_{wr} = \sqrt{\frac{2.25\beta \mathfrak{æ}}{10^{\frac{A - p_w(0)}{m}}}} = \sqrt{\frac{2.25 \times 3.6 \times 0.131\,68}{10^{\frac{6.3 - 5.7}{0.184\,9}}}} = 0.024\,63\ (\text{m})$$

（6）表皮系数 $S$ 及井壁附加阻力 $\Delta p_s$：

$$S = \ln \frac{r_w}{r_{wr}} = \ln \frac{10}{2.463} = 1.401$$

$$\Delta p_s = 2mS\lg e = 2 \times 0.184\,9 \times 1.401 \times \lg e = 0.225\ (\text{MPa})$$

**例题 3-2**　某油藏中的一口井进行了压降试井，油井产量为 46 $\text{m}^3/\text{d}$，试井数据如表 3-2-2 所示。已知油藏孔隙度为 25%，油层厚度为 25 m，原始地层压力为 30 MPa，原油黏度为 3 $\text{mPa}\cdot\text{s}$，原油体积系数为 1.35，综合压缩系数为 $8.06 \times 10^{-4}\ \text{MPa}^{-1}$，油井半径为 0.1 m。试求地层渗透率和表皮系数。

**表 3-2-2　油井压降试井数据**

| 序　号 | 时间/h | 压力/MPa | 序　号 | 时间/h | 压力/MPa |
|---|---|---|---|---|---|
| 1 | 0 | 30.000 00 | 17 | 4.0 | 28.097 92 |
| 2 | 0.001 | 29.954 39 | 18 | 6.5 | 28.029 34 |
| 3 | 0.003 | 29.860 49 | 19 | 10 | 27.968 71 |
| 4 | 0.006 | 29.753 18 | 20 | 16 | 27.902 91 |
| 5 | 0.010 | 29.613 67 | 21 | 25 | 27.839 51 |
| 6 | 0.016 | 29.431 24 | 22 | 40 | 27.772 59 |
| 7 | 0.025 | 29.248 81 | 23 | 65 | 27.660 39 |
| 8 | 0.040 | 29.061 00 | 24 | 80 | 27.592 92 |
| 9 | 0.065 | 28.873 21 | 25 | 100 | 27.503 27 |
| 10 | 0.100 | 28.725 65 | 26 | 160 | 27.233 76 |
| 11 | 0.160 | 28.604 93 | 27 | 250 | 26.829 68 |
| 12 | 0.250 | 28.524 44 | 28 | 400 | 26.156 28 |
| 13 | 0.800 | 28.336 64 | 29 | 650 | 25.033 71 |
| 14 | 1.0 | 28.289 61 | 30 | 800 | 24.360 31 |
| 15 | 1.6 | 28.227 13 | 31 | 1 000 | 23.462 32 |
| 16 | 2.5 | 28.164 09 | | | |

**解**　在半对数坐标系中，作井底压降 $\Delta p$ 与时间 $t$ 的关系曲线，如图 3-2-7 所示。将无限作用径向流数据点回归成一条直线，此半对数直线段的斜率为 0.323，流动 1 h

的井底压力为 1.708 MPa,计算得地层渗透率为 0.040 9 $\mu m^2$,表皮系数为 0.555。

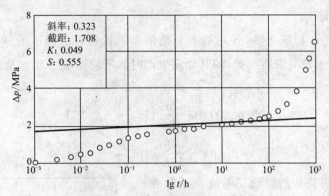

图 3-2-7  油井压降试井分析曲线

### 三、油层平均压力

地层压力可在油井关闭后直接测得,通常将变化趋于平稳的压力作为地层压力,或称为静压。要获得平缓时的压力恢复曲线特征,一方面,由于需要长期关井,故会影响油井生产;另一方面,由于油层性质不同,相同时间内各井的压力恢复程度不同,因而不利于同时全面地进行油田动态分析。

对于只有少数探井而依靠油层弹性能量进行生产的新油田,关井后压力恢复过程接近于理论模型的无限大地层状况,将 $\left[ p_w(t), \lg \dfrac{t}{T+t} \right]$ 绘制在对数坐标系中得到的压力恢复曲线的直线段外推至 $\lg \dfrac{t}{T+t} = 0$ 处,即可求得原始地层压力。

当油田正式投入开发后,多油井达到稳定生产状态时,各井自然划分出一定的泄油面积,并在此范围内形成相应的压降漏斗,如图 3-2-8 所示。

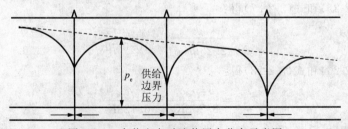

图 3-2-8  多井生产时油井压力分布示意图

由于压力恢复曲线受油井泄油边界影响,后期关井测得的压力恢复曲线将偏离直线而趋于平缓,并趋于油井生产时的平均地层压力或泄油区边界的压力,所以不能简单地通过外推压力恢复曲线的直线段来求取地层压力。因此,即使油层物性相同,但由于维持原油生产的驱动能量不同,泄油区内压力恢复速度不同,油井的平均地层压力和泄油区边界的压力具有不同的确定方法。

**1. 弹性驱动**

相邻各井生产稳定之后,各井基本上是依靠消耗各自泄油区的弹性能量进行生产,泄油区边缘上没有液流通过,油井稳定生产时的平均地层压力 $\overline{p}$ 及边界压力 $p_e$ 可近似表示为:

$$\overline{p} = p_w(0) + \frac{\alpha Q \mu_o}{2\pi Kh}\left(\ln\frac{r_e}{r_{wr}} - 0.75\right) \qquad (3-2-25)$$

$$p_e = p_w(0) + \frac{\alpha Q \mu_o}{2\pi Kh}\left(\ln\frac{r_e}{r_{wr}} - 0.5\right) \qquad (3-2-26)$$

若通过短期关井测得油层的流动系数和油井折算半径,则可利用上式求得平均地层压力和边界压力。在实际研究工作中,可通过压力恢复曲线直接推算地层压力,如图 3-2-9 所示。

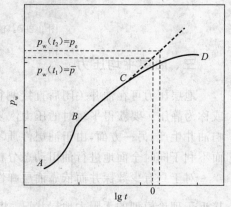

图 3-2-9  压力恢复曲线外推地层压力

在压力恢复曲线测试段 $ABC$ 上,得到 $BC$ 直线段后,如果关井测试时间足够长,则可以得到泄油区平均压力 $\overline{p}$ 和泄油区边界压力 $p_e$。这两种压力在 $BC$ 直线段的延长线上得到,其相应的时间 $t_1$ 及 $t_2$。

根据压力恢复公式:

$$p_w(t_1) = p_w(0) + \frac{\alpha Q \mu_o}{4\pi Kh}\ln\frac{2.25\beta K}{r_{wr}^2 \mu_o c_t}t_1 \qquad (3-2-27)$$

$$p_w(t_2) = p_w(0) + \frac{\alpha Q \mu_o}{4\pi Kh}\ln\frac{2.25\beta K}{r_{wr}^2 \mu_o c_t}t_2 \qquad (3-2-28)$$

由式(3-2-25)和式(3-2-27)得:

$$t_1 = \frac{r_e^2 \mu_o c_t}{2.25\beta K e^{\frac{3}{2}}} = \frac{r_e^2 \mu_o c_t}{10.08\beta K} \qquad (3-2-29)$$

由式(3-2-26)和式(3-2-28)得:

$$t_2 = \frac{r_e^2 \mu_o c_t}{2.25\beta K e} = \frac{r_e^2 \mu_o c_t}{6.12\beta K} \qquad (3-2-30)$$

**2. 水压驱动**

相邻井稳定生产后,每口井的供油面积边缘有液流通过,假定边界上的压力不变,则该井稳定生产时的平均压力 $\overline{p}$ 及边界压力 $p_e$ 可近似由下列公式确定:

$$\overline{p} = p_w(0) + \frac{\alpha Q \mu_o}{2\pi Kh}\left(\ln\frac{r_e}{r_{wr}} - 0.5\right) \qquad (3-2-31)$$

$$p_e = p_w(0) + \frac{\alpha Q \mu_o}{2\pi K h} \ln \frac{r_e}{r_{wr}} \qquad (3\text{-}2\text{-}32)$$

由式(3-2-27)和式(3-2-31)得(对应时间用 $t_3$ 表示):

$$t_3 = \frac{r_e^2 \mu_o c_t}{2.25 e \beta K} = \frac{r_e^2 \mu_o c_t}{6.12 \beta K} \qquad (3\text{-}2\text{-}33)$$

由式(3-2-28)和式(3-2-32)得(对应时间用 $t_4$ 表示):

$$t_4 = \frac{r_e^2 \mu_o c_t}{2.25 \beta K} \qquad (3\text{-}2\text{-}34)$$

对于不同的驱动方式,可以在相应的压力恢复曲线直线段延长线上通过 $t_1$, $t_2$ 时刻或 $t_3$, $t_4$ 时刻对应的数据求得泄油区的平均压力和边界压力。在实际测试中,若要获得不同驱动类型的地层压力,可以将测试时间固定在 $t_1$, $t_2$ 或 $t_3$, $t_4$,记录当时的测试压力,即为要求的地层压力。

## 四、断层距离

当油井附近存在直线断层时,关井后的压力恢复曲线将出现不同的特征。假设半无限大地层中有一口油井 $M$,距直线断层 $I-I$ 的距离为 $a$,如图 3-2-10 所示。根据镜像反映法,$M$ 井的映像井 $M'$ 与断层的距离也为 $a$,两口井具有相同的工作制度。若 $M$ 井以定产量 $Q$ 生产 $T$ 时间后关井,半无限大地层中任意点的压力变化应是 $M$ 井关井的压力变化与 $M'$ 井同时关井时在该点上引起的压力变化的叠加。

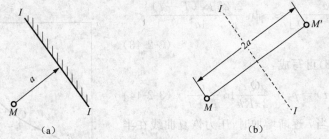

图 3-2-10  用映像井 $M'$ 代替断层的影响

$M$ 井点处井底压力的变化为:

$$p_w(t) = p_i - \Delta p_M - \Delta p_{M'} \qquad (3\text{-}2\text{-}35)$$

$M$ 井的压力变化效应为:

$$\Delta p_M = \frac{\alpha Q \mu_o}{4\pi K h} \left\{ -\operatorname{Ei}\left[ \frac{-r_{wr}^2}{4\beta \varkappa (T+t)} \right] + \operatorname{Ei}\left( \frac{-r_{wr}^2}{4\beta \varkappa t} \right) \right\}$$

$$= \frac{\alpha Q \mu_o}{4\pi K h} \left[ \ln \frac{2.25 \beta \varkappa}{r_{wr}^2}(T+t) - \ln \frac{2.25 \beta \varkappa}{r_{wr}^2} t \right] \qquad (3\text{-}2\text{-}36)$$

$M'$ 井在 $M$ 井点上的压力变化效应为:

$$\Delta p_{M'} = \frac{\alpha Q\mu_o}{4\pi Kh}\left\{- \text{Ei}\left[\frac{-(2a)^2}{4\beta\boldsymbol{x}(T+t)}\right] + \text{Ei}\left[\frac{-(2a)^2}{4\beta\boldsymbol{x}t}\right]\right\} \tag{3-2-37}$$

把式(3-2-36)和式(3-2-37)代入式(3-2-35)中并进行简化得：

$$p_w(t) = p_i + \frac{\alpha Q\mu_o}{4\pi Kh}\left\{\ln\frac{t}{T+t} + \text{Ei}\left[\frac{-4a^2}{4\beta\boldsymbol{x}(T+t)}\right] - \text{Ei}\left(\frac{-4a^2}{4\beta\boldsymbol{x}t}\right)\right\} \tag{3-2-38}$$

上式为具有直线断层边界的油井压力恢复规律的基本公式。

当 $t \ll T$ 时，可以忽略 $t$ 的影响，则：

$$\text{Ei}\left(\frac{-4a^2}{4\beta\boldsymbol{x}t}\right) \to 0 \tag{3-2-39}$$

$$\text{Ei}\left[\frac{-4a^2}{4\beta\boldsymbol{x}(T+t)}\right] \approx \text{Ei}\left(\frac{-4a^2}{4\beta\boldsymbol{x}T}\right) = C_1 \tag{3-2-40}$$

因此，式(3-2-38)可写成：

$$p_{w1}(t) = p_i + \frac{\alpha Q\mu_o}{4\pi Kh}\left(\ln\frac{t}{T+t} + C_1\right) \tag{3-2-41}$$

可以看出，当 $t$ 比较小时，压力恢复曲线在半对数坐标中为一直线，其斜率与无断层时压力恢复曲线直线段的斜率相同。

当 $t$ 逐渐增加，并达到 $\frac{4a^2}{4\beta\boldsymbol{x}t} < 0.01$ 时，则有：

$$\text{Ei}\left(\frac{-4a^2}{4\beta\boldsymbol{x}t}\right) \approx -\ln\frac{2.25\beta\boldsymbol{x}t}{4a^2} \tag{3-2-42}$$

$$\text{Ei}\left[\frac{-4a^2}{4\beta\boldsymbol{x}(T+t)}\right] \approx -\ln\frac{2.25\beta\boldsymbol{x}(T+t)}{4a^2} \tag{3-2-43}$$

因此，式(3-2-38)可写成：

$$p_{w2}(t) = p_i + \frac{\alpha Q\mu_o}{2\pi Kh}\ln\frac{t}{T+t} \tag{3-2-44}$$

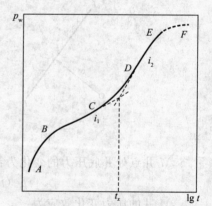

图 3-2-11　存在直线断层时的压力恢复曲线

可以看出，当 $t$ 逐渐增加时，压力恢复曲线在半对数坐标中出现第二个直线段，其斜率 $i_2$ 是第一个直线段斜率 $i_1$ 的两倍，如图 3-2-11 所示。对于尚未投入正式开发的新油田，可通过将第二个直线段外推来求得原始地层压力。

利用两个直线段的交点可估算出断层距离 $a$。

在两交点上（$t = t_x$），存在：

$$p_{w1}(t_x) = p_{w2}(t_x) \tag{3-2-45}$$

式中　$t_x$——$[p_w(t), \lg t]$ 坐标中压力恢复曲线的两直线段交点对应的时间。

或

$$p_i + \frac{\alpha Q\mu_o}{4\pi Kh}\left\{\ln\frac{t_x}{T+t_x} + \mathrm{Ei}\left[\frac{-4a^2}{4\beta \mathscr{a}(T+t_x)}\right]\right\} = p_i + \frac{\alpha Q\mu_o}{2\pi Kh}\ln\frac{t_x}{T+t_x} \tag{3-2-46}$$

由上式得到断层距离的计算式：

$$\ln\frac{t_x}{T+t_x} = \mathrm{Ei}\left[\frac{-4a^2}{4\beta \mathscr{a}(T+t_x)}\right] \tag{3-2-47}$$

当 $T \gg t$ 时，也可以利用压力恢复曲线的近似式得到直线断层附近油井压力恢复曲线的简化式，在 $[p_w(t), \lg t]$ 坐标中，压力恢复曲线同样出现两条斜率比为 2 的直线段，利用第一直线段可以确定油层流动系数、油井折算半径、表皮系数和井壁附加阻力，并可求得断层距离的简化式：

$$a = 0.75\sqrt{\beta \mathscr{a} t_x} \tag{3-2-48}$$

对于正式投入开发的油田，当油井附近存在直线断层时，可根据第二直线段以后压力恢复曲线，仿照式(3-2-29)、式(3-2-30)、式(3-2-33)和式(3-2-34)推算时间，并推算出不同驱动类型的平均地层压力和供给边界压力。

应当指出，在实际工作中应根据具体情况分析油层状况：油井附近存在边界但在压力恢复曲线上可能没有明显反映，例如井附近有断层但不封闭；有些具有上翘特征的压力恢复曲线也未必都是断层反映，例如封闭多油层油藏、裂缝性灰岩油藏、油井井距范围内地层系数明显降低以及大型压裂后的油井等，它们的压力恢复曲线都会出现不同程度的上翘。

# 第三节　现代试井分析方法

常规试井分析方法以 Horner 半对数分析方法为代表，是利用直线段的斜率和截距反求地层参数的方法，主要有 Horner 压降和压力恢复分析方法、MDH 分析法等。这些方法主要以分析各向同性的均质油藏为基础，其特点是理论上较为完善，原理简单，易于实际应用。但是，它们也存在着各种缺点：

（1）以分析中、晚期压力资料为主，要求油井测试时间较长，影响生产，尤其对于渗透率很低的油藏，要取得这些资料更为困难。

（2）直线段的选择会影响分析结果，由于通常只能人为选择，因此会不可避免地产生人为的误差。

（3）对早期测试数据包含的信息解释不充分，无法准确估计井筒存储的特性。

（4）常规分析方法求得的结果通常反映测试井段储层的平均特征，不能反映井底附近储层的准确特征。

（5）所获取的数据有限，给油藏模型的识别带来一定困难，往往同一条曲线形状反映出的却是不同的油藏模型特征。

20 世纪 60 年代末发展起来的现代试井分析方法在一定程度上克服了常规试井分

析方法存在的问题。这种方法以更接近于实际测试状况的井筒物理模型为基础,重新建立考虑各种边界条件的数学模型,用解析方法或数值方法求出数学模型的解,并绘制出分析理论图版。同时随着电子计算机的推广应用,求解复杂数学模型成为可能,使得现代试井分析方法可以解决更复杂的油藏模型的试井资料解释问题。

### 一、典型图版拟合原理

现代试井分析是将实测试井曲线与理论典型曲线进行拟合求参数的过程,因此需要寻求理论值与实测值之间的关系,而这两者的关系可以通过无因次量的定义式来得到。

定义无因次压力 $p_D$、无因次时间 $t_D$、无因次井筒储集系数 $C_D$ 如下:

$$p_D = \frac{2\pi Kh}{\alpha Q\mu_o B_o}\Delta p \tag{3-3-1}$$

$$t_D = \frac{\beta Kt}{\phi\mu_o c_t r_w^2} \tag{3-3-2}$$

$$C_D = \frac{C}{2\pi\phi c_t h r_w^2} \tag{3-3-3}$$

式中 $C$——井筒储集系数,$m^3/MPa$。

对式(3-3-1)和式(3-3-2)两端分别取对数得:

$$\lg p_D - \lg \Delta p = \lg \frac{2\pi Kh}{\alpha Q\mu_o B_o}$$

$$\lg t_D - \lg t = \lg \frac{\beta K}{\phi\mu_o c_t r_w^2}$$

由以上两式可以看出,地层、流体及井参数和井产量皆为定值,因此等式的右端为常数,在双对数图中,理论无因次压降值与实测压降值的差为常数,理论无因次时间与实测时间的差也为常数,即纵坐标差值为常数,横坐标差值也为常数。因此,只要将实测试井曲线放在理论试井曲线上,通过上下或左右平行移动,就能使它们达到较好的重合,其重合点的比例关系必定是相应坐标轴的变换,这就是现代试井图版拟合分析的基本原理。

现代试井分析中广泛应用的压降典型曲线为 Gringarten 图版,压力导数典型曲线为 Bourdet 图版。Gringarten 图版是在双对数坐标系中,以无因次压力为纵坐标,以无因次时间和无因次井筒储集系数的比值为横坐标绘制而成的曲线。Bourdet 图版是在双对数坐标系中,以无因次压力导数为纵坐标,以无因次时间和无因次井筒储集系数的比值为横坐标绘制而成的曲线。下面以压降试井为例介绍其基本原理。

#### 1. 数学模型

假设在均质、水平、等厚且各向同性的无限大地层中,原油流动服从达西渗流定律;原始地层压力为定值,忽略重力及毛管压力的影响。数学模型由渗流微分方程、初始条件、外边界和内边界条件组成。

渗流方程为：

$$\frac{1}{r}\frac{\partial}{\partial r}\left(r\frac{\partial p}{\partial r}\right)=\frac{\phi\mu_o c_t}{\beta K}\frac{\partial p}{\partial t}$$

初始条件为：

$$p(r,t)\big|_{t=0}=p_i$$

外边界条件为：

$$p(r,t)\big|_{r\to\infty}=p_i$$

现代试井分析中考虑了井筒储集和表皮效应的影响，地层流向井底的流量为 $Q_{sf}B_o(\mathrm{m^3/d})$，井筒流向地面的流量为 $QB_o(\mathrm{m^3/d})$，对于井筒充满单相原油和井筒中存在油气两相情况，根据质量守恒原理，单位时间（每天）内地层流入与井筒流出的差 $Q_{sf}-Q$ 等于井筒原油质量变化 $24\dfrac{C}{B_o}\dfrac{\mathrm{d}p_w}{\mathrm{d}t}$，可写为：

$$Q_{sf}=Q+\frac{24C}{B_o}\frac{\mathrm{d}p_w}{\mathrm{d}t} \tag{3-3-4}$$

式中　$p_w$——井底流压。

若原油压缩系数为 $c_o$，井筒体积为 $V$，可以推导出，其内边界具有相同的形式。当井筒充满单相原油时，$C=c_o V$；当井筒中存在油气两相时，$C=A/\rho_o g$。

根据达西定律，油层流入井筒的流量为：

$$Q_{sf}=\frac{2\pi Kh}{\alpha\mu_o B_o}\left(r\frac{\partial p}{\partial r}\right)\bigg|_{r=r_w} \tag{3-3-5}$$

由式（3-3-5）及无因次压力的定义得：

$$\frac{Q_{sf}}{Q}=-\left(\frac{\partial p_D}{\partial r_D}\right)\bigg|_{r_D=1} \tag{3-3-6}$$

由式（3-3-4）、式（3-3-6）、无因次时间的定义及无因次井筒储集系数的定义，得式（3-3-5）的无因次形式为：

$$-\left(\frac{\partial p_D}{\partial r_D}\right)\bigg|_{r_D=1}=1-C_D\frac{\mathrm{d}p_{wD}}{\mathrm{d}t_D} \tag{3-3-7}$$

式中　$p_{wD}$——无因次井底压力。

当考虑表皮效应影响时，井底压降表达式为：

$$\Delta p_w=\Delta p+\Delta p_s \tag{3-3-8}$$

由表皮效应产生的附加压降为：

$$\Delta p_s=\frac{\alpha Q_{sf}\mu_o B_o}{2\pi Kh}S \tag{3-3-9}$$

由式（3-3-5）、式（3-3-8）、式（3-3-9）及无因次压力的定义得：

$$p_{wD} = \left( p_D - S \frac{\partial p_D}{\partial r_D} \right) \bigg|_{r_D = 1} \tag{3-3-10}$$

综合上述分析,考虑井筒储集和表皮效应影响的现代试井分析无因次数学模型为:

$$\begin{cases} \dfrac{1}{r_D} \dfrac{\partial}{\partial r_D}\left( r_D \dfrac{\partial p_D}{\partial r_D} \right) = \dfrac{\partial p_D}{\partial t_D} \\ p_D(r_D, t_D)\big|_{t_D=0} = 0 \\ p_D(r_D, t_D)\big|_{r_D \to \infty} = 0 \\ C_D \dfrac{dp_{wD}}{dt_D} - \left( r_D \dfrac{\partial p_D}{\partial r_D} \right)\bigg|_{r_D=1} = 1 \\ p_{wD} = \left( p_D - S \dfrac{\partial p_D}{\partial r_D} \right)\bigg|_{r_D=1} \end{cases} \tag{3-3-11}$$

定义有效井半径 $r_{we}$、无因次有效半径 $r_{De}$、无因次有效时间 $t_{De}$、无因次有效储集系数 $C_{De}$ 为:

$$r_{we} = r_w e^{-S}, \quad r_{De} = \frac{r}{r_{we}} = r_D e^S, \quad t_{De} = t_D e^{2S}, \quad C_{De} = C_D e^{2S} \tag{3-3-12}$$

则无因次数学模型式(3-3-11)可变为无因次有效井径数学模型:

$$\begin{cases} \dfrac{1}{r_{De}} \dfrac{\partial}{\partial r_{De}}\left( r_{De} \dfrac{\partial p_D}{\partial r_{De}} \right) = \dfrac{1}{C_{De}} \dfrac{\partial p_D}{\partial(t_{De}/C_{De})} \\ p_D(r_{De}, t_{De})\big|_{t_{De}=0} = 0 \\ p_D(r_{De}, t_{De})\big|_{r_{De} \to \infty} = 0 \\ \dfrac{dp_{wD}}{d(t_{De}/C_{De})} - \left( r_{De} \dfrac{\partial p_D}{\partial r_{De}} \right)\bigg|_{r_{De}=1} = 1 \\ p_{wD} = p_D\big|_{r_{De}=1} \end{cases} \tag{3-3-13}$$

对无因次有效井径数学模型式(3-3-13)作 $t_{De}/C_{De} \to \bar{s}$ 的拉普拉斯变换,则其拉普拉斯空间中的数学模型为:

$$\begin{cases} \dfrac{1}{r_{De}} \dfrac{\partial}{\partial r_{De}}\left( r_{De} \dfrac{\partial \bar{p}_D}{\partial r_{De}} \right) = \dfrac{\bar{s}}{C_{De}} \bar{p}_D \\ \bar{p}_D(r_{De}, \bar{s})\big|_{r_{De} \to \infty} = 0 \\ \left( \bar{s}\bar{p}_{wD} - \dfrac{\partial \bar{p}_D}{\partial r_{De}} \right)\bigg|_{r_{De}=1} = \dfrac{1}{\bar{s}} \\ \bar{p}_{wD} = \bar{p}_D\big|_{r_{De}=1} \end{cases} \tag{3-3-14}$$

则无因次井底压力的表达式为:

$$\overline{p}_{wD} = \frac{K_0(\sqrt{s/C_{De}})}{s[\overline{s}K_0(\sqrt{s/C_{De}}) + \sqrt{s/C_{De}}K_1(\sqrt{s/C_{De}})]} \tag{3-3-15}$$

式中　$K_0(x)$，$K_1(x)$——修正的零阶和一阶第二类 Bessel(贝塞尔)函数；

　　　$\overline{s}$——拉普拉斯变量。

由式(3-3-15)可作均质油藏中油井现代试井分析的典型曲线，即 Gringarten 压降图版和 Bourdet 压力导数图版。

通过对式(3-3-15)进行数学分析，可以获得不同流动阶段的压降方程。

在早期，即 $\overline{s} \to \infty$ 时，由 Bessel 函数的性质有：

$$\frac{K_1(\sqrt{s/C_{De}})}{K_0(\sqrt{s/C_{De}})} \to 0 \tag{3-3-16}$$

则式(3-3-15)变为：

$$\overline{p}_{wD} = \frac{1}{s^2} \tag{3-3-17}$$

式(3-3-17)经反演得实空间解为：

$$p_{wD} = \frac{t_{De}}{C_{De}} = \frac{t_D}{C_D} \tag{3-3-18}$$

在晚期，即 $\overline{s} \to 0$ 时，由 Bessel 函数的性质有：

$$K_0(\sqrt{s/C_{De}}) \approx -\left[\ln\frac{\sqrt{s/C_{De}}}{2} + 0.5772\right] \tag{3-3-19}$$

$$K_1(\sqrt{s/C_{De}}) \approx \frac{1}{\sqrt{s/C_{De}}} \tag{3-3-20}$$

则式(3-3-15)可简化为：

$$\overline{p}_{wD} = -\frac{1}{s}\left[\ln\frac{\sqrt{s/C_{De}}}{2} + 0.5772\right] \tag{3-3-21}$$

式(3-3-21)经反演得实空间解为：

$$p_{wD} = \frac{1}{2}\left(\ln\frac{t_{De}}{C_{De}} + \ln C_{De} + 0.809\right)$$
$$= \frac{1}{2}\left(\ln\frac{t_D}{C_D} + \ln C_D e^{2S} + 0.809\right)$$
$$= \frac{1}{2}(\ln t_D + 2S + 0.809) \tag{3-3-22}$$

此式即为无限大地层中常规压降试井分析方程的无因次形式。

**2. 现代试井解释典型图版**

(1) 压降典型曲线(Gringarten 图版)计算方法。

目前通常采用 Stehfest 方法计算 Gringarten 压降典型曲线，其基本原理为：

$$p_{wD}(t_D/C_D) = \frac{\ln 2}{t_D/C_D} \sum_{i=1}^{N} v_i \bar{p}_{wD}(S_i) \tag{3-3-23}$$

$$S_i = \frac{\ln 2}{t_D/C_D} i \tag{3-3-24}$$

$$v_i = (-1)^{\frac{N}{2}+i} \sum_{k=\frac{i+1}{2}}^{\min(\frac{N}{2},i)} \frac{k^{\frac{N}{2}+1}(2k)!}{\left(\frac{N}{2}-k\right)!(k!)^2(i-k)!(2k-i)!} \tag{3-3-25}$$

在利用上述计算方法计算压降典型曲线时，通常取 $N=6$ 或 80。

(2) 压力导数典型曲线(Bourdet 图版)计算方法。

压力导数典型曲线是在压降典型曲线的基础上，利用数值求导的方法计算得来的。

用差分代替微分计算第 $j$ 点压力导数 $\Delta' p_j$：

$$\Delta' p_j = \frac{p_{j-1} - p_j}{t_j - t_{j-1}}$$

$$\Delta' p_j t_j = \frac{p_{j-1} - p_j}{t_j - t_{j-1}} t_j$$

用加权平均计算压力导数：

$$\Delta' p_j = \frac{\left[\dfrac{p_{j-1} - p_j}{t_j - t_{j-1}}(t_{j+1} - t_j) + \dfrac{p_j - p_{j+1}}{t_{j+1} - t_j}(t_j - t_{j-1})\right]}{t_{j+1} - t_{j-1}}$$

$$\Delta' p_j t_j = \frac{\left[\dfrac{p_{j-1} - p_j}{t_j - t_{j-1}}(t_{j+1} - t_j) + \dfrac{p_j - p_{j+1}}{t_{j+1} - t_j}(t_j - t_{j-1})\right] t_j}{t_{j+1} - t_{j-1}}$$

利用上述方法计算出的压降典型曲线(Gringarten 图版)如图 3-3-1 所示，压力导数典型曲线(Bourdet 图版)如图 3-3-2 所示，由压降典型曲线和压力导数典型曲线构成的复合图版如图 3-3-3 所示。

均质油藏的 Gringarten 图版是以无因次压力(压降)为纵坐标，无因次时间与无因次井筒储集系数的比值为横坐标的关系曲线，曲线参数为 $C_D e^{2S}$。$C_D e^{2S}$ 是表征流动过程中受到井筒储集效应及表皮效应影响的无因次量。一般情况下，当 $C_D e^{2S} \geqslant 10^3$ 时，表示井受到污染；当 $5 \leqslant C_D e^{2S} < 10^3$ 时，表示井未受到污染；当 $C_D e^{2S} < 5$ 时，表示井通过增产措施后见效，其中当 $0.5 \leqslant C_D e^{2S} < 5$ 时，表示井经过酸化后见效，而当 $C_D e^{2S} < 0.5$ 时，表示井通过压裂改造后见效。

图 3-3-1 和图 3-3-3 所示图版标明了纯井筒储集效应结束的大致时间，即双对数曲线上斜率为 1 的直线(简称 45°线)段结束的时间，双对数曲线上斜率为 1 的直线称为纯井筒储集阶段的诊断曲线。图版还标明了无限作用径向流阶段的开始时间，即常规

试井分析中半对数直线段的开始时间，如图中曲线①和②所示。从均质油藏的
Gringarten 图版（见图 3-3-1）可以看出，对于污染井和未措施井，存在两个明显的流动
阶段，即纯井筒储集和无限作用径向流阶段。

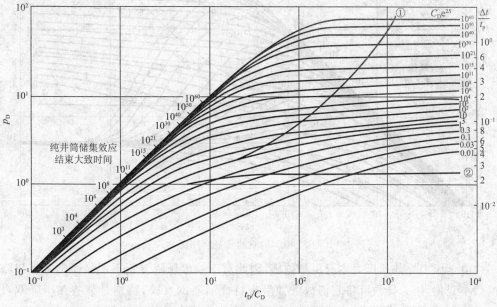

图 3-3-1　均质油藏压降图版

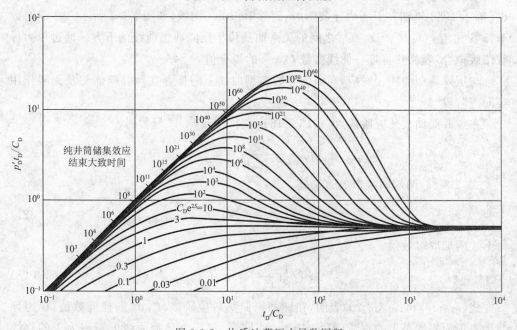

图 3-3-2　均质油藏压力导数图版

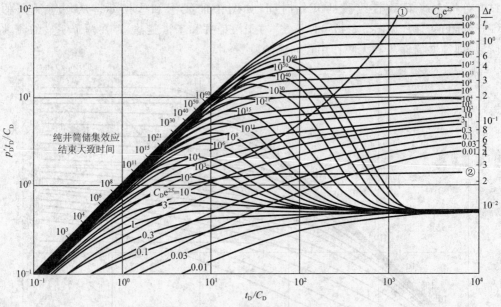

图 3-3-3 均质油藏复合图版

由于压力导数比压力本身更加敏感,因此对于一般压降分析不明显而常常被忽略的微小变化,压力导数可将它们放大并呈现特征明显的反映,特别是某些在压降双对数曲线上没有明显特征的流动阶段,在压力导数曲线上却有非常明显的特征。Bourdet 等于 1983 年创立了压力导数图版,简称 Bourdet 图版,如图 3-3-2 所示。在双对数坐标系中,$p_D'(t_D/C_D)$-$t_D/C_D$ 之间的关系曲线位于压降典型曲线的下方。通过压力导数图版拟合,容易获得唯一曲线参数 $C_D e^{2S}$ 的拟合值。

与压降典型曲线相对应,在压力导数典型曲线上同样存在纯井筒储集及无限作用径向流阶段。

在纯井筒储集效应阶段,由式(3-3-18)两端对 $t_D/C_D$ 求导数得:

$$p_{wD}' = \frac{dp_{wD}}{d(t_D/C_D)} = 1 \tag{3-3-26}$$

式(3-3-26)两端同乘以 $t_D/C_D$ 得:

$$p_{wD}' \frac{t_D}{C_D} = \frac{t_D}{C_D} \tag{3-3-27}$$

对上式两端取对数得:

$$\lg\left(p_{wD}' \frac{t_D}{C_D}\right) = \lg \frac{t_D}{C_D} \tag{3-3-28}$$

式(3-3-27)和式(3-3-28)表明,在纯井筒储集效应阶段,$C_D e^{2S}$ 取任何数值,压力导数都表现为斜率是 1 的直线(简称 45°线)。同样,将压力导数曲线上斜率为 1 的直线段称为纯井筒储集阶段的诊断曲线。

在无限作用径向流动阶段,由式(3-3-22)两端对 $t_D/C_D$ 求导数得:

$$p'_{wD} = \frac{dp_{wD}}{d(t_D/C_D)} = \frac{1}{2}\frac{1}{t_D/C_D} \tag{3-3-29}$$

式(3-3-29)两端同乘以 $t_D/C_D$,并对其两端取对数得:

$$\lg\left(p'_{wD}\frac{t_D}{C_D}\right) = \lg 0.5 \tag{3-3-30}$$

式(3-3-30)表明,在无限作用径向流阶段,$C_De^{2S}$ 取任何数值,压力导数都表现为斜率是 0、值为 0.5 的水平线(简称 0.5 水平线),即在无限作用径向流阶段,所有 $C_De^{2S}$ 值的曲线都合并成一条值为 0.5 的水平直线。同样将 0.5 水平线称为无限作用径向流阶段的诊断曲线。

在 45°线和 0.5 水平线之间的曲线部分,是一组对应于不同 $C_De^{2S}$ 值的曲线,反映的是井筒储集效应和表皮效应的综合影响。

## 二、现代试井解释方法

### 1. 试井分析步骤

#### 1)试井数据的有效性评价

正常规范的试井是将压力计下到产层中部,连续记录开井井底流压或关井井底压力随时间的变化。在直角坐标系中,开井井底流压或关井井底压力随时间的变化曲线称为压力历史图。压力历史是否准确,直接影响试井解释结果的好坏,因此需要对试井数据进行有效性评价。影响压力历史的因素很多,例如,压力计未下到产层中部,因此需要通过折算的方法将所测压力折算到产层中部;如果压力历史是多次下压力计测试完成的,则存在时间和测试深度的衔接问题,应核实原始记录,尽量使其合理衔接;在测试产量变化前后,常常采取加密测点数,测点数有时多达几十万个乃至上百万个,应通过筛选保留有效记录段的测点数,删除多余测点数。因此,试井数据的有效性评价内容主要包括分析测压资料的起始、结束或衔接部位,以及压力突然上升或下降的原因等。针对这些异常现象,应从多个压力计数据的对比、现场测试记录以及施工过程中找出导致测试资料异常的原因,具体问题具体分析,只有反映地层流动的有效数据才能用于后续步骤的分析。

#### 2)初拟合

(1)在双对数坐标系中作实测压降曲线(纵坐标为 $\Delta p = p_i - p_w$,横坐标为时间 $t$)和实测压力导数曲线(纵坐标为 $\Delta p't$,横坐标为时间 $t$),将该图简称为复合实测曲线图。

(2)将复合实测曲线图放在均质油藏复合图版上,通过上下和左右平移,分别拟合压降典型曲线和压力导数典型曲线,寻求与实测曲线最吻合的压降及压力导数典型曲线,这一过程称为初拟合,通过初拟合获得曲线参数 $C_D e^{2S}$ 的值。

（3）识别和划分出不同的流动阶段。

3）常规分析

不同类型油藏在不同流动阶段的试井数据在某种坐标系下往往表现为压力与时间的直线关系,这种压力与时间的直线关系称为特征曲线。常规分析就是利用特征曲线求参数的过程,即利用初拟合识别出的纯井筒储集效应、无限作用径向流及拟稳定流动阶段的数据求参数的过程。

（1）纯井筒储集阶段。

由式（3-3-18）和无因次压力、无因次时间及井筒储集系数的定义,在纯井筒储集阶段有:

$$\Delta p = \frac{QB_o}{24C}t \tag{3-3-31}$$

$$\frac{d(\Delta p)}{dt}t = \frac{QB_o}{24C}t \tag{3-3-32}$$

对式（3-3-31）和式（3-3-32）两端取对数得:

$$\lg \Delta p = \lg \frac{QB_o}{24C} + \lg t \tag{3-3-33}$$

$$\lg \left[\frac{d(\Delta p)}{dt}t\right] = \lg \frac{QB_o}{24C} + \lg t \tag{3-3-34}$$

由式（3-3-33）、式（3-3-34）可以看出,在双对数坐标系中,压降及压力导数均与时间呈直线关系,即在早期纯井筒储集阶段,压降及压力导数在双对数图上均表现为斜率是 1 的直线（45°线）,该直线称为纯井筒储集阶段的诊断曲线,如图 3-3-4 所示。

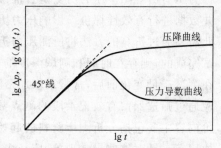

图 3-3-4　纯井筒储集阶段的诊断曲线

由式（3-3-31）、式（3-3-32）可以看出,在直角坐标系中,压降及压力导数均与时间呈一条过原点的直线,其斜率为 $QB_o/(24C)$。该直线称为纯井筒储集阶段的特征直线,如图 3-3-5 所示。由该直线的斜率 $m$ 计算井筒储集系数 $C$:

$$C = \frac{QB_o}{24m} \tag{3-3-35}$$

（2）无限作用径向流阶段。

由式（3-3-22）及无因次压力、无因次时间的定义可知,无限作用径向流阶段的井底压降为：

$$\Delta p = \frac{2.12 \times 10^{-3} Q\mu_o B_o}{Kh}\left(\lg \frac{Kt}{\phi\mu_o c_t r_w^2} + 0.907\,7 + 0.87S\right) \qquad (3\text{-}3\text{-}36)$$

$$\frac{\mathrm{d}(\Delta p)}{\mathrm{d}t}t = \frac{9.21 \times 10^{-4} Q\mu_o B_o}{Kh} \qquad (3\text{-}3\text{-}37)$$

$$\lg\left[\frac{\mathrm{d}(\Delta p)}{\mathrm{d}t}t\right] = \lg\left(\frac{9.21 \times 10^{-4} Q\mu_o B_o}{Kh}\right) \qquad (3\text{-}3\text{-}38)$$

从式(3-3-38)中可以看出，在双对数坐标系中，无限作用径向流阶段的压力导数值表现为常数，即由该阶段的数据可连成一条水平直线，由此可诊断为无限作用径向流阶段，如图 3-3-6 所示。

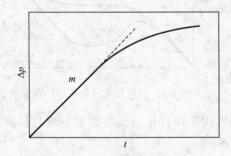

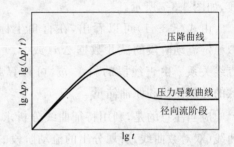

图 3-3-5　纯井筒储集阶段的特征曲线　　　图 3-3-6　无限作用径向流阶段的诊断曲线

在半对数坐标系中，利用所有的试井数据作 $p_w$ 与 $\lg t$ 的关系曲线，将初拟合中所识别出的无限作用径向流阶段的数据点回归成一条直线，由直线斜率的绝对值 $m$，半对数直线段(或其延长线)上对应于 $t = 1\ \mathrm{h}$ 的井底压力 $p_{1h}$，用常规试井方法计算流动系数、渗透率和表皮系数。

通过对无限作用径向流阶段进行半对数分析而得到直线段斜率的绝对值 $m$ 后，可以很容易地确定压力拟合值。由于：

$$p_D = \frac{Kh}{1.842 \times 10^{-3} Q\mu_o B_o}\Delta p \qquad (3\text{-}3\text{-}39)$$

$$\frac{p_D}{\Delta p} = \frac{Kh}{1.842 \times 10^{-3} Q\mu_o B_o} = \frac{1.151}{1.842 \times 10^{-3} Q\mu_o B_o / Kh} = \frac{1.151}{m} \qquad (3\text{-}3\text{-}40)$$

由式(3-3-40)可以看出，用 1.151 除以半对数直线段斜率的绝对值 $m$，即得到压力拟合值，可用该压力拟合值来修正初拟合的结果。

(3) 拟稳定流动阶段。

如果油藏为封闭系统，而且地层中的流动已进入拟稳定流动阶段，则井底压降为：

$$\Delta p = \frac{9.21 \times 10^{-4} Q\mu_o B_o}{Kh}\left(\ln\frac{2.246A}{r_w^2 C_A} + 2S\right) + \frac{QB_o}{24V_p c_t}t \qquad (3\text{-}3\text{-}41)$$

式中 $C_A$——形状因子。

式(3-3-41)两端对 $t$ 求导数并乘以 $t$ 得：

$$\frac{\mathrm{d}(\Delta p)}{\mathrm{d}t}t = \frac{QB_\circ}{24V_p c_t t} \tag{3-3-42}$$

对式(3-3-42)两端取对数得：

$$\lg\left[\frac{\mathrm{d}(\Delta p)}{\mathrm{d}t}t\right] = \lg\frac{QB_\circ}{24V_p c_t} + \lg t \tag{3-3-43}$$

从式(3-3-43)可以看出,在双对数坐标系中,拟稳定流动阶段的压力导数曲线表现为斜率是1的直线,称其为拟稳定流动阶段的诊断曲线,如图 3-3-7 所示。

由式(3-3-41)可以看出,在直角坐标系中,拟稳定流动阶段的试井数据 $\Delta p$(或 $p_w$)与 $t$ 呈直线关系。由直线段的斜率 $m$,可计算封闭油藏的孔隙体积和原油储量。

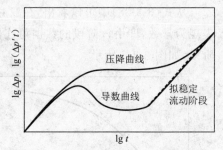

图 3-3-7 拟稳定流动阶段的诊断曲线

应当注意的是,利用特征曲线分析求参数时,用来作特征曲线的数据点应是诊断曲线(双对数曲线)所划分出的流动阶段的数据点。

4) 图版拟合分析

压力拟合值已由式(3-3-40)确定,因此只需进行时间拟合,即将实测复合试井曲线在复合典型曲线上左右平移,直至找到最佳拟合典型曲线为止。任选一个拟合点 $M$,分别从典型曲线上读出拟合点 $M$ 的 $p_D$ 和 $t_D/C_D$ 值、$p_D'(t_D/C_D)$ 和 $t_D/C_D$ 值,从实测曲线上读出 $M$ 点的 $\Delta p$ 和 $t$ 值、$\Delta p' t$ 和 $t$ 值,再从拟合好的压降及压力导数典型曲线上读出 $C_D e^{2S}$ 值。$p_D/\Delta p$ 称为压力拟合值,$p_D'(t_D/C_D)/\Delta p' t$ 称为压力导数拟合值,$(t_D/C_D)/t$ 称为时间拟合值,$C_D e^{2S}$ 称为曲线拟合值。

分别由压降及压力导数拟合值计算地层流动系数和渗透率：

$$\frac{Kh}{\mu_\circ} = 1.842\times10^{-3}QB_\circ\left(\frac{p_D}{\Delta p}\right)_M \tag{3-3-44}$$

$$\frac{Kh}{\mu_\circ} = 1.842\times10^{-3}QB_\circ\left[\frac{p_D'(t_D/C_D)}{t\Delta p'}\right]_M \tag{3-3-45}$$

$$K = 1.842\times10^{-3}\frac{Q\mu_\circ B_\circ}{h}\left(\frac{p_D}{\Delta p}\right)_M \tag{3-3-46}$$

$$K = 1.842\times10^{-3}\frac{Q\mu_\circ B_\circ}{h}\left[\frac{p_D'(t_D/C_D)}{t\Delta p'}\right]_M \tag{3-3-47}$$

由时间拟合值计算井筒储集系数：

$$C = 7.2\pi \frac{Kh}{\mu_o} \frac{1}{\left(\dfrac{t_D/C_D}{t}\right)_M} \tag{3-3-48}$$

由式(3-3-48)得:

$$C_D = \frac{C}{2\pi\phi c_t h r_w^2} \tag{3-3-49}$$

由曲线拟合值及式(3-3-49)得到的 $C_D$ 值计算表皮系数:

$$S = \frac{1}{2}\ln\frac{(C_D e^{2S})_M}{C_D} \tag{3-3-50}$$

比较常规分析和图版拟合分析的结果,使其误差不超过 10%,否则要返回初拟合,重复上述过程,直到常规分析和图版拟合分析的结果在允许的误差范围内为止。

5) 分析结果的检验和模拟

用上述分析所得参数计算理论典型曲线(压降及压力导数典型曲线),并与实测试井曲线进行双对数拟合,目的是检验分析结果的准确可靠性。只有当计算的理论典型曲线与实测试井曲线达到较好拟合时,才能说明分析结果是正确可靠的。如果得不到比较好的拟合,则表明在前面的分析过程中存在问题,必须回到初拟合,重复上述过程,直到理论典型曲线与实测试井曲线达到较好拟合为止。

结合实际生产过程,用上述分析结果对实际生产过程进行数值模拟,即用试井分析获得的油藏、油井类型和参数以及实际的产量、生产时间等资料来计算理论井底压力随时间的变化,这实际上是一个求解渗流力学正问题的过程。将计算的理论压力和实测压力随时间的变化分别在半对数及直角坐标系中描点并进行拟合,如果拟合较好,则说明上述分析结果正确;如果拟合较差,则说明上述分析结果不正确,必须回到初拟合,重复上述过程,直到在半对数及直角坐标系中理论压力和实测压力随时间的变化达到较好拟合为止。

现代试井分析的全过程如图 3-3-8 所示。由此框图可以看出,现代试井分析过程具有边分析边检验的特点,每一步都要求做得较为细致,这样才能保证整个分析结果准确可靠。

## 2. 实例分析

**已知** 某油藏孔隙度为 0.25,油层厚度为 25 m,原油黏度为 3 mPa·s,原油体积系数为 1.35,综合压缩系数为 $8.06\times10^{-4}$ MPa$^{-1}$,油井半径为 0.1 m。对油藏中的一口井进行压降试井,油井产量为 46 m³/d,测试数据如表 3-2-2 所示。按照现代试井分析方法的步骤求取地层参数。

**解** 其检验图如图 3-3-9~图 3-3-11 所示。

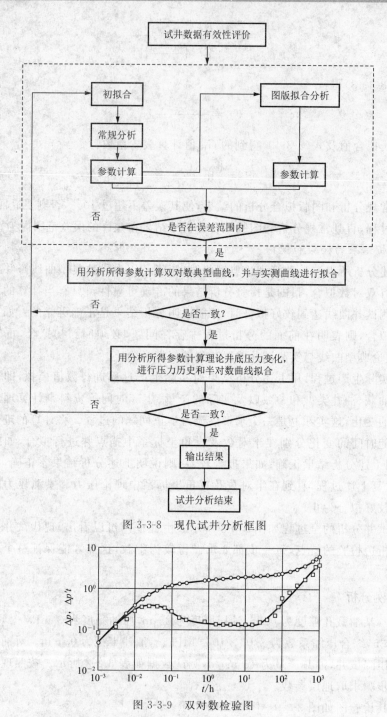

图 3-3-8　现代试井分析框图

图 3-3-9　双对数检验图

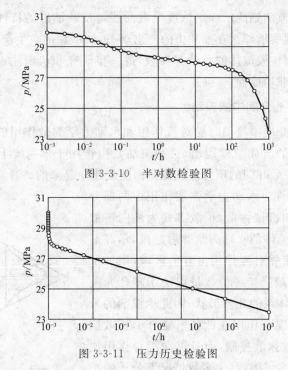

图 3-3-10  半对数检验图

图 3-3-11  压力历史检验图

通过分析，地层渗透率为 $0.040\,9\ \mu m^2$，表皮系数为 $0.555$，与常规分析结果相同。

# 第四节  井间示踪监测分析方法

示踪剂测试与解释是一种确定井间地层参数的技术，是一种直接、准确的地层测试方法。示踪剂类型很多，如化学药剂、同位素示踪剂、气体示踪剂、水蒸气等，只要满足测试要求，都可以作为示踪剂使用。根据示踪剂与地层流体及岩石配伍的物理化学特性可以将示踪剂分为非分配性示踪剂与分配性示踪剂。非分配性示踪剂主要用来确定井间连通特性与渗透率的变异情况，分配性示踪剂主要用来解决井间高渗层的剩余油饱和度分布问题。

## 一、示踪剂测试原理

井间示踪剂测试是为了跟踪已注入的流体，向注入井中注入能够与注入流体相溶的示踪剂溶液，然后用流体驱替这个示踪剂段塞，从而标记注入流体的运动轨迹，同时在生产井监测示踪剂的产出动态。这种通过监测跟踪注入流体在油层中的运动状况来研究油层特性和开采动态的方法就是井间示踪监测技术，它是一种直接测定油层特性的方法。生产井监测到的示踪剂浓度突破曲线可反映油层的特性及开采现状的信息,因此可以通过观察示踪剂在油井中的产出动态,如示踪剂在生产井的突破时间、峰值大小及个数、相应注入流体的总量等参数,进一步研究和认识注入流体的分布及其运移规律和油藏的非均质性。

### 1. 示踪剂在多孔介质中的流动

示踪剂在多孔介质中流动时受对流作用和水动力学弥散作用的控制。对流作用是受达西定律支配的流体整体运动,这种流动是由作用于该系统上的压力梯度产生的,压力梯度是由注采井间的压力差或流体密度差建立起来的。对流作用主要取决于井网形状和操作条件。水动力学弥散作用由两部分组成,即分子扩散和机械弥散,扩散方式为横向扩散和纵向扩散。由于流体的水动力学弥散结果,示踪剂逐步扩展,超越了流体对流作用占有的区域,增加了一部分混合流动区域。扩展的数量取决于多孔介质的分散程度和流体体系的几何形状,因此示踪剂的采出曲线呈现峰形。混合作用在低速下受分子扩散控制,在高速下受机械弥散控制,而且纵向混合作用比径向混合作用小得多。因此,大多数情况下分子的扩散和纵向上的混合作用是可以忽略不计的。图3-4-1为横向扩散示意图。

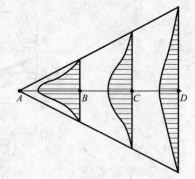

图 3-4-1　横向扩散示意图

### 2. 示踪剂在均质油藏中的流动

用流体 B(示踪剂)驱替油层中的流体 A,相当于示踪剂的连续或间歇注入,同时假设未出现混合现象,研究井网对示踪剂采出曲线的影响。图 3-4-2(a)为注入一定数量的流体 B 后,流体 B 在生产井突破,生产井采出流体 A 和流体 B 的混合物。采出流体 B 的体积分数与累积注入体积的关系曲线称为突破曲线,如图 3-4-2(b)所示。可以看出,突破之前未采出流体 B;突破之后,B 的产量急剧上升,并逐渐逼近 100%,由于井网稀释作用,采出的体积分数总要小于 1。

如果将流体 B 以小段塞注入由流体 A 充满的井网中,之后再注入流体 A 驱替流体 B,如图 3-4-3(a)所示。图 3-4-3(b)中虚线所示的突破曲线是考虑流体在油层中的混合作用和弥散作用影响后的示踪剂突破响应曲线。将混合作用的影响叠合后,使示踪剂突破曲线延伸,导致示踪剂更早突破,虚线和阴影曲线下面的面积是相同的,由于示踪剂质量守恒,它应等于注入的示踪剂段塞。

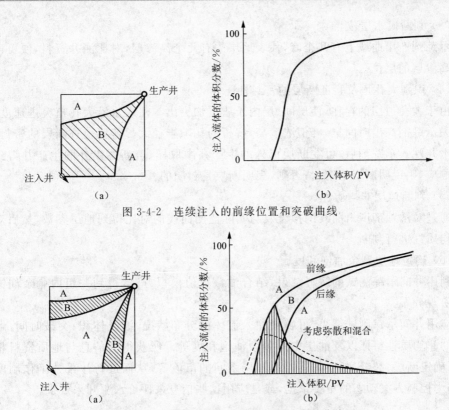

图 3-4-2 连续注入的前缘位置和突破曲线

图 3-4-3 示踪剂脉冲的前缘位置和突破曲线

图 3-4-3(a)中生产井周围阴影线表示正方形五点井网中示踪剂工作的位置。在生产井的采出流体中,流体 B 的体积分数是这两条曲线的垂向距离之差,图 3-4-3(b)中的阴影部分的面积等于流体 B 的注入体积。由于井网几何形状对流体流动的影响,即使在储层中未发生混合作用,生产井中采出的流体 B 的体积分数也始终小于 1。

### 3. 井间示踪测试结果应用解释

生产井上获得的示踪剂采出曲线包含了注入井到生产井大量油藏工程研究和油藏动态管理等诸多方面的信息:

(1)注入流体从注入井到观测生产井的突破时间和推进速度。

通过注水井注入示踪剂后,在各观测生产井连续取样化验,以突破生产井各示踪剂的体积分数为依据,计算示踪剂从注入井沿流线到达生产井所需的时间,即示踪剂突破时间,从而计算不同井距间注入流体的推进速度。

(2)油水井地下连通关系。

通过井间示踪监测技术,了解注水井注入水的流动方向、推进速度,根据所对应油井示踪剂的响应程度,判断井间连通性。

（3）判断出水层位。

示踪剂产出曲线上有几个峰,代表地层中有几个高渗层,对比测井资料,便可确定各个高渗层的层位。

（4）识别大孔道及验证断层的密封性。

由于大孔道层的存在,使层间、层内矛盾更加突出。注入水沿大孔道突进速度快,表现为示踪剂产出时间早,峰值浓度高,解析的孔隙半径大。若要检查断层的密封性,在注水井注入示踪剂后,可在断层以外的生产井中取样,若断层以外的生产井得到示踪剂响应,则说明断层不密封;否则,表明断层是封闭的。

（5）判断地层非均质性。

通过对示踪剂产出曲线的拟合及与实际监测曲线的对比得到地层参数,然后对地层非均质性进行判断。

（6）确定地层剩余油饱和度。

利用井间示踪测试的解释结果,结合油藏数值模拟方法,得到井组内剩余油饱和度的宏观分布。

应用井间示踪测试结果,可解释注入流体的分布状况、波及体积、突破时间,解释油藏的非均质性特征以及油层中的剩余油饱和度等。所获得的信息与地质资料相结合,可确定断层、裂缝、断层的连通性和层系间的窜流等,从而进行注采井工作制度调整,作为控制方案动态的重要依据,或是应用这些信息来评价水驱开采效果。

## 二、井间剩余油测试

在早期的井间示踪解释理论体系中,示踪剂产出曲线与剩余油饱和度之间的关系是建立在色谱效应理论基础之上的。它要求在注水井中同时注入两种示踪剂,一种是分配示踪剂,一种是非分配示踪剂。分配示踪剂既能溶于油也能溶于水,非分配示踪剂只能溶于水。由于非分配示踪剂只存在于流动相中,随注入水流至生产井中,而分配示踪剂在随注入水推进过程中,在示踪剂浓度梯度作用下,示踪剂分子将从示踪剂段塞中扩散到不动油中,段塞通过后,浓度梯度反向,示踪剂分子将从不动油中向注入水中扩散。分配示踪剂在生产井的产出滞后于非分配示踪剂 $\Delta t$ 时间,滞后的时间除了与分配示踪剂本身的特性有关外,还与示踪剂所流经油藏的剩余油多少有关,通过分析两条示踪剂曲线来计算井间剩余油饱和度。

假定两种示踪剂同时注入含有油和水的油层中,并用水作为注入介质,令示踪剂 1 为分配示踪剂,示踪剂 2 为理想的非分配示踪剂。在任意给定时间,示踪剂 1 在油相中的物质的量为 $N_{1o}$,等于示踪剂在油相中的浓度 $C_{1o}$ 乘以油相的体积 $V_o$。同理,在任意给定时间,示踪剂 1 在水相中的物质的量为 $N_{1w}$。示踪剂 1 在每一相中的物质的量之比 $N_{1o}$：$N_{1w}$,与示踪剂分子平均消耗在非流动相和流动相的时间(称为驻留时间)

之比 $t_{1o} : t_{1w}$ 相同,比值称为滞后因子 $\beta$,可由下式表示:

$$\frac{N_{1o}}{N_{1w}} = \frac{C_{1o}V_o}{C_{1w}V_w} = \frac{t_{1o}}{t_{1w}} = \beta \tag{3-4-1}$$

示踪剂分配系数即为热力学平衡常数 $K_d$:

$$K_d = \frac{C_{1o}}{C_{1w}} \tag{3-4-2}$$

对于非分配示踪剂,其分配系数为 0;对于分配示踪剂,其分配系数介于 $1 \sim 10$ 之间。示踪剂分配系数取决于示踪剂的类型、原油性质、地层水的性质、储层温度、压力甚至储层的孔喉结构、饱和度的大小等。严格来讲,该系数在储层条件下是一个变量,在不同的渗透率、不同的饱和度、不同的温度、不同的地层水矿化度条件下,它是变化的,但在实际监测解释过程中,当示踪剂类型确定以后,一般借用平均温度、平均地层水矿化度、平均原油性质条件下的分配系数,并将其当作常数处理。

在两相情况下,将相体积转化为饱和度表示,因此滞后因子可表示为:

$$\beta = K_d \frac{S_o}{1 - S_o} \tag{3-4-3}$$

如果分配示踪剂的驻留时间为 $t_1$,水示踪剂的驻留时间为 $t_w$,那么 $t_1$ 将比 $t_w$ 滞后 $\beta$ 倍,可用方程表示为:

$$t_1 = t_w(1 + \beta) = t_w\left(1 + K_d \frac{S_o}{1 - S_o}\right) \tag{3-4-4}$$

如果已知实验测定 $K_d$,实验室根据示踪剂的采出曲线分析确定 $t_1$ 和 $t_w$,则可以求得含油饱和度 $S_o$:

$$S_o = \frac{t_1 - t_w}{t_1 - t_w + t_w K_d} \tag{3-4-5}$$

为便于操作,研究中使用一种分配示踪剂和一种非分配示踪剂,这是油田最常见的测试方式,但并非一定要使用非分配示踪剂。为了得到足够大的示踪剂驻留时间差,选择分配系数差别足够大的两种示踪剂,也可以很容易地计算出剩余油饱和度 $S_o$:

$$S_o = \frac{t_1 - t_2}{t_1 - t_2 - t_1 K_{d2} + t_2 K_{d1}} \tag{3-4-6}$$

式中  $K_{d1}$,$K_{d2}$——两种示踪剂的分配系数;

$t_1$,$t_2$——两种示踪剂的到达时间。

如果使用的是累积体积,而不是经历的时间,则在稳定流速下,注入后经历的时间和累积注入的体积互成比例。如果 $t_i (i=1$ 或 w$)$ 是经历的时间,而 $V_i$ 是该时间段中累积注入的体积,假定这两种示踪剂都按同一路径运动,那么 $t_i = \alpha V_i$($\alpha$ 为示踪剂扩散常数),而式(3-4-5)中的驻留时间可直接转换为平均保留体积,则式(3-4-5)可写为:

$$S_o = \frac{\alpha(V_1 - V_w)}{\alpha(V_1 - V_w) + \alpha V_w K_d} = \frac{V_1 - V_w}{V_1 - V_w + V_w K_d} \quad (3\text{-}4\text{-}7)$$

### 三、井间连通性分析

#### 1. 示踪剂响应数学模型

以线性系统中的示踪剂运移为例,当一种流体在线性孔隙介质中驱替另一种流体时,假设油层为均质的,示踪剂的流动为线性流,且这种驱替是稳定的,在半无穷大介质中,原始的示踪剂质量浓度为零,而注入的示踪剂质量浓度为 $C_0$。由下式给出描述这种驱替的对流-弥散和在一维系统中的流体质量浓度变化数学模型:

$$\begin{cases} D\dfrac{\partial^2 C}{\partial x^2} - v\dfrac{\partial C}{\partial x} = \dfrac{\partial C}{\partial t} \\ C(x,t)\big|_{x=0} = C_0 \\ C(x,t)\big|_{t=0} = 0 \\ C(x,t)\big|_{x\to\infty} = 0 \end{cases} \quad (3\text{-}4\text{-}8)$$

式中　$C$——驱替流体的质量浓度,$mg/m^3$;

　　　$D$——示踪剂分子扩散和对流扩散系数,$m^2/s$;

　　　$v$——液流渗流速度,$m/s$。

在连续注入的情况下,质量浓度解可简化为:

$$\frac{C(x,t)}{C_0} = \frac{1}{2}\mathrm{erfc}\left(\frac{x - vt}{2\sqrt{Dt}}\right) \quad (3\text{-}4\text{-}9)$$

当 $x = vt$ 时,$C/C_0 = 0.5$,表明质量浓度为初始质量浓度 50% 的点以平均渗流速度运动而不受扩散的影响。定义示踪剂扩散常数 $\alpha = D/v$,对于任意形状的流管,当流动尺寸 $s$ 远大于孔隙中示踪剂的扩散常数 $\alpha$ 时,分子扩散可以忽略,且当 $s/\alpha > 100$ 时,式(3-4-9)可以简化为:

$$\frac{C}{C_0} = \frac{1}{2}\mathrm{erfc}\left(\frac{s - \bar{s}}{\sqrt{2\sigma^2}}\right) \quad (3\text{-}4\text{-}10)$$

式中　$\bar{s}$——对应 $C/C_0 = 0.5$ 的前缘位置;

　　　$\sigma$——在 $\bar{s}$ 处由对流扩散引起的混合区长度。

对于一个任意形状的流管,可以推导出:

$$\sigma^2 = 2\alpha v^2(\bar{s})\int_0^{\bar{s}} \frac{\mathrm{d}s}{v^2(s)} = 2\alpha v^2(\bar{s})I \quad (3\text{-}4\text{-}11)$$

式中　$v(\bar{s})$——随流管流通截面积变化的渗流速度。

对于一维线性流:

$$\sigma^2 = 2Dt = 2\alpha\bar{x}$$

式中 $\overline{x}$——一维坐标。

在实施井间示踪剂测试时,先向油藏注入一定体积的示踪剂,随后注入不含示踪剂的驱替流体,示踪剂段塞的长度相对于井间距很小。示踪剂段塞产出浓度 $C(t)$ 可表示为:

$$\frac{C(t)}{C_0} = \frac{w}{\sqrt{2\pi\sigma^2}} \exp\left(\frac{x-\overline{x}}{2\sigma^2}\right) \tag{3-4-12}$$

式中 $w$——示踪剂段塞长度。

**2. 井网条件下流管内的示踪剂浓度方程**

示踪剂在具有一定几何形状的井网中稳定流动时,示踪剂分子沿着一定的流线运动。对于稳定流,流线不随时间而改变,示踪剂分子沿着流线运动而不会离开它。由于流管表面由流线所围成,流线是不能相交的,所以流管内外无流体质点交换。流管就像刚体管壁一样,把流体运动局限在流管之内或流管之外。示踪剂在流管内的流动为一维线性流,只要确定流线方程,就可应用解析模型描述流管内的示踪剂流动。

井网的流线及示踪剂在流管中的剖面如图 3-4-4 和图 3-4-5 所示。

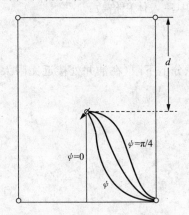

图 3-4-4　交错行列井网流线图
$\psi$—流线

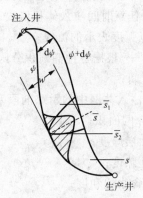

图 3-4-5　示踪剂流动剖面图
$s$—对应质量浓度 $C$ 的位置;$\overline{s_1}$—前缘正面位置;
$\overline{s_2}$—后缘正面位置;$\overline{s}$—对应浓度 $C = 0.5C_0$ 的前缘位置

假设该井网中注入一个初始质量浓度为 $C_0$ 的示踪剂段塞,然后用一种驱替流体驱替示踪剂,示踪剂段塞将被分散到组成该井网体积的流管中。在任一流管中,段塞的前缘和后缘都将出现混合现象,因此,示踪剂段塞在流管中运动期间被稀释。根据物质平衡原理,流管中任意点处的三个质量浓度之和(示踪剂段塞本身的质量浓度 $C$,驱替液中示踪剂的质量浓度 $C_b$,被驱替液中示踪剂的质量浓度 $C_a$)等于示踪剂的初始质量浓度 $C_0$,即

$$C_0 = C + C_a + C_b \tag{3-4-13}$$

经过推导,任一流管 $\psi$ 中的示踪剂质量浓度为:

$$\frac{C(\psi)}{C_0} = \frac{\sqrt{K(m)}\,K'(m)\sqrt{\dfrac{a}{\alpha}}\,F_r}{\pi\sqrt{\pi\Upsilon(\psi)}}\exp\left\{-\frac{K(m)\left[K'(m)\right]^2\dfrac{a}{\alpha}\left[V_{pdbt}(\psi)-V_{pd}\right]^2}{\pi^2\Upsilon(\psi)}\right\}$$

$$(3\text{-}4\text{-}14)$$

$$\Upsilon(\psi) = (1+\eta)^{1.5}\int_0^{f^2(\overline{w})}\frac{\sqrt{t}\,\mathrm{d}t}{(t^2-2\beta t+1)(t^2+2\beta\eta t+\eta^2)(t^2+\eta)} \qquad (3\text{-}4\text{-}15)$$

其中:

$$F_r = \frac{V_{tr}}{A\phi h S_w}$$

$$\eta = \tan^2\psi$$

$$\beta = m - m_1$$

式中  $K(m),K'(m)$ ——一类互补完全椭圆积分和一类互补椭圆积分;

  $a$ ——注水井间或生产井间的距离;

  $V_{pdbt}(\psi)$ ——任意时间示踪剂突破时流管 $\psi$ 中注入体积倍数;

  $V_{pd}$ ——任意时间注入体积倍数;

  $\psi$ ——以弧度表示的流线;

  $f^2(\overline{w})$ ——根据各种椭圆积分函数表达的积分上下限(在油井处接近无限大);

  $t$ ——时间;

  $V_{tr}$ ——注入井网中的示踪剂段塞总体积;

  $A$ ——井网面积;

  $h$ ——油层厚度;

  $\phi$ ——孔隙度;

  $S_w$ ——含水饱和度;

  $m,m_1$ ——椭圆积分变量。

对于五点井网,取其 1/8,某时间点生产井流出的示踪剂质量浓度为:

$$\frac{C}{C_0} = \frac{\displaystyle\int_0^{\frac{\pi}{4}}q\,\frac{C(\psi)}{C_0}\mathrm{d}\psi}{\dfrac{Q_t}{8}} = \frac{\displaystyle\int_0^{\frac{\pi}{4}}q\,\frac{C(\psi)}{C_0}\mathrm{d}\psi}{\dfrac{2\pi q}{8}} \qquad (3\text{-}4\text{-}16)$$

式中  $Q_t$ ——井网注入量;

  $q$ ——各流管中的注入量。

  令

$$\overline{C}_D = \frac{C}{C_0 F_r\sqrt{\dfrac{a}{\alpha}}}$$

可以推导出:

$$\overline{C}_D = \frac{4\sqrt{K(m)}\,K'(m)}{\pi^2\sqrt{\pi}}\int_0^{\frac{\pi}{4}}\frac{\exp\left\{-\dfrac{K(m)\,[K'(m)]^2}{\pi^2\,\Upsilon(\psi)}\dfrac{a}{\alpha}\,[V_{pdbt}(\psi)-V_{pd}]^2\right\}}{\sqrt{\Upsilon(\psi)}}\,d\psi$$

（3-4-17）

### 3. 井间连通性解释方法

实际油藏一般是由许多个小的均质油层组成的,为一分层模型,如图 3-4-6 所示。当示踪剂注入非均质油藏后,首先沿高渗透层或大孔道突入生产井,示踪剂产出曲线将出现峰值,有几个高渗透层,则将出现几个峰值。实际的示踪剂产出质量浓度为进入各层的质量浓度之和,如图 3-4-7 所示。

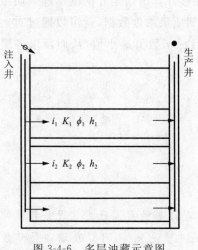

图 3-4-6　多层油藏示意图

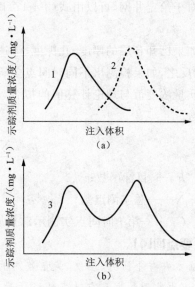

3-4-7　多层示踪剂产出情况

在多油层油藏中,整个示踪剂采出曲线是所有油层示踪剂响应的综合结果,示踪剂到达生产井的时间和每层贡献的浓度随该层孔隙度、厚度和渗透率的变化而变化。

假设:各层是均质的;层间不存在窜流;各层的含水饱和度相同,在测试过程中保持不变,且为等流度驱替。

若存在 $M$ 个油层,第 $i$ 时间点总示踪剂质量浓度为各层质量浓度之和,即

$$\overline{C}_i = \sum_{j=1}^{M}\frac{K_j h_j}{\sum_{m=1}^{M}(Kh)_m}\overline{C}_{ij}$$

（3-4-18）

$$\overline{C}_{ij} = C_0\sqrt{\frac{a}{\alpha}}\,F_{rj}\,\overline{C}_{Dij}$$

（3-4-19）

式中 $C_{Dij}$ ——第 $j$ 层第 $i$ 时间的无因次示踪剂浓度。

若为等流度驱替,则注入多层中的任何物质按照地层参数分配到各层,如果 $V_{ti}$ 是第 $i$ 时间点注入油藏驱替流体的体积,则 $V_{pdij}$ 是第 $i$ 时间注入第 $j$ 层的水体积倍数,可表示为:

$$V_{pdij} = \frac{K_j h_j}{\sum\limits_{m=1}^{M} (Kh)_m} \frac{V_{ti}}{A\phi_j h_j S_{wj}} = \frac{K_j h_j}{\phi_j h_j S_{wj}} \frac{V_{ti}}{A\sum\limits_{m=1}^{M} (Kh)_m} \qquad (3\text{-}4\text{-}20)$$

$$F_{rj} = \frac{K_j h_j}{\sum\limits_{m=1}^{M} (Kh)_m} \frac{V_{tr}}{A\phi_j h_j S_{wj}} = \frac{K_j h_j}{\phi_j h_j S_{wj}} \frac{V_{tr}}{A\sum\limits_{m=1}^{M} (Kh)_m} \qquad (3\text{-}4\text{-}21)$$

对于给定井网,可以由式(3-4-17)确定第 $j$ 层第 $i$ 时间点产出的无因次示踪剂浓度 $\overline{C}_{Dij}$。

如果已知各层的厚度、孔隙度、渗透率,就能够计算出给定井网的示踪剂质量浓度变化;反之,如果检测出不同时间点多层的示踪剂质量浓度数据,就可以通过对实测示踪剂质量浓度值与理论计算值的拟合,使如下目标函数值最小值,从而反求各层的地层参数。

$$F = \sum_{i=1}^{N} (C_i^* - \overline{C}_i)^2 \qquad (3\text{-}4\text{-}22)$$

式中 $F$ ——目标函数;

$N$ ——总实测点数;

$C_i^*$ ——第 $i$ 时间点实测示踪剂质量浓度。

【要点回顾】

油水井井下压力、温度、流量监测的差异性,是了解油层间开发状况差异性的重要依据,压力监测数据具有时变性。通过不稳定试井理论分析,可以获取油层参数特性和油井特征的许多信息,包括地层系数、有效渗透率、地层压力、断层距离、井控储量、井污染系数等;通过井间示踪的时变浓度信息分析,可以获取油层参数、剩余油分布和井间连通性等信息。

【探索与实践】

一、选择题

1. 稳定试井主要是测试( )之间的关系。

　　A. 产量与时间　　　　　　　　B. 井底压力与时间

　　C. 产量与生产压差　　　　　　D. 生产压差与时间

2. 不稳定试井主要是测试( )之间的关系。

　　A. 产量与时间　　　　　　　　B. 井底压力与时间

C. 产量与生产压差　　　　　　　　D. 生产压差与时间

3. 稳定试井资料解释可以得到（　　　）。

　　A. 油井含水率　　B. 油井采油指数　C. 束缚水饱和度　D. 采收率

4. 不稳定试井资料解释可以得到（　　　）。

　　A. 油井含水率　　　　　　　　　B. 油井与断层距离

　　C. 采收率　　　　　　　　　　　D. 残余油饱和度

5. 试井资料解释不能够得到（　　　）。

　　A. 地层系数　　　B. 污染程度　　　C. 渗透率　　　　D. 采收率

6. 井间示踪监测分析方法不能够得到（　　　）。

　　A. 识别大孔道　　　　　　　　　B. 采收率

　　C. 判断地层非均质性　　　　　　D. 剩余油饱和度

7. 井的表皮系数小于零，表示油水井为（　　　）井。

　　A. 完善　　　　　B. 不完善　　　　C. 超完善　　　　D. 暂停

8. 油井压力恢复测试时间（　　　），不易判断断层是否存在。

　　A. 较长　　　　　B. 较短　　　　　C. 很长　　　　　D. 无限长

## 二、判断题

1. 油层的有效渗透率与有效厚度的乘积叫地层系数。　　　　　　　　（　　　）

2. 油井中油层部位取心得到的渗透率小于通过试井解释得到同一部位的渗透率。

（　　　）

3. 测试油井早期的压力恢复特征受边界如断层、相邻油水井动态影响。　（　　　）

4. 测试油井晚期压力恢复特征受本井井筒存储影响。　　　　　　　　（　　　）

5. 常规试井主要分析压力恢复早期的测试资料，因此需要的油井测试时间很短。

（　　　）

6. 井间示踪监测分析方法只能测试井间注采连通性，不能测试井间剩余油。

（　　　）

7. 油水井的表皮系数可以小于零。　　　　　　　　　　　　　　　　（　　　）

8. 油水井污染只是钻穿、完井和生产过程中井筒附近的渗透率发生变化。（　　　）

## 三、问答题

1. 简述油藏动态监测的主要内容。

2. 简述建立油藏动态监测系统的原则。

3. 简述常规试井分析方法的基本原理。

4. 试分析常规试井分析方法早期、晚期资料偏离直线段的原因。

5. 简述现代试井分析的基本原理。

6. 油层某一部位取心得到渗透率后又通过试井解释得到同一部位的渗透率，二者有何本质区别？

7. 井间示踪测试结果可以解决开发中的哪些问题？

8. 井间剩余油测试原理是什么？

9. 已知油井关井前的稳定产量为 28.7 m³/d(地面)，井底压力为 6 MPa，油层有效厚度为 8 m，地层原油黏度为 9 mPa·s，原油体积系数为 1.12，油层弹性容量系数为 $3.5 \times 10^{-4}$ MPa$^{-1}$，油井半径为 10 cm，关井后测得的压力恢复数据如表 1 所示。试计算油层流动系数、渗透率、油井折算半径和表皮系数。

表 1　压力恢复数据

| $t$/h | $p_w$/MPa |
|---|---|
| 0.501 2 | 6.250 |
| 0.631 0 | 6.260 |
| 0.794 3 | 6.275 |
| 1.000 | 6.300 |
| 1.259 | 6.375 |
| 1.995 | 6.425 |
| 3.162 | 6.475 |
| 5.012 | 6.525 |
| 10.000 | 6.600 |

# 第四章 油田开发动态分析方法

**【预期目标】**

通过本章学习,了解油田开发动态数据的物质平衡分析方法,重点掌握物质平衡原理;了解油田产量变化的基本特征,重点掌握产量递减的基本规律;了解开发阶段油田含水变化规律,重点掌握不同类型水驱特征以及各种分析方法的适用性。

**【知识结构框图】**

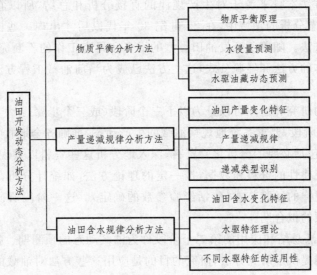

**【学习提示】**

生产动态分析是预测油藏未来动态变化的重要手段,物质平衡分析方法、产量递减规律分析方法和含水规律分析方法以油田生产数据和部分测试资料为基础,因此,要了解:物质平衡分析方法中不同能量驱替指数特征,以及边底水水侵特征;不同开发阶段所对应的产量递减规律特征,以及剩余可采储量预测方法;含水变化规律分析方法中的不同驱替类型,以及剩余油可采储量预测方法。

**【问题导引】**

问题1:油藏生产动态资料包括哪些?其在开发设计和调整中的作用是什么?

问题2:物质平衡分析方法的原理是什么?

问题3:油田生产阶段划分方法有哪些?不同划分方法的主要特征是什么?

问题4：产量递减规律的原理及其动态预测应用是什么？

问题5：水驱变化规律的基本原理及其动态预测应用是什么？

油藏在投入开采以后，其地下流体（油、气、水）的分布及状态将发生剧烈的变化。这些变化遵循一定的规律，并且受到某些因素的控制和约束。油藏工程方法的主要任务就是研究油藏在投入开采以后的变化规律，并且寻找控制这些变化的因素，运用这些规律来调整和完善油藏的开发方案，使之取得最好的开发效果。

研究油藏动态规律的方法有多种，包括渗流力学理论方法、数值模拟方法、物质平衡方法和产量递减规律及水驱动态等经验分析方法。这些方法要求直接地、系统地观察油藏的生产动态，收集足够多的生产数据，通过详细的分析和研究来发现油田生产规律，包括主要的生产指标变化规律以及各指标间的相互关系等。

由于经验方法本身来源于对生产规律的直接分析和总结，所以它的历史比较久远，但在油藏动态分析的领域中，在20世纪30年代以后才出现一些比较成熟并能普遍使用的经验方法。随着所开发油田类型的增多和研究工作的不断完善，近几十年来出现了许多具体的方法和经验公式，这些方法已成为当前油藏工程方法中的一个组成部分。

经验方法的研究和运用可以分为以下三个阶段（或三个步骤）：

（1）在第一阶段，要求系统地观察油藏的生产动态，准确齐全地收集能说明生产规律的资料，其中包括必要的分析化验资料，深入地分析这些资料以发现其中的规律性，然后对这些带规律性的资料和数据，按一定的理论方法，如统计分析、曲线拟合等，总结出表达这些规律的经验公式（包括经验参数的确定）。这一阶段所研究的油藏生产史通常称为油藏的拟合期。

（2）经验方法总结和应用的第二个阶段称为油藏动态的预测期。拟合期对生产规律的总结给人们提供了研究方法，研究的目的是应用这些方法对油藏的未来动态进行预测，至少要对今后某一有限阶段的动态，包括各种生产指标进行预测。

（3）经验方法总结和应用的最后阶段是方法本身的校正和完善。根据预测期内理论方法提供的油藏动态指标的变化和实际油藏动态指标的对比，会发现这二者往往是有差别的，有些差别的出现是由于偶然因素的影响，而相当多的情况下是由于方法本身还不够完善，这就要求人们根据新的生产情况修正和完善方法本身。这样就在认识论和方法论方面完成了一个完整的过程。

总之，选择经验公式和确定其中的参数是经验方法的基础工作，运用经验公式推测和判断生产情况是经验方法的目的。国内外开发实践中总结出的基本规律在油藏工程动态中被普遍采用并且行之有效，这些规律主要包括油藏产量、压力、含水等的变化规律。

# 第一节　物质平衡分析方法

油藏地质因素是影响油田开发效果的固有因素。在石油工业发展的前期,由于科学技术的发展和人们对油藏地质的认识受到一定程度的限制,因此难以融合油藏地质和开发生产资料对油藏动态进行综合分析。人们提出了油藏动态分析的物质平衡方法,其基本原理是将油藏看成体积不变的容器,油藏开发到某一时刻,采出的流体量加上地下剩余的储存量等于流体的原始储量。这种方法由于对地质资料的依赖性较小,因此对于目前尚难准确确定含油面积、地层厚度以及其他地质参数变化规律的断块、岩性和裂缝性油藏,能够避免复杂地质因素的限制,主要立足于生产动态资料进行储量计算和油藏动态分析。自 20 世纪 30 年代起,人们就把物质平衡方法应用于油藏动态分析和静态参数计算,其主要用途是根据开发过程中的实际生产动态资料和必要的油气水分析资料,预测各种驱动类型油田的地质储量、油气开采速度、油藏压力变化、天然水侵量和一次开采的采收率。

## 一、物质平衡原理

### 1. 物质平衡方程的一般式

物质平衡方程的基本假设条件是:油、气、水三相之间在任一压力下均能瞬间达到平衡;油藏温度在开发过程中保持不变,油藏动态仅与压力有关。由于物质平衡方程本身不考虑油、气、水渗流的空间变化,因此通常称为三相或两相零维模型。

根据物质平衡的基本原理,在油藏开发过程的任意时刻,油藏内油、气、水、岩石孔隙体积变化的代数和应等于零。对于一个具有气顶和边底水作用的饱和油藏,其中流体的分布如图 4-1-1 所示。

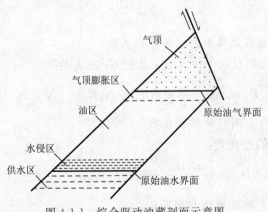

图 4-1-1　综合驱动油藏剖面示意图

在开发过程中,原油采出和人工注水使得油藏压力发生变化,造成边底水的侵入、气顶的膨胀、原油中溶解气的分离和膨胀、岩石孔隙体积的缩小和油藏中水的膨胀。因此,当油藏压力为 $p$ 时,物质平衡方程表示为:

$$\begin{bmatrix} 原油体积的 \\ 变化\ DVO \end{bmatrix} + \begin{bmatrix} 水体积的 \\ 变化\ DVW \end{bmatrix} + \begin{bmatrix} 气体体积的 \\ 变化\ DVG \end{bmatrix} + \begin{bmatrix} 岩石孔隙体积 \\ 的变化\ DVR \end{bmatrix} = 0 \qquad (4\text{-}1\text{-}1)$$

1)油藏压力为 $p$ 时原油体积的变化

油藏压力为 $p$ 时原油体积的变化等于原始含油体积减去目前含油体积。

$$DVO = NB_{oi} - (N - N_p)B_o \qquad (4\text{-}1\text{-}2)$$

式中　$N$——原始地质储量,$m^3$;

　　　$N_p$——累积采油量,$m^3$;

　　　$B_{oi}$——原始油藏条件下的原油体积系数;

　　　$B_o$——压力为 $p$ 时地层原油的体积系数。

2)油藏压力为 $p$ 时气体体积的变化

根据气体物质平衡关系,地面条件下原始气顶气体积 $G$ 与原始溶解气体积 $V_{sgi}$ 之和等于目前气顶气体积 $V_{cg}$ 加上目前溶解气体积 $V_{sg}$ 和累积采出气体积 $V_{pg}$。

$$G + V_{sgi} = V_{cg} + V_{sg} + V_{pg} \qquad (4\text{-}1\text{-}3)$$

$$V_{sgi} = NR_{si} \qquad (4\text{-}1\text{-}4)$$

$$V_{sg} = (N - N_p)R_s \qquad (4\text{-}1\text{-}5)$$

$$V_{pg} = N_p R_p \qquad (4\text{-}1\text{-}6)$$

式中　$R_{si}$——原始溶解气油比;

　　　$R_p$——生产气油比;

　　　$R_s$——压力为 $p$ 时溶解气油比。

在原始条件下,地下气顶气体积与含油区体积之比 $m$ 定义为:

$$m = \frac{GB_{gi}}{NB_{oi}} \qquad (4\text{-}1\text{-}7)$$

式中　$B_{gi}$——原始油藏条件下的气体体积系数。

代入式(4-1-3)得到目前气顶区地下体积 $G_t$ 表达式:

$$G_t = V_{cg}B_g = \left[\frac{mNB_{oi}}{B_{gi}} + NR_{si} - N_pR_p - (N - N_p)R_s\right]B_g \qquad (4\text{-}1\text{-}8)$$

式中　$B_g$——压力为 $p$ 时气体体积系数。

因此,气体体积的变化为:

$$DVG = mNB_{oi} - \left[\frac{mNB_{oi}}{B_{gi}} + NR_{si} - N_pR_p - (N - N_p)R_s\right]B_g \qquad (4\text{-}1\text{-}9)$$

3)油藏压力为 $p$ 时孔隙体积的变化

当油藏压力降低时,孔隙体积的变化表现为孔隙体积的缩小,可表示为:

$$DVR = (V_p - V_p c_p \Delta p) - V_p = -V_p c_p \Delta p \tag{4-1-10}$$

$$V_p = \frac{NB_{oi} + mNB_{oi}}{S_{oi}} \tag{4-1-11}$$

式中　$V_p$——油藏原始孔隙体积，$\mathrm{m}^3$；

　　　$c_p$——岩石孔隙压缩系数，$\mathrm{MPa}^{-1}$；

　　　$S_{oi}$——原始含油饱和度，小数；

　　　$\Delta p$——油藏的地层压降，MPa。

4）油藏压力为 $p$ 时水体积的变化

当油藏压力为 $p$ 时，含水体积的变化等于原始含水体积减去目前含水体积。目前含水体积包括油藏在原始含水基础上，由边底水侵入、人工注水和原始含水膨胀导致的体积增加量减去累积产水的地下体积。水体积的变化为：

$$DVW = V_p S_{wi} - (V_p S_{wi} + W_e + W_i B_w - W_p B_w + V_p S_{wi} c_w \Delta p)$$
$$= -W_e - W_i B_w + W_p B_w - V_p S_{wi} c_w \Delta p \tag{4-1-12}$$

式中　$W_i$——累积注水量，$\mathrm{m}^3$；

　　　$W_e$——累积水侵量，$\mathrm{m}^3$；

　　　$W_p$——累积产水量，$\mathrm{m}^3$；

　　　$c_w$——水的压缩系数，$\mathrm{MPa}^{-1}$；

　　　$B_w$——水的体积系数；

　　　$S_{wi}$——原始含水饱和度，小数。

将以上关系式代入物质平衡方程表达式(4-1-1)得：

$$N = \frac{N_p \left[ B_o + (R_p - R_s)B_g \right] - W_e - W_i B_w + W_p B_w}{B_o - B_{oi} + (R_{si} - R_s)B_g + mB_{oi}\dfrac{B_g - B_{gi}}{B_{gi}} + (1+m)\left[ \dfrac{S_{wi}}{S_{oi}}c_w + \dfrac{1}{S_{oi}}c_p \right]B_{oi}\Delta p} \tag{4-1-13}$$

引入两相体积系数：

$$B_{ti} = B_o \tag{4-1-14}$$

$$B_t = B_o + (R_{si} - R_s)B_g \tag{4-1-15}$$

式中　$B_{ti}$，$B_t$——原始油藏条件和地层压力为 $p$ 时的两相体积系数。

将式(4-1-13)的分子同时加减 $N_p R_{si} B_g$ 并将两相体积系数的定义代入其中得：

$$N = \frac{N_p \left[ B_t + (R_p - R_{si})B_g \right] - W_e - W_i B_w + W_p B_w}{B_t - B_{ti} + mB_{ti}\dfrac{B_g - B_{gi}}{B_g} + (1+m)\left( \dfrac{S_{wi}}{S_{oi}}c_w + \dfrac{1}{S_{oi}}c_p \right)B_{ti}\Delta p} \tag{4-1-16}$$

**2. 不同驱动类型的物质平衡方程**

1）封闭弹性驱油藏

封闭弹性驱油藏条件为：$p_i > p_b$，$W_e = 0$，$W_i = 0$，$W_p = 0$，$m = 0$，$R_p = R_s = R_{si}$，$B_o - B_{oi} = B_{oi}c_o\Delta p$。化简式(4-1-16)得：

$$N = \frac{N_p B_o}{B_{oi}c_o\Delta p + B_{oi}\left(\dfrac{S_{wi}}{S_{oi}}c_w + \dfrac{1}{S_{oi}}c_p\right)\Delta p} = \frac{N_p B_o}{B_{oi}\left(c_o + \dfrac{S_{wi}}{S_{oi}}c_w + \dfrac{1}{S_{oi}}c_p\right)\Delta p}$$

(4-1-17)

式中　$c_o$——原油压缩系数，$MPa^{-1}$。

令

$$c_t = c_o + \frac{S_{wi}}{S_{oi}}c_w + \frac{1}{S_{oi}}c_p$$

(4-1-18)

则式(4-1-17)可写为：

$$N = \frac{N_p B_o}{B_{oi}c_t\Delta p}$$

(4-1-19)

式中　$c_t$——以地下原油体积为基数的综合压缩系数，$MPa^{-1}$。

2）弹性水压驱动油藏

弹性水压驱动油藏条件为：$p_i > p_b$，$W_i = 0$，$m = 0$，$R_p = R_s = R_{si}$，$B_o - B_{oi} = B_{oi}c_o\Delta p$。化简式(4-1-16)得到：

$$N = \frac{N_p B_o - (W_e - W_p B_w)}{B_{oi}c_t\Delta p}$$

(4-1-20)

或

$$N_p B_o = N B_{oi}c_t\Delta p + (W_e - W_p B_w)$$

(4-1-21)

3）溶解气驱油藏

溶解气驱油藏条件为：$p_i \leqslant p_b$，$W_e = 0$，$W_i = 0$；$W_p = 0$，$m = 0$。化简式(4-1-16)得：

$$N = \frac{N_p\left[B_t + (R_p - R_{si})B_g\right]}{B_t - B_{ti} + B_{ti}\left(\dfrac{S_{wi}}{S_{oi}}c_w + \dfrac{1}{S_{oi}}c_p\right)\Delta p}$$

(4-1-22)

4）气顶和溶解气混合驱动油藏

气顶和溶解气混合驱动油藏条件为：$p_i \leqslant p_b$，$W_e = 0$，$W_i = 0$，$W_p = 0$，$c_w = 0$，$c_p = 0$。化简式(4-1-16)得：

$$N = \frac{N_p\left[B_t + (R_p - R_{si})B_g\right]}{B_t - B_{ti} + mB_{ti}\dfrac{B_g - B_{gi}}{B_g}}$$

(4-1-23)

**例题 4-1** 已知一气顶和溶解气混合驱动油藏,其原始地质储量为 $4\,900 \times 10^4\ m^3$,开发数据和流体数据如表 4-1-1 所示。试核实油藏地质储量并确定气顶区内气体储量。

表 4-1-1 混合驱动油藏开发数据和流体数据

| 油藏压力 $p/MPa$ | 累积产油量 $N_p/(10^4 \cdot m^3)$ | 生产气油比 $R_p/(m^3 \cdot m^{-3})$ | 原油体积系数 $B_o$ | 溶解气油比 $R_s/(m^3 \cdot m^{-3})$ | 气体体积系数 $B_g/(10^2)$ |
|---|---|---|---|---|---|
| 23.41 | 0.00 | 0.00 | 1.251 | 90.793 | 0.489 |
| 22.15 | 53.72 | 188.79 | 1.236 | 84.976 | 0.515 |
| 21.09 | 100.50 | 206.07 | 1.224 | 80.267 | 0.540 |
| 20.04 | 176.72 | 166.08 | 1.212 | 75.685 | 0.568 |
| 18.98 | 234.52 | 182.11 | 1.202 | 71.228 | 0.600 |
| 17.93 | 278.35 | 213.55 | 1.192 | 66.898 | 0.635 |
| 16.87 | 311.59 | 252.38 | 1.183 | 62.694 | 0.674 |

**解** 将物质平衡方程一般式简化,得到气顶与溶解气混合驱动条件下的物质平衡方程:

$$\frac{N_p\left[B_t + (R_p - R_{si})B_g\right]}{B_t - B_{ti}} = N + M \frac{B_{ti}}{B_{gi}}\left(\frac{B_g - B_{gi}}{B_t - B_{ti}}\right) \tag{4-1-24}$$

或

$$Y = N + MX \tag{4-1-25}$$
$$M = mN \tag{4-1-26}$$

首先根据已知数据计算两相体积系数,然后计算式(4-1-25)中对应的 $X$ 和 $Y$ 值,计算结果列于表 4-1-2 中。

表 4-1-2 计算结果

| $p/MPa$ | $N_p/(10^4 m^3)$ | $B_t$ | $X$ | $Y/(10^4 m^3)$ |
|---|---|---|---|---|
| 23.41 | 0.00 | 1.251 | — | |
| 22.15 | 53.72 | 1.265 | 4.501 | 6 562.4 |
| 21.09 | 100.50 | 1.280 | 4.404 | 6 523.6 |
| 20.04 | 176.72 | 1.298 | 4.286 | 6 483.5 |
| 18.98 | 234.52 | 1.319 | 4.156 | 6 435.1 |
| 17.93 | 278.35 | 1.344 | 4.023 | 6 380.1 |
| 16.87 | 311.59 | 1.372 | 3.889 | 6 329.3 |

将表 4-1-2 中的 $X$ 和 $Y$ 值绘制在图 4-1-2 中。

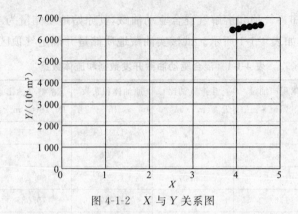

图 4-1-2　$X$ 与 $Y$ 关系图

求得图 4-1-2 中直线的截距，即地质储量为：

$$N = 4\ 853.7 \times 10^4 \ (\text{m}^3)$$

直线的斜率为：

$$M = 379.73$$

气顶区内气体地质储量为：

$$G = \frac{mNB_{oi}}{B_{gi}} = \frac{379.73 \times 1.251}{0.004\ 89} \times 10\ 000 = 9.715 \times 10^8 \ (\text{m}^3)$$

## 二、水侵量预测

对于具有边底水的油藏，在应用物质平衡方法计算油藏储量和进行动态分析时，需要了解开发过程中水侵量的变化情况。水侵量的变化情况与边底水的供给能力有关，通常具有边水露头的油藏的边水供给比较充分；有些油藏的天然供水区虽不是敞开式的，但供水区较大，油藏能量也能够得到一定程度的补充；对于断块型和受岩性圈闭的油藏，外部水域往往很小，能量供给较弱，或油藏的油水界面处存在稠油段，阻挡了外部水域的供给作用，此时水域对开发动态的影响可以忽略。油藏天然水侵的强弱主要取决于天然水域的大小、几何形状、地层岩石物性和流体物性、天然水域与油藏的地层压差等因素。

当天然水域比较小时，油藏开采所引起的地层压力下降，可以很快波及整个天然水域的范围，累积水侵量可视为与时间无关，并用下式求得：

$$W_e = V_{pw}(c_w + c_p)\Delta p \tag{4-1-27}$$

式中　$V_{pw}$——天然水域的地层孔隙体积，$\text{m}^3$。

对于天然水域比较大的油藏，油藏开采的地层压降不可能很快波及整个天然水域，在某些情况下，甚至在整个开采阶段中仍有一部分天然水域保持原始地层压力，含油部分的地层压力向含水区传播时存在明显的时间滞后，因此天然水侵量的大小除与地层压降有关外，还应与开发时间有关。

### 1. 定态水侵

当油藏有充分的边水连续补给或者因采油速度不高而使油层压降能够相对稳定时，水侵速度与采出速度相等。薛尔绍斯(Schilthuis)提出了计算侵入油藏中地层水的近似方法：

$$W_e = K_2 \int_0^t (p_i - p) \mathrm{d}t \tag{4-1-28}$$

$$q_e = \frac{\mathrm{d}W_e}{\mathrm{d}t} = K_2(p_i - p) \tag{4-1-29}$$

式中　$K_2$——水侵系数，$\mathrm{m^3/(d \cdot MPa)}$；

　　　$p_i$——原始地层压力，MPa；

　　　$p$——$t$ 时刻油水边界的压力，一般用油藏平均地层压力来代替，MPa；

　　　$q_e$——水侵速度，$\mathrm{m^3/d}$。

由以上两式可以看出，在一个特定的时间内，给定一个压力降，所得到的水侵量总是一定的，水侵速度与压降成正比。

天然水驱油藏的实际开采动态表明，当含水区较大时，油层产生的压力降不断向外传播，流动阻力增大，边底水的侵入速度减小，因此水侵系数不是常数，而是随时间变化的。1943 年，赫斯特(Hurst)提出了其修正定态方程：

$$W_e = C_h \int_0^t \frac{p_i - p}{\lg at} \mathrm{d}t \tag{4-1-30}$$

$$q_e = \frac{\mathrm{d}W_e}{\mathrm{d}t} = \frac{C_h(p_i - p)}{\lg at} \tag{4-1-31}$$

式中　$C_h$——Hurst 水侵常数，$\mathrm{m^3/(MPa \cdot d)}$；

　　　$a$——与时间单位有关的换算常数。

式(4-1-30)的积分号内引入了一个时间的对数函数 $\lg at$，表明在压降区不断扩大的情况下，油藏水侵不稳定且水侵量逐渐减小，水侵系数也在变小。

### 2. 非定态水侵

当具有较大或广阔天然水域时，可将油藏部分简化为一口"扩大井"，由于开采所造成的地层压力降不断向天然水域传递，并引起天然水域内地层水和岩石的有效弹性膨胀，如图 4-1-3 所示。

当地层压力传递尚未波及天然水域的外边界时，属于非稳定渗流过程。平面径向流系统的天然累积水侵量的表达式为：

$$W_e = B_R \sum_0^t \Delta p_e Q(t_D, r_D) \tag{4-1-32}$$

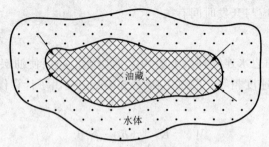

图 4-1-3 天然水侵示意图

$$B_{R} = 2\pi r_{o}^{2} h \phi c_{t} \tag{4-1-33}$$

$$t_{D} = 8.64 \times 10^{-2} \frac{K_{w} t}{\phi \mu_{w} c_{t} r_{o}^{2}} \tag{4-1-34}$$

$$r_{D} = r_{e} / r_{o} \tag{4-1-35}$$

式中   $B_R$——水侵系数，$m^3/MPa$；

$\Delta p_e$——油藏边界上的有效地层压降，MPa；

$Q(t_D, r_D)$——无因次水侵量，由无因次时间 $t_D$ 和无因次半径 $r_D$ 确定；

$t_D, t_D$——无因次时间和无因次半径；

$r_o$——油藏等价半径，m；

$h$——天然水域的有效厚度，m；

$\phi$——天然水域的有效孔隙度，小数；

$c_t$——天然水域内地层水和岩石的有效孔隙压缩系数，$MPa^{-1}$；

$K_w$——天然水域的有效渗透率，$10^{-3} \mu m^2$；

$r_e$——天然水域的外缘半径，m；

$t$——开发时间，d；

$\mu_w$——天然水域内地层水的黏度，$mPa \cdot s$。

1）不同开发阶段的有效地层压降的确定方法

不同开发阶段有效地层压降求解如图 4-1-4 所示。

$$\Delta p_{e0} = p_i - \overline{p}_1 = p_i - \frac{(p_i + p_1)}{2} = \frac{p_i - p_1}{2}$$

$$\Delta p_{e1} = \overline{p}_1 - \overline{p}_2 = \frac{p_i + p_1}{2} - \frac{(p_1 + p_2)}{2} = \frac{p_i - p_2}{2}$$

$$\Delta p_{e2} = \overline{p}_2 - \overline{p}_3 = \frac{p_1 + p_2}{2} - \frac{(p_2 + p_3)}{2} = \frac{p_1 - p_3}{2}$$

$$\vdots$$

$$\Delta p_{en} = \overline{p}_n - \overline{p}_{n+1} = \frac{p_{n-1} + p_n}{2} - \frac{(p_n + p_{n+1})}{2} = \frac{p_{n-1} - p_{n+1}}{2}$$

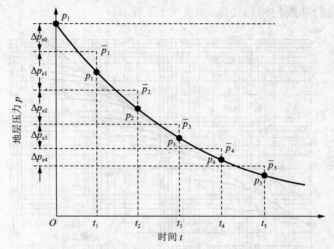

图 4-1-4 不同开发阶段有效地层压降求解示意图

对于一个实际的油藏,如果周围的天然水域不是一个整圆形,而是圆形的一部分,如图 4-1-5 所示,则可用面积等值方法进行折合,水侵系数可修正为:

$$B_R = 2\pi r_o^2 h \phi c_t \varphi \tag{4-1-36}$$

$$\varphi = \frac{\theta}{360}$$

式中  $\theta$——水侵的圆周角,(°)。

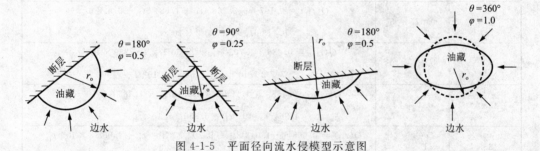

图 4-1-5 平面径向流水侵模型示意图

2)无因次水侵量

当 $r_e/r_o \leqslant 10$ 时,为有限供水区,否则为无限供水区。无限大天然水域和不同无因次半径下有限封闭天然水域的无因次水侵量与无因次时间的关系如图 4-1-6 所示。平面径向流系统有限天然水域的无因次水侵量与无因次时间的关系可以采用相关关系式表示。

(1)有限封闭天然水域系统。

为了方便计算机编程,研究人员将有限封闭天然水域中无因次水侵量随无因次时

</></>

间变化的数据进行非线性回归处理,如表 4-1-3 所示。

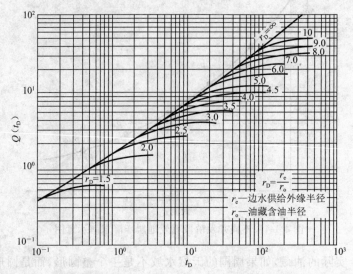

图 4-1-6　平面径向流系统无限大天然水域和有限封闭水域中天然水侵量随时间的变化关系

表 4-1-3　有限封闭天然水域无因次水侵量与无因次时间的关系

| 无因次<br>半径 $r_D$ | 无因次<br>时间 $t_D$ 范围 | 相关经验公式 |
|---|---|---|
| 1.5 | 0.05~0.8 | $Q(t_D) = 0.131\ 9 + 3.449\ 1t_D - 9.548\ 8t_D^2 + 11.881\ 3t_D^3 - 5.474\ 1t_D^4$ |
| 2.0 | 0.075~5 | $Q(t_D) = 0.197\ 6 + 2.268\ 4t_D - 1.684\ 5t_D^2 + 0.628\ 0t_D^3 -$<br>$0.113\ 4t_D^4 + 7.823\ 2 \times 10^{-3}t_D^5$ |
| 2.5 | 0.15~10 | $Q(t_D) = 0.286 + 1.703\ 4t_D - 0.550\ 1t_D^2 + 9.259 \times 10^{-2}t_D^3 -$<br>$7.767\ 2 \times 10^{-3}t_D^4 + 2.540\ 1 \times 10^{-4}t_D^5$ |
| 3.0 | 0.4~24 | $Q(t_D) = 0.455\ 2 + 1.258\ 8t_D - 0.187t_D^2 + 1.383\ 6 \times 10^{-2}t_D^3 -$<br>$4.964\ 9 \times 10^{-4}t_D^4 + 6.850\ 2 \times 10^{-6}t_D^5$ |
| 3.5 | 1~40 | $Q(t_D) = 0.668\ 6 + 1.043\ 8t_D - 9.207\ 7 \times 10^{-2}t_D^2 + 4.063\ 3 \times 10^{-3}t_D^3 -$<br>$8.728\ 6 \times 10^{-5}t_D^4 + 7.221\ 1 \times 10^{-7}t_D^5$ |
| 4.0 | 2~50 | $Q(t_D) = 0.780\ 1 + 0.956\ 9t_D - 5.896\ 5 \times 10^{-2}t_D^2 + 1.878\ 4 \times 10^{-3}t_D^3 -$<br>$2.993\ 7 \times 10^{-5}t_D^4 + 1.875\ 5 \times 10^{-7}t_D^5$ |
| 4.5 | 4~100 | $Q(t_D) = 1.732\ 8 + 0.630\ 1t_D - 1.793\ 1 \times 10^{-2}t_D^2 + 2.112\ 7 \times 10^{-4}t_D^3 -$<br>$8.728\ 4 \times 10^{-7}t_D^4$ |
| 5.0 | 3~120 | $Q(t_D) = 1.240\ 5 + 0.758t_D - 2.214\ 74 \times 10^{-2}t_D^2 + 3.217\ 2 \times 10^{-4}t_D^3 -$<br>$2.272\ 7 \times 10^{-6}t_D^4 + 6.192 \times 10^{-9}t_D^5$ |

续表

| 无因次<br>半径 $r_D$ | 无因次<br>时间 $t_D$ 范围 | 相关经验公式 |
| --- | --- | --- |
| 6.0 | 7.5 ~ 220 | $Q(t_D) = 2.655\,2 + 0.530\,6t_D - 6.739\,9 \times 10^{-3}t_D^2 + 3.567\,3 \times 10^{-5}t_D^3 -$<br>$6.656\,4 \times 10^{-8}t_D^4$ |
| 8 | 9 ~ 500 | $Q(t_D) = 2.426\,8 + 0.562t_D - 4.438 \times 10^{-3}t_D^2 + 1.708\,4 \times 10^{-5}t_D^3 -$<br>$3.139\,5 \times 10^{-8}t_D^4 + 2.19 \times 10^{-11}t_D^5$ |
| 10 | 15 ~ 480 | $Q(t_D) = \exp[0.510\,5 + 0.365\,2\ln t_D + 1.684\,(\ln t_D)^2 -$<br>$2.254 \times 10^{-2}\,(\ln t_D)^3]$ |

（2）无限大天然水域系统。

当 $0 < t_D \leqslant 0.01$ 时，无因次水侵量与无因次时间的关系为：

$$Q(t_D) = 2\sqrt{\frac{t_D}{\pi}}$$

当 $0.01 < t_D \leqslant 200$ 时，无因次水侵量与无因次时间的关系为：

$$Q(t_D) = \frac{1.128\,3\sqrt{t_D} + 1.193\,3t_D + 0.269\,9t_D\sqrt{t_D} + 0.008\,553t_D^2}{1 + 0.616\,6\sqrt{t_D} + 0.041\,3t_D}$$

当 $t_D > 200$ 时，无因次水侵量与无因次时间的关系为：

$$Q(t_D) = \frac{2.025\,66t_D - 4.298\,8}{\ln t_D}$$

## 三、水驱油藏动态预测

对于具有边水的油藏，总压降与亏空体积
的关系如图 4-1-7 所示，随着液体采出，边底水
侵入油藏，总压降随地下亏空体积增加而变缓。

### 1. 计算弹性产率

在开发初期，边底水的侵入速度很小，可以
忽略，因此，经过简化得到弹性驱动油藏的物质
平衡方程为：

$$N_p B_o + (W_p - W_i)B_w = c_t B_{oi} N \Delta p = K_1 \Delta p$$
$$(4-1-37)$$

式中 $K_1$——弹性产率。

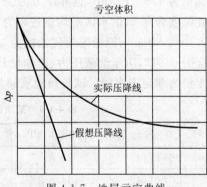

图 4-1-7 地层亏空曲线

上式表明，地下亏空体积与总压降成直线关系，此直线应为图中曲线经过原点的
切线，切线的斜率为扣除边底水影响后的弹性产率。

**2. 计算累积水侵量**

当边底水侵入油藏后,开采能量得到补充,总压降随地下亏空体积的增加逐渐减小,由弹性水驱的物质平衡方程得到累积水侵量的计算公式:

$$W_e = N_p B_o + (W_p - W_i) B_w - c_t B_o N \Delta p = N_p B_o + (W_p - W_i) B_w - K_1 \Delta p \quad (4-1-38)$$

**3. 计算水侵系数和地质储量**

由于水侵系数的大小表明了边底水的活跃程度,因此在研究边底水活动规律时,求出水侵系数十分重要。

对于弹性水压驱动油藏,当水侵为定态时,物质平衡方程可以写成如下直线形式:

$$\frac{N_p B_o + (W_p - W_i) B_w}{B_{oi} c_t \Delta p} = N + M \frac{\sum \overline{\Delta p} \Delta t}{B_{oi} c_t \Delta p} \quad (4-1-39)$$

式中 $\overline{\Delta p}$——压降,MPa。

对于混合驱动油藏,当水侵为非定态时,物质平衡方程可以写成如下直线形式:

$$\frac{N_p [B_t + (R_p - R_s) B_g] - (W_i - W_p) B_w}{B_t - B_{ti} + m B_{ti} \dfrac{B_g - B_{gi}}{B_{gi}}} = N + M \frac{\sum \Delta p_D Q(t_D, r_D)}{B_t - B_{ti} + m B_{ti} \dfrac{B_g - B_{gi}}{B_{gi}}}$$

$$(4-1-40)$$

式中,直线的斜率 $M$ 为水侵系数,直线的截距 $N$ 为地质储量。对于具有有限天然水域的油藏,油藏的 $r_o$ 是已知的,而 $r_e$ 是未知的,因此可以给定不同的 $r_e$,通过试算得到不同 $r_D$ 时满足式(4-1-40)直线关系的值,之后根据不同阶段的 $t_D$ 查图或附表求得不同阶段的 $Q(t_D, r_D)$,从而确定出具体的满足式(4-1-40)的直线关系。

**例题 4-2** 已知某油田于 1955 年初正式投入开发,含油面积为 $586 \times 10^4$ m²,地质储量为 $4.5 \times 10^6$ m³,饱和压力为 79.5 MPa,地下水黏度为 0.68 mPa·s,供水区平均孔隙度为 0.2,供水区平均渗透率为 $100 \times 10^{-3}$ μm²,供水区有效孔隙压缩系数为 $2.1 \times 10^{-3}$ MPa$^{-1}$,原始溶解气油比为 34.2 m³/m³,原油体积系数为 1.101 3,原油相对密度为 0.917,历年油藏压力、产油量和产水量如表 4-1-4 所示。根据实际压降资料判断水侵为非定态水侵。试校核地质储量,并计算水侵系数。

**表 4-1-4 某油田历年油藏压力、产油量、产水量**

| 时　间 | 地层压力 $p$/MPa | 累积产油量 $N_p$/t | 累积产水 $W_p$/m³ | 地层压降 $\Delta p$/MPa |
|---|---|---|---|---|
| 1956-01-01 | 15.9 | — | — | — |
| 1957-01-01 | 14.8 | 23 900 | 795 | 1.1 |
| 1958-01-01 | 12.1 | 104 000 | 7 160 | 3.8 |
| 1959-01-01 | 10.7 | 186 000 | 13 200 | 5.2 |
| 1960-01-01 | 9.85 | 239 000 | 20 650 | 6.05 |

解 含油区等价平均半径为：

$$r_o = \sqrt{\frac{586 \times 10^4}{\pi}} = 1\,366 \text{（m）}$$

无因次时间为：

$$t_D = 8.64 \times 10^{-2} \frac{K_w t}{\phi \mu_w c_t r_o^2} = 8.64 \times 10^{-2} \frac{100t}{0.2 \times 0.68 \times 2.1 \times 10^{-3} \times 1\,366^2} = 0.016\,2t$$

以半年作为一个时间段，并选择不同无因次半径进行如表 4-1-5 所示的计算，寻找满足物质平衡方程直线关系的无因次半径。

表 4-1-5　寻找无因次半径

| $t/d$ | $t_D$ | $\Delta p_e/\text{MPa}$ | $Q(t_D, r_D)$ $r_D = 4$ | ... |
|---|---|---|---|---|
| 0.0 | 0.00 | — | — | |
| 182.5 | 3.03 | 0.200 | 3.18 | |
| 365.0 | 6.06 | 0.550 | 4.80 | |
| 547.5 | 9.10 | 1.075 | 5.80 | |
| 730.0 | 12.14 | 1.340 | 6.45 | |
| 912.5 | 15.0 | 1.065 | 6.83 | |
| 1 095.0 | 18.2 | 0.710 | 7.08 | |
| 1 277.5 | 21.2 | 0.460 | 7.20 | |
| 1 460.0 | 24.2 | 0.425 | 7.34 | |

以无因次半径 $r_D = 4$ 为例进行计算，$\sum\limits_0^t \Delta p_e Q(t_D, r_D)$ 运算过程如表 4-1-6 所示。

表 4-1-6　$\sum\limits_0^t \Delta p_e Q(t_D, r_D)$ 运算过程

| $t/d$ | 运算过程 | $\sum$ |
|---|---|---|
| 182.5 | $0.2 \times 3.18$ | |
| 365.0 | $0.2 \times 4.8 + 0.55 \times 3.18$ | 2.709 |
| 547.5 | $0.2 \times 5.8 + 0.55 \times 4.8 + 1.075 \times 3.18$ | |
| 730.0 | $0.2 \times 6.45 + 0.55 \times 5.8 + 1.075 \times 4.8 + 1.34 \times 3.18$ | 13.90 |
| 912.5 | $0.2 \times 6.83 + 0.55 \times 6.54 + 1.075 \times 5.8 + 1.34 \times 4.8 + 1.065 \times 3.18$ | |
| 1 095.0 | $0.2 \times 7.08 + 0.55 \times 6.83 + 1.075 \times 6.54 + 1.34 \times 5.8 + 1.065 \times 4.8 + 0.71 \times 3.18$ | 27.27 |

| $t/d$ | 运算过程 | $\Sigma$ |
|---|---|---|
| 1 277.5 | $0.2\times7.2+0.55\times7.08+1.075\times6.83+1.34\times6.54+1.065\times5.8+0.71\times4.8+$ <br> $0.46\times3.18$ | |
| 1 460.0 | $0.2\times7.34+0.55\times7.2+1.075\times7.08+1.34\times6.83+1.065\times6.54+0.71\times5.8+$ <br> $0.46\times4.8+0.425\times3.18$ | 36.74 |

经过试算,供水区半径与油区半径之比为 4 时,如下式所示的 $X$ 与 $Y$ 值成直线关系,计算结果列于表 4-1-7 中。

$$ X = \frac{\sum_0^t \Delta p_c Q(t_D, r_D)}{B_{oi} c_t \Delta p}, \quad Y = \frac{N_p \dfrac{B_o}{\gamma_o} + W_p}{B_{oi} c_t \Delta p} $$

表 4-1-7  计算结果

| $N_p/t$ | $N_p \dfrac{B_o}{\gamma_o}/m^3$ | $W_p/m^3$ | $\Delta p/MPa$ | $X/MPa$ | $Y/(10^4\ m^3)$ |
|---|---|---|---|---|---|
| 23 900 | 28 705 | 795 | 1.1 | 1 120 | 1 220 |
| 104 000 | 125 000 | 7 160 | 3.8 | 1 662 | 1 580 |
| 186 000 | 222 800 | 13 200 | 5.2 | 2 390 | 2 070 |
| 239 000 | 287 000 | 20 650 | 6.05 | 2 760 | 2 310 |

绘制 $X$ 与 $Y$ 的关系曲线,如图 4-1-8 所示。求得直线的截距为 $500\times10^4\ m^3$(或 $420\times10^4$ t),这一数值与提供的地质储量比较接近;求得直线的斜率为 6 661.7 $m^3/MPa$,即为水侵系数。

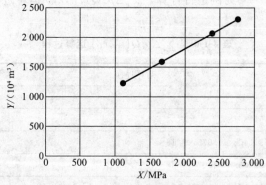

图 4-1-8  $Y$ 随 $X$ 的变化关系图

在物质平衡方程中,所有高压物性数据和油田水侵量都是压力的函数,但油藏平均压力很难精确确定,特别是对于非均质油藏和多油层油藏。在油藏压力变化幅度较小时,使用物质平衡法将会产生较大的误差,因此必须在油藏采出 5% 的可采储量时,应用物质平衡法才能得到较好的结果。另外,在注水保持压力的情况下,压力变化较小,所以物质平衡法很难提供有意义的预测结果。

由于物质平衡法中不包括流动方程,而且是在储罐模型下导出的,因此它基本上只适用于固定的已知边界条件,如自油水界面圈定的油藏,而在油藏内部较小的井组单元或开发区域,其适应性比较差。

# 第二节　产量递减规律分析方法

油气田开发的实际经验表明,任何驱动类型和开发方式的油气田,其开发的全过程都可划分为产量上升阶段、产量稳定阶段和产量递减阶段。

## 一、油田产量变化特征

根据中国已处于开发后期、产量递减阶段的 46 个水驱砂岩油藏的资料,绘制出可采储量采出程度与无因次可采储量采油速度(即各年的可采储量开采速度与最高年开采速度的比值)的关系图,如图 4-2-1 所示。从图中可以明显看出,所有油藏都具有产量上升、稳产、递减和低速开采四个开发阶段,无一例外。

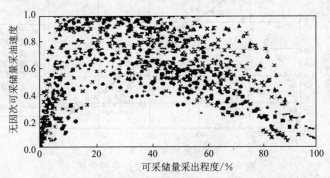

图 4-2-1　中国 46 个水驱砂岩油藏产量变化特征图

### 1. 产量上升阶段

产量上升阶段是油田开发建设规模逐渐扩大的过程,投产井数迅速增加,达到最高井数的 80%,注采系统处于逐步完善阶段,由于注水系统投注相对滞后,采油区地层压力下降到原始地层压力的 70%。产量上升过程持续的时间取决于油藏规模、地质特征和对产量的需求程度,该阶段期限约为 4～5 年,较大规模的油藏建设投产时间和产量上升过程持续时间相对较长。可以将采油速度转折点作为该阶段的结束,采出程度为 10% 左右。

**2. 稳产阶段**

稳产阶段是油藏开发的重要阶段。在此阶段,井数变化不大,注采系统相对完善,生产条件基本稳定,采油速度基本恒定。稳产在很大程度上受人为因素控制。一个油田可能由多个油藏组成,储集层发育的几何形态和内部结构不同,可能投产的时间不同,不同油藏、不同油井产量接替使得稳产持续时间不同。中国的Ⅰ类油藏稳产时间达到 10 年左右,而Ⅱ类油藏稳产时间为 1～3 年,如图 4-2-2 和图 4-2-3 所示。该阶段结束时,采出程度约为 30%～50%。

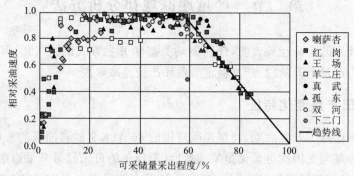

图 4-2-2　中国Ⅰ类油藏开采模式图

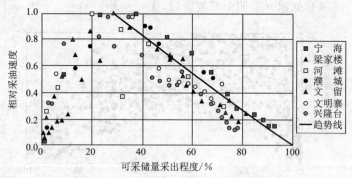

图 4-2-3　中国Ⅱ类油藏开采模式图

**3. 递减阶段**

在递减阶段,油田综合含水不断上升,产油量下降,采油速度下降,含水升高,致使油井停喷而转为机械采油方式。递减阶段与开采者的综合调整和治理措施有关,延续期为 5～10 年或更长,阶段末采出程度达 50%～60%。

**4. 低速开采阶段**

产油速度缓慢下降,油田综合含水很高,因此该阶段产液速度很高,部分油井由于强水淹而关闭,生产井数下降到总井数的 40%～70%,甚至更低。低速开采阶段持续

15～20 年,取决于油井的产量极限。

油气田何时进入递减阶段主要取决于油气藏的储集类型、驱动类型、稳产阶段的采出程度以及开发调整和强化开采工艺技术的效果等。根据统计资料,对于水驱开发的油田来说,大约采出油田可采储量的 60% 时,可能进入产量递减阶段。当油田进入递减阶段后,需要分析产量的变化规律,并利用这些规律对未来产量进行预测。

## 二、产量递减理论与规律

### 1. 产量递减理论

油田产量递减的影响因素有很多,包括油藏的储集类型、驱动类型等。由于不同油田的驱动类型不同,同一个油田不同阶段开发调整和强化开采工艺技术措施不同,故产量递减特征也可能不同。从生产的角度来看,油田产量的变化与油相渗流能力和油藏能量条件有关,即油田产量降低可能是因为油相渗流能力降低,如溶解气驱和水驱油藏,也可能是因为能量不足,如封闭型油藏。

1) 溶解气驱或水驱产量递减理论

根据渗流力学理论,一口油井的拟稳态产量 $q$ 的表达式为:

$$q = \frac{2\pi K K_{ro}(S_o) h}{\mu_o B_o \left(\ln \frac{r_e}{r_w} - \frac{3}{4} + S\right)} (\overline{p} - p_w) \tag{4-2-1}$$

令 $\alpha = \dfrac{2\pi K h}{\mu_o B_o \left(\ln \dfrac{r_e}{r_w} - \dfrac{3}{4} + S\right)} (\overline{p} - p_w)$,则:

$$q = \alpha K_{ro}(S_o) \tag{4-2-2}$$

处于拟稳态生产阶段时,无论是溶解气驱还是水驱状态,根据物质守恒原理,有:

$$-\frac{dS_o}{dt} = \frac{q B_o}{V_t \phi} \tag{4-2-3}$$

式中   $V_t$——岩石体积,m³。

将式(4-2-2)代入式(4-2-3),并分离变量积分得:

$$-\int_{S_{oi}}^{S_o} \frac{dS_o}{K_{ro}(S_o)} = \int_0^t \frac{\alpha B_o}{V_t \phi} dt \tag{4-2-4}$$

(1)指数递减方程。

假设油相相对渗透率随含油饱和度呈直线形式,即

$$K_{ro}(S_o) = a + b S_o \tag{4-2-5}$$

将上式代入式(4-2-4)并积分得:

$$\ln(a + b S_o) = -\frac{\alpha b B_o}{V_t \phi} t + \ln(a + b S_{oi}) \tag{4-2-6}$$

将上式代入式(4-2-2)得：

$$q = \alpha(a + bS_{oi}) e^{-\frac{\alpha b B_o}{V_t \phi} t} \tag{4-2-7}$$

令 $q_i = \alpha(a + bS_{oi})$，$D_i = \frac{\alpha b B_o}{V_t \phi}$，则：

$$q = q_i e^{-D_i t} \tag{4-2-8}$$

(2) 双曲递减方程。

假设油相相对渗透率随含油饱和度呈幂函数形式，即

$$K_{ro}(S_o) = a(1 + S_o)^b \tag{4-2-9}$$

将上式代入式(4-2-4)积分得：

$$(1 + S_o)^{1-b} = a(b-1)\frac{\alpha B_o}{V_t \phi} t + (1 + S_{oi})^{1-b} \tag{4-2-10}$$

将上式代入式(4-2-9)，再代入式(4-2-2)得：

$$q = \alpha a(1 + S_o)^b = \alpha a \left[ a(b-1)\frac{\alpha B_o}{V_t \phi} t + (1 + S_{oi})^{1-b} \right]^{\frac{b}{1-b}}$$

$$= \alpha a(1 + S_{oi})^b \left[ 1 + \frac{a(b-1)\frac{\alpha B_o}{V_t \phi} t}{(1 + S_{oi})^{1-b}} \right]^{\frac{b}{1-b}} \tag{4-2-11}$$

令 $q_i = \alpha a(1 + S_{oi})^b$，$E = \dfrac{a(b-1)\dfrac{\alpha B_o}{V_t \phi}}{(1 + S_{oi})^{1-b}}$，$\beta = \dfrac{b}{1-b}$，则有：

$$q = q_i(1 + Et)^\beta \tag{4-2-12}$$

令 $n = -\dfrac{1}{\beta}$，$D_i = \dfrac{E}{n}$，则有：

$$q = \frac{q_i}{(1 + nD_i t)^{\frac{1}{n}}} \tag{4-2-13}$$

(3) 调和递减方程。

假设油相相对渗透率随含油饱和度呈指数函数形式，即

$$K_{ro}(S_o) = a\,e^{bS_o} \tag{4-2-14}$$

将上式代入式(4-2-4)并积分得：

$$-\int_{S_{oi}}^{S_o} \frac{dS_o}{K_{ro}(S_o)} = \int_0^t \frac{\alpha B_o}{V_t \phi} dt \tag{4-2-15}$$

$$e^{-bS_o} = ab\frac{\alpha B_o}{V_t \phi} t + e^{-bS_{oi}} \tag{4-2-16}$$

将上式代入式(4-2-14)，再代入式(4-2-2)得：

$$q = \alpha a\,e^{bS_o} = \frac{\alpha a}{ab\dfrac{\alpha B_o}{V_t \phi}t + e^{-bS_{oi}}} = \frac{\alpha a\,e^{bS_{oi}}}{ab\dfrac{\alpha B_o\,e^{bS_{oi}}}{V_t \phi}t + 1} \tag{4-2-17}$$

令 $q_i = \alpha a\,e^{bS_{oi}}$，$D_i = ab\dfrac{\alpha B_o\,e^{bS_{oi}}}{V_t \phi}$，则有：

$$q = \frac{q_i}{1 + D_i t} \tag{4-2-18}$$

2）封闭弹性油井产量递减理论

封闭弹性驱动油藏物质守恒方程为：

$$N_p B_o = c_t N B_{oi}(p_i - \overline{p}) \tag{4-2-19}$$

式（4-2-19）两端对时间微分，则：

$$q = -\frac{c_t N B_{oi}}{B_o}\frac{d\overline{p}}{dt} \tag{4-2-20}$$

根据油井拟稳态产量公式，则有：

$$q = \frac{2\pi K K_{ro}(S_o)h}{\mu_o B_o\left(\ln\dfrac{r_e}{r_w} - \dfrac{3}{4} + S\right)}(\overline{p} - p_w) = J(\overline{p} - p_w) \tag{4-2-21}$$

式中　$J$——产液指数。

式（4-2-21）两端对时间微分，有：

$$\frac{dq}{dt} = J\frac{d\overline{p}}{dt} \tag{4-2-22}$$

由式（4-2-20）和式（4-2-22）得：

$$q = -\frac{c_t N B_{oi}}{J B_o}\frac{dq}{dt} \tag{4-2-23}$$

上式分离变量积分得：

$$\int_{q_i}^{q_t}\frac{dq}{q} = -\int_0^t \frac{J B_o}{c_t N B_{oi}}dt \tag{4-2-24}$$

$$q = q_i e^{\frac{J B_o}{c_t N B_{oi}}t} = q_i e^{-D_i t} \tag{4-2-25}$$

令 $D_i = -\dfrac{J B_o}{C_t N B_{oi}}$，则有：

$$q = q_i e^{-D_i t} \tag{4-2-26}$$

## 2. 产量递减规律

油田经过稳产期后，产量将以某种规律递减，产量的递减速度通常用递减率表示。所谓递减率，是指单位时间的产量变化率，或单位时间内产量递减的百分数。描述产量递减率的微分方程为：

$$D = -\frac{1}{q}\frac{\mathrm{d}q}{\mathrm{d}t} = kq^n \tag{4-2-27}$$

$$D_i = kq_i^n \tag{4-2-28}$$

式中　$D$——瞬时递减率,$\mathrm{d}^{-1}$ 或月$^{-1}$;

　　　$D_i$——初始递减率,$\mathrm{d}^{-1}$ 或月$^{-1}$;

　　　$t$——开发时间,d 或月;

　　　$k$——比例系数;

　　　$q_i,q$——递减初期和对应时间 $t$ 的产量,$\mathrm{m}^3/\mathrm{d}$ 或 $\mathrm{m}^3/$月;

　　　$n$——递减指数,$0 \leqslant n \leqslant 1$。

当 $0 < n < 1$ 时,为双曲递减;当 $n = 0$ 时,为指数递减;当 $n = 1$ 时,为调和递减。

1) 双曲递减

(1) 产量随时间的变化关系。

当 $0 < n < 1$ 时,对式(4-2-27)进行积分:

$$-\int_{q_i}^{q} q^{-(n+1)}\mathrm{d}q = k\int_0^t \mathrm{d}t \tag{4-2-29}$$

得:

$$\frac{1}{n}\left[\left(\frac{q_i}{q}\right)^n - 1\right] = kq_i^n t = D_i t \tag{4-2-30}$$

或

$$q = q_i(1 + nD_i t)^{-\frac{1}{n}} \tag{4-2-31}$$

(2) 累积产量随时间的变化关系。

将式(4-2-31)对时间进行积分得:

$$N_p = \frac{q_i}{(n-1)D_i}\left[(1 + nD_i t)^{\frac{n-1}{n}} - 1\right] \tag{4-2-32}$$

(3) 累积产量与产量之间的关系。

$$N_p = \frac{q_i^n}{(1-n)D_i}(q_i^{1-n} - q_t^{1-n}) \tag{4-2-33}$$

(4) 递减率变化关系。

$$D = \frac{D_i}{1 + nD_i t} \tag{4-2-34}$$

2) 调和递减

(1) 产量随时间的变化关系。

当 $n = 1$ 时,对式(4-2-31)进行简化,得到产量与时间的变化关系为:

$$q = \frac{q_i}{1 + D_i t} \tag{4-2-35}$$

（2）累积产量随时间的变化关系。

将式（4-2-35）对时间进行积分得：

$$N_p = \frac{q_i}{D_i} \ln(1 + D_i t) \tag{4-2-36}$$

（3）累积产量与产量之间的关系。

$$N_p = \frac{q_i}{D_i} \ln \frac{q_i}{q} \tag{4-2-37}$$

（4）递减率变化关系。

$$D = \frac{D_i}{1 + D_i t} \tag{4-2-38}$$

3）指数递减

（1）产量随时间的变化关系。

对式（4-2-31）取 $n \rightarrow 0$ 的极限，得到产量与时间的变化关系：

$$q = q_i e^{-D_i t} \tag{4-2-39}$$

（2）累积产量随时间的变化关系。

将式（4-2-39）对时间进行积分得：

$$N_p = \frac{q_i}{D_i}(1 - e^{-D_i t}) \tag{4-2-40}$$

（3）累积产量与产量之间的关系。

$$N_p = \frac{1}{D_i}(q_i - q) \tag{4-2-41}$$

（4）递减率变化关系。

$$D = 常数 \tag{4-2-42}$$

4）衰变规律

当油田产量与时间的变化关系可以用下式描述时，即

$$q = \frac{B}{t^2}$$

式中　$t$——递减期内的开发时间，月或年；

　　　$B$——常数，t·月或 t·年；

　　　$q$——年（或月）产量。

产量是随时间而递减的，但递减率是逐步变小的。这样的产量变化规律符合 $n = 0.5$ 时的双曲线递减规律，称之为产量衰减规律。目前这一规律在我国许多油田都有较广泛的应用，可以用来预测油田生产动态并确定一次、二次采油的可采储量。实践表明，多种不同驱动类型的油田，其产量变化都可以用衰减规律进行描述，因此具有一定的普遍意义。此方法简单易行，对于油田动态计算及预测很实用。

在油气藏开采过程中,如果其产量下降服从衰减规律,则累积产量与开发时间的关系(由开始衰减起算)可积分得出。

若油田在衰减期的可采储量为 $A$,则油田开发到 $t$ 时刻,地层中剩余可采储量应为:

$$N_p(t) = A - \int_t^\infty \frac{B}{t^2} dt = A - \frac{B}{t}$$

将累积产量变化曲线绘制在 $N_p$-$t$ 坐标系中,可得到一条由陡逐渐变平的曲线,即减速递增的单调曲线,其公式可变化为:

$$t N_p(t) = At - B$$

上式表明,若产量符合衰减规律,则以累积产量与时间的乘积为纵坐标(累积产量及时间均应以递减期的起始点为起算点),以时间 $t$ 为横坐标作图,这条曲线即为产量衰减曲线,它并不是一开始(递减初)即为直线关系,而是经过一段时间以后才近似为一条直线。这说明在递减之初的产量变化不完全合乎衰减规律,因此应该采用后期的直线段。如图 4-2-4 中曲线 1 的直线段斜率即为衰减期可采储量 $A$。

可以看出,衰减曲线法是一个比较简单而又实用的方法,能够比较迅速地确定出产量变化的基本参数,如产量随时间变化、累积产量随时间变化以及最终累积产量(剩余可采储量)等。

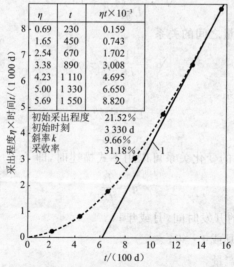

| $\eta$ | $t$ | $\eta t \times 10^{-3}$ |
|---|---|---|
| 0.69 | 230 | 0.159 |
| 1.65 | 450 | 0.743 |
| 2.54 | 670 | 1.702 |
| 3.38 | 890 | 3.008 |
| 4.23 | 1 110 | 4.695 |
| 5.00 | 1 330 | 6.650 |
| 5.69 | 1 550 | 8.820 |

| | |
|---|---|
| 初始采出程度 | 21.52% |
| 初始时刻 | 3 330 d |
| 斜率 $k$ | 9.66% |
| 采收率 | 31.18% |

图 4-2-4  某溶解气驱油藏产量衰减曲线

1—趋势线;2—实际线

## 三、递减类型识别

双曲递减是最有代表性的递减类型,指数递减和调和递减是两个特定的递减类型。从整体对比来看，指数递减类型的产量递减最快，其次是双曲递减类型，调和递减类型最慢。在递减阶段初期，三种递减类型比较接近，因而常用比较简单的指数递减类型研究实际问题；在递减阶段的中期，一般符合双曲递减类型；在递减阶段的后期，一般符合调和递减类型。应当指出，油气田或油气井的递减类型不是一成不变的，它会受到自然与人为因素的影响，引起递减类型转化。因此，应当根据递减阶段的实际资料，对递减类型做出可靠的判断，以便有效地预测未来产量。

根据油田实际资料建立递减曲线方程，并进行外推预测，确定方程中的递减指数和初始递减率。若产量递减属于指数递减规律，则递减指数 $n=0$，产量与时间在半对数坐标系中成直线关系。然而油田开发实践表明，多数油田或油井的产量以双曲规律递减，对于双曲递减，各变量之间并不存在简单的线性关系，需要根据已知的资料确定递减指数和递减率。

对于双曲递减规律，有：

$$\frac{N_\mathrm{p}}{q_\mathrm{i}t}=\frac{n}{1-n}\frac{1-\left(\frac{q_\mathrm{i}}{q}\right)^{n-1}}{\left(\frac{q_\mathrm{i}}{q}\right)^{n}-1} \tag{4-2-43}$$

对于指数递减规律，有：

$$\frac{N_\mathrm{p}}{q_\mathrm{i}t}=\frac{1-\left(\frac{q_\mathrm{i}}{q}\right)^{-1}}{\ln\frac{q_\mathrm{i}}{q}} \tag{4-2-44}$$

利用式(4-2-43)和式(4-2-44)确定递减指数和初始递减率的步骤如下：

(1) 根据油田产量递减历史，确定出初始产量 $q_\mathrm{i}$ 并计算出各开发时间的无因次量 $q_\mathrm{i}/q$ 和 $N_\mathrm{p}/q_\mathrm{i}t$。

(2) 将 $q_\mathrm{i}/q$ 和 $N_\mathrm{p}/q_\mathrm{i}t$ 代入式(4-2-44)中，若方程两端恒等，则油田或油井产量为指数递减规律，相应的初始递减率可由式(4-2-39)求得。

(3) 若式(4-2-44)两端不等，则产量按双曲规律递减，然后将 $q_\mathrm{i}/q$ 和 $N_\mathrm{p}/q_\mathrm{i}t$ 代入式(4-2-43)中，通过快速弦截法求得未知量 $n$，迭代公式如下：

$$n_{k+1}=n_k-\frac{F(n_k)}{F(n_k)-F(n_{k-1})}(n_k-n_{k-1}) \tag{4-2-45}$$

$$F(n)=\frac{N_\mathrm{p}}{q_\mathrm{i}t}-\frac{1-\left(\frac{q_\mathrm{i}}{q}\right)^{n_{k-1}}}{\left(\frac{q_\mathrm{i}}{q}\right)^{n_k}-1}\frac{n_k}{1-n_k} \tag{4-2-46}$$

(4) $n$ 确定后，由式(4-2-30)计算出初始递减率 $D_\mathrm{i}$。

**例题 4-3** 已知某油藏开发数据如表4-2-1所示,初始产量为 1 600 m³/d。试通过作图确定产量递减规律,并确定极限产量为 50 m³/d 时的开发年限和剩余可采储量。

表 4-2-1 某油藏开发数据

| $t/$年 | 0 | 1 | 2 | 4 | 6 | 8 | 10 |
|---|---|---|---|---|---|---|---|
| $q/(\text{m}^3 \cdot \text{d}^{-1})$ | — | 1 400 | 1 200 | 920 | 700 | 530 | 400 |

**解** 将表中的数据在单对数坐标系中作图,如 4-2-5 所示。

由图知该油藏的递减规律为指数递减,初始产量为 1 600 m³/d,递减关系为:

$$q(t) = 1\ 600\text{e}^{-0.138\ 6t}$$

式中 $t$ 为以年为单位的开发时间,当产量为 50 m³/d 时,求得相应开发时间为 25 年。由公式可以求得可采储量为:

$$N_{\text{p2}} = \frac{q_\text{i}}{D_\text{i}}(1 - \text{e}^{-D_\text{i}t}) = \frac{1\ 600 \times 360}{0.138\ 6} \times (1 - \text{e}^{-0.138\ 6 \times 25}) = 402.6 \times 10^4\ (\text{m}^3)$$

目前采出量为:

$$N_{\text{p1}} = \frac{q_\text{i}}{D_\text{i}}(1 - \text{e}^{-D_\text{i}t}) = \frac{1\ 600 \times 360}{0.138\ 6} \times (1 - \text{e}^{-0.138\ 6 \times 10}) = 311.7 \times 10^4\ (\text{m}^3)$$

剩余可采储量为:

$$\Delta N_\text{p} = N_{\text{p2}} - N_{\text{p1}} = (402.6 - 311.7) \times 10^4 = 90.9 \times 10^4\ (\text{m}^3)$$

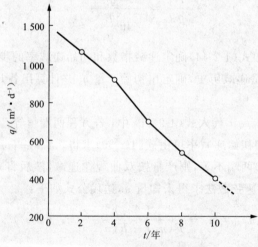

图 4-2-5 某油藏产量递减曲线

## 第三节　油田含水规律分析方法

对于水驱油田来说，无论是依靠人工注水还是依靠天然水驱采油，无水采油期结束以后将长期进行含水生产，且含水率将逐步上升并成为油田稳产的重要影响因素。一个水驱油藏的全部开采过程可以划分为低含水阶段、中含水阶段、高含水阶段和特高含水阶段。

### 一、油田含水变化特征

图 4-3-1 为国内外部分油田含水率随采出程度的变化。

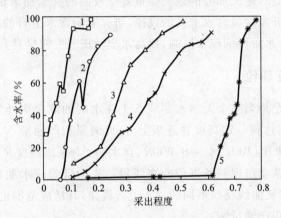

图 4-3-1　部分油田含水变化规律

1—北马卡特 I 层，$\mu_o=143$ mPa·s；2—孤岛渤 19 断块沙三层，$\mu_o=100$ mPa·s；

3—大庆 511 井组葡 $I_{1-7}$ 层，$\mu_o=9.5$ mPa·s；4—波克洛夫 $\sigma_3$ 层，$\mu_o=3$ mPa·s；

5—十月油田 ⅩⅥ 层，$\mu_o=0.7$ mPa·s。

### 1. 低含水阶段

油田综合含水为 $0\sim25\%$ 时，处于低含水阶段，通常情况下，初始油层中的水为束缚状态，但由于成藏过程中油水分离不彻底，在局部孔隙角隅处存在少许可动水，因此油田生产初期存在较低含水率，常规油藏初始含水率为 2％左右，低渗透油藏甚至达到 5％左右。低含水阶段一般不会因为产水而显著影响油井的产油能力。在低含水阶段，含水的规律性较差，影响因素包括井网、生产井投产接替、注水时机等。

### 2. 中含水阶段

中含水阶段油田综合含水为 $25\%\sim75\%$。无论何种常规水驱油藏，在中含水阶段，其含水率与采出程度的关系几乎保持相似的规律性。

### 3. 高含水阶段

高含水阶段油田综合含水为 $75\% \sim 90\%$，虽然含水率上升了约 $15\%$，但阶段采出程度可达到 $6\% \sim 7\%$。一般高含水阶段含水上升缓慢，因此采用提液措施，油田生产仍可以保持相对稳定。但与中含水阶段相比，油井生产的水油比很高，要求注水量相应增加，采液及水处理等采油成本大幅度增加。

### 4. 特高含水阶段

特高含水阶段油田综合含水大于 $90\%$，极限含水一般为 $98\%$，特高含水阶段为油藏的水洗阶段，水驱油藏进入开发晚期。

总的来说，原油黏度越大，无水采收率越低，达到相同采出程度所需的注水量越大，所以对于稠油油田，绝大部分的地质储量要在较高的含水期采出。因此，充分认识不同油藏及其不同开发阶段含水上升的规律，研究影响含水上升的地质因素及工程因素，对于制定不同含水阶段的控水措施，提高水驱油田开发效果具有重要意义。

## 二、水驱特征理论

水驱特征曲线是指当一个天然水驱或人工注水的油藏全面开发并进入稳定生产阶段后，随着含水率达到一定高度并逐步上升，此时累积产油量 $N_p$、累积产水量 $W_p$、累积产液量 $L_p$、油水比 $OWR$、水油比 $WOR$、含水率 $f_w$、采出程度 $R$ 等开发指标在直角坐标与对数坐标上常会出现一条近似的直线段。作为反映注水油田水驱规律的重要曲线，不同的水驱特征曲线反映不同的含水上升规律，其适应范围也不一样。

水驱油田的累积产油量为：

$$N_p = N - N_{or} \tag{4-3-1}$$

其中　$N_p$——累积产油量，$10^4 \, t$；

　　　$N$——地质储量，$10^4 \, t$；

　　　$N_{or}$——剩余地质储量，$10^4 \, t$。

$$N = \frac{100 A h \phi (1 - S_{wi}) \rho_o}{B_{oi}} \tag{4-3-2}$$

$$N_{or} = \frac{100 A h \phi (1 - \overline{S}_w) \rho_o}{B_o} \tag{4-3-3}$$

式中　$A$——含油面积，$km^2$；

　　　$h$——油层厚度，$m$；

　　　$\phi$——孔隙度，小数；

　　　$S_{wi}$——原始含水饱和度，小数；

　　　$\rho_o$——原油密度，$t/m^3$；

$\overline{S}_w$——目前平均含水饱和度,小数;

$B_{oi}$——原始油藏条件下原油的体积系数;

$B_o$——目前油藏条件下原油的体积系数。

将式(4-3-2)和式(4-3-3)代入式(4-3-1)得到:

$$N_p = \frac{100Ah\phi\rho_o}{B_{oi}}\left[(1-S_{wi})-\frac{B_{oi}}{B_o}(1-\overline{S}_w)\right] \tag{4-3-4}$$

在注水保持地层压力条件下,$B_o=B_{oi}$,因此式(4-3-4)可化简为:

$$N_p = \frac{100Ah\phi\rho_o}{B_{oi}}(\overline{S}_w-S_{wi}) \tag{4-3-5}$$

$$\overline{S}_w = \frac{N_p S_{oi}}{N}+S_{wi} \tag{4-3-6}$$

式中 $S_{oi}$——原始含油饱和度,小数。

由 Buckley-Leverett 非活塞式水驱油理论,利用图解法可以得到油井见水后的油藏平均含水率的表达式:

$$\overline{S}_w = S_{we}+\frac{1-f(S_{we})}{f'(S_{we})} \tag{4-3-7}$$

式中 $S_{we}$——出口端含水饱和度;

$f(S_{we})$——出口端含水率;

$f'(S_{we})$—— 出口端含水率的导数。

根据实验研究成果,确定油水两相流动出口端含油率的表达式,该表达式是当地下油水黏度比在 $1\sim10$ 范围内的实验结论。表达式为:

$$1-f(S_{we}) = \frac{50}{\mu_r}(1-S_{or}-S_{we})^3 \tag{4-3-8}$$

式中 $S_{or}$——残余油饱和度;

$\mu_r$——油水黏度比。

对式(4-3-8)两边关于 $S_{we}$ 求导,得:

$$\frac{df(S_{we})}{dS_{we}} = \frac{150}{\mu_r}(1-S_{or}-S_{we})^2 \tag{4-3-9}$$

将式(4-3-8)和式(4-3-9)代入式(4-3-7)中,得到:

$$\overline{S}_w = \frac{2}{3}S_{we}+\frac{1}{3}(1-S_{or}) \tag{4-3-10}$$

由式(4-3-10)与式(4-3-6)相等,求得出口端含水饱和度为:

$$S_{we} = \frac{3}{2}\left(\frac{N_p S_{oi}}{N}+S_{wi}\right)-\frac{1}{2}(1-S_{or}) \tag{4-3-11}$$

**1. 甲型水驱特征**

在油水两相渗流条件下，油水两相的相对渗透率比随出口端含水饱和度的变化可用如下指数关系式表示：

$$\frac{K_{ro}}{K_{rw}} = \frac{K_o/K}{K_w/K} = \frac{K_o}{K_w} = n e^{-mS_{we}}$$ (4-3-12)

在水驱稳定渗流条件下，水油比计算公式为：

$$WOR = \frac{Q_w}{Q_o} = \frac{\mu_o B_o \gamma_w}{n \mu_w B_w \gamma_o} e^{mS_{we}}$$ (4-3-13)

式中　$K_{ro}$, $K_{rw}$——油、水相对渗透率；

$K_o$, $K_w$——油、水相渗透率，$10^{-3} \mu m^2$；

$K$——有效渗透率，$10^{-3} \mu m^2$；

$n$, $m$——油水相渗之比回归系数；

$Q_w$, $Q_o$——水、油产量，$10^4$ t；

$\mu_w$, $\mu_o$——水、油黏度，mPa·s；

$\gamma_w$, $\gamma_o$——水、油相对密度；

$B_w$, $B_o$——水、油体积系数。

若已知油田的累积产水量，则：

$$W_p = \int_0^t Q_w dt = \frac{\mu_o B_o \gamma_w}{n \mu_w B_w \gamma_o} \int_0^t Q_o e^{mS_{we}} dt$$ (4-3-14)

将式(4-3-10)代入式(4-3-5)得：

$$N_p = \frac{100Ah\phi\rho_o}{B_{oi}} \left[ \frac{2}{3} S_{we} + \frac{1}{3}(1-S_{or}) - S_{wi} \right]$$ (4-3-15)

对式(4-3-15)两端关于时间 $t$ 求导，并将式(4-3-2)代入其中得：

$$Q_o = \frac{dN_p}{dt} = \frac{100Ah\phi\rho_o}{B_{oi}} \frac{2}{3} \frac{dS_{we}}{dt} = \frac{N}{1-S_{wi}} \frac{2}{3} \frac{dS_{we}}{dt}$$ (4-3-16)

将式(4-3-16)代入式(4-3-14)得：

$$W_p = \frac{N}{1-S_{wi}} \frac{2\mu_o B_o \gamma_w}{3n\mu_w B_w \gamma_o} \int_{S_{wi}}^{S_{we}} e^{mS_{we}} dS_{we}$$

$$= \frac{2N_o\mu_o B_o \gamma_w}{3mn\mu_w B_w \gamma_o (1-S_{wi})} (e^{mS_{we}} - e^{mS_{wi}})$$ (4-3-17)

令

$$D = \frac{2N\mu_o B_o \gamma_w}{3mn\mu_w B_w \gamma_o (1-S_{wi})}$$ (4-3-18)

$$C = \frac{2N\mu_o B_o \gamma_w}{3mn\mu_w B_w \gamma_o (1-S_{wi})} e^{mS_{wi}}$$ (4-3-19)

则：

$$W_p = De^{mS_{wc}} - C \qquad (4\text{-}3\text{-}20)$$

将式(4-3-11)代入式(4-3-20)得：

$$W_p + C = De^{m\left[\frac{3}{2}\left(\frac{N_p S_{oi}}{N} + S_{wi}\right) - \frac{1}{2}(1 - S_{or})\right]} = De^{\left[\frac{3mN_p S_{oi}}{2N} + \frac{m}{2}(3S_{wi} + S_{or} - 1)\right]} \qquad (4\text{-}3\text{-}21)$$

令

$$E = \frac{m}{2}(3S_{wi} + S_{or} - 1) \qquad (4\text{-}3\text{-}22)$$

由式(4-3-21)和式(4-3-22)，得：

$$\lg(W_p + C) = \lg D + \frac{3mS_{oi}}{4.606N}N_p + \frac{E}{2.303} \qquad (4\text{-}3\text{-}23)$$

令

$$A = \lg D + \frac{E}{2.303} \qquad (4\text{-}3\text{-}24)$$

$$B = \frac{3mS_{oi}}{4.606N} \qquad (4\text{-}3\text{-}25)$$

则：

$$\lg(W_p + C) = A + BN_p \qquad (4\text{-}3\text{-}26)$$

可以看出，累积产水量加上一个常数后与累积产油量在半对数坐标系中成直线关系。随着油田生产的进行，累积产油量和累积产水量增加，而且含水率越来越高，使得常数 $C$ 的影响逐渐减小。因此，在油田开发的中后期，累积产水量和累积产油量在半对数坐标系中成直线关系。此时可得到水驱特征曲线的甲型关系式：

$$\lg W_p = A + BN_p \qquad (4\text{-}3\text{-}27)$$

对式(4-3-27)两端求导得：

$$\frac{1}{W_p} = B\frac{Q_o}{Q_w} \qquad (4\text{-}3\text{-}28)$$

则：

$$\frac{Q_w}{Q_o} = BW_p = Be^A e^{BN_r R} \qquad (4\text{-}3\text{-}29)$$

式中    $N_r$——可采地质储量，$10^4$ t；

$R$——可采储量采出程度，小数。

令

$$a = Be^A, \quad b = BN_r$$

由含水率的定义得到含水率 $f_w$ 与可采储量采出程度 $R$ 的关系为：

$$f_w = \frac{Q_w}{Q_w + Q_o} = \frac{ae^{bR}}{1 + ae^{bR}} \qquad (4\text{-}3\text{-}30)$$

含水上升率 $f'_w$ 和可采储量采出程度的关系为：

$$f'_w = \frac{ab\,e^{bR}}{(1 + a\,e^{bR})^2} \tag{4-3-31}$$

含水上升率 $f'_w$ 和含水率 $f_w$ 的关系为：

$$f'_w = bf_w(1 - f_w) \tag{4-3-32}$$

对甲型水驱特征曲线含水上升特征（见图 4-3-2～图 4-3-4）的分析可基本概括如下：

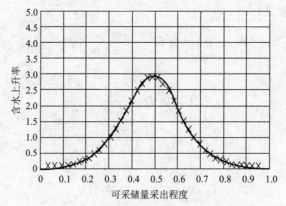

图 4-3-2　甲型水驱特征曲线 $f'_w$-$R$ 关系

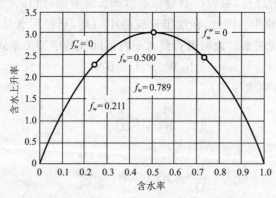

图 4-3-3　甲型水驱特征曲线 $f'_w$-$f_w$ 关系

(1) 含水率为 0.211，0.500 和 0.789 时的 $a$ 值分别为 0.268，1.000 和 3.732，含水上升率先凹形上升后转凸形上升，达到高峰后，再由凸形下降转凹形下降；含水率和可采储量采出程度的关系曲线为 S 形。

(2) 含水上升率达到峰值时候的含水率为 0.500，含水上升率从凹形上升转凸形上升的拐点是 0.211，从凸形下降转凹形下降的拐点是 0.789。

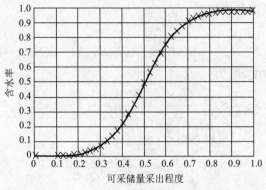

图 4-3-4 甲型水驱特征曲线 $f_w$-$R$ 关系

（3）含水上升率的高峰值为 $b/4$，含水上升率凹形上升转凸形上升及凸形下降转凹形下降的含水上升率相同，为 $b/6$。

（4）当可采储量采出程度为 0 时，含水率大于 0；当可采储量采出程度为 1 时，含水率小于 1。因此，甲型水驱特征曲线的上翘现象始终存在，但上翘时机因水油流度比、水相指数、油相指数的不同而存在差异。

虽然甲型水驱特征曲线目前应用较为广泛，效果也比较好，但是甲型水驱特征曲线存在一定的局限性：从甲型水驱特征曲线的含水率与可采储量采出程度的关系来看，可采储量采出程度为 0 时，含水率不为 0，因此，用甲型水驱特征曲线预测存在无水采油期的油田时可能会出现较大误差；另外，甲型水驱特征曲线不适宜预测含水率超过 95% 以后的高-特高含水时期的生产指标，如需预测，则需要对水驱直线段的斜率加以矫正。甲型水驱特征曲线表征的是理论水驱特征曲线在中等流度比条件下的含水上升规律，其含水率与含水上升率随可采储量采出程度明显出现凹形上升段，并且在含水率为 50% 时，含水上升率出现最大值。

### 2. 乙型水驱特征

在注水保持地层压力的开发条件下，根据 Buckley-Leverett 一维水驱油两相非活塞式驱替理论，当油水推进前沿达到生产井之后的某一时刻，由于

$$1 - \overline{S}_w = \overline{S}_o$$

剩余地质储量可以改写为：

$$N_{or} B_{oi} = 100 A L \phi S_{oe} - 100 A \phi \int_{S_{we}}^{1-S_{or}} X(S_w) dS_w \qquad (4\text{-}3\text{-}33)$$

式中  $\overline{S}_o, \overline{S}_w$——平均含油饱和度和含水饱和度，小数；

　　　$L$——驱替长度，m；

　　　$S_{oe}$——出口端含油饱和度，小数；

$X(S_w)$——等饱和度位置。

上式积分得：

$$N_{or}B_{oi} = 100AL\phi S_{oe} - W_iB_w[1 - f(S_{we})] \tag{4-3-34}$$

出口端含油饱和度 $S_{oe}$ 为：

$$S_{oe} = S_{oi} - \frac{N_pS_{oi}}{N} + \frac{W_iB_wS_{oi}}{NB_{oi}}[1 - f(S_{we})] \tag{4-3-35}$$

出口端含水率 $f(S_{we})$ 可以表示为：

$$f(S_{we}) = \frac{Q_wB_w}{Q_oB_{oi} + Q_wB_w} \tag{4-3-36}$$

则：

$$S_{oe} = S_{oi} - \frac{N_pS_{oi}}{N} + \frac{W_iB_wS_{oi}}{NB_{oi}} \frac{Q_oB_{oi}}{Q_oB_{oi} + Q_wB_w} \tag{4-3-37}$$

在注水保持地层压力和注采平衡的条件下，产液量 $Q_lB_l$ 等于产油量 $Q_oB_{oi}$ 加产水量 $Q_wB_w$，累积产液量 $L_pB_l$ 等于累积注水量 $W_iB_w$，因而可以写出如下两个等式：

$$Q_lB_l = Q_oB_{oi} + Q_wB_w \tag{4-3-38}$$

$$L_pB_l = W_iB_w \tag{4-3-39}$$

将式(4-3-38)和式(4-3-39)代入式(4-3-37)得：

$$S_{oe} = S_{oi} - \frac{N_pS_{oi}}{N} + \frac{L_pS_{oi}}{N} \frac{Q_o}{Q_l} \tag{4-3-40}$$

将上式改写为：

$$S_{oe} = S_{oi} - \frac{N_pS_{oi}}{N} + \frac{L_pS_{oi}}{N} \frac{dN_p}{dL_p} \tag{4-3-41}$$

出口端含水饱和度 $S_{we}$ 为：

$$S_{we} = 1 - S_{oi} + \frac{N_pS_{oi}}{N} - \frac{L_pS_{oi}}{N} \frac{dN_p}{dL_p} \tag{4-3-42}$$

将式(4-3-42)代入式(4-3-13)得：

$$WOR = \frac{\mu_oB_o\gamma_w}{n\mu_wB_w\gamma_o}e^{m\left(1 - S_{oi} + \frac{N_pS_{oi}}{N} - \frac{L_pS_{oi}}{N}\frac{dN_p}{dL_p}\right)} \tag{4-3-43}$$

由地面水油比($WOR$)与地面含油率($f_o$)的关系式：

$$WOR = \frac{1 - f_o}{f_o} \tag{4-3-44}$$

得：

$$\frac{1 - dN_p/dL_p}{dN_p/dL_p} = \frac{\mu_oB_o\gamma_w}{n\mu_wB_w\gamma_o}e^{m\left(1 - S_{oi} + \frac{N_pS_{oi}}{N} - \frac{L_pS_{oi}}{N}\frac{dN_p}{dL_p}\right)} \tag{4-3-45}$$

对式(4-3-45)等号两端取常用对数得：

$$\lg \frac{1 - dN_p/dL_p}{dN_p/dL_p} = \lg \frac{\mu_o B_o \gamma_w}{n \mu_w B_w \gamma_o} + \frac{m}{2.303}\left(1 - S_{oi} + \frac{N_p S_{oi}}{N} - \frac{L_p S_{oi}}{N}\frac{dN_p}{dL_p}\right)$$

(4-3-46)

在式（4-3-46）等号两端对 $L_p$ 求导，经整理化简得：

$$\frac{1}{\left(1 - \frac{dN_p}{dL_p}\right)\frac{dN_p}{dL_p}} = \frac{m S_{oi}}{N} L_p$$

(4-3-47)

当水驱开发的油田进入中期含水开发之后，$dN_p/dL_p \ll 1$，所以式（4-3-47）可以简化为：

$$\frac{dL_p}{dN_p} = \frac{m S_{oi}}{N} L_p$$

(4-3-48)

对式（4-3-48）分离变量，并进行不定积分得：

$$\lg L_p = \frac{m S_{oi}}{2.303N} N_p + A$$

(4-3-49)

令

$$B = \frac{m S_{oi}}{2.303N}$$

(4-3-50)

则：

$$\lg L_p = A + B N_p$$

(4-3-51)

式（4-3-51）即为乙型水驱特征曲线的关系式。由该式可以看出，当水驱开发油田进入中期含水之后，油田的累积产液量和累积产油量在半对数坐标系中成直线关系。

对式（4-3-51）两端求导得：

$$\frac{1}{L_p} = B \frac{Q_o}{Q_l}$$

(4-3-52)

即

$$\frac{Q_o}{Q_l} = \frac{1}{B L_p}$$

(4-3-53)

由式（4-3-51）可知：

$$L_p = 10^{(A + B N_p)}$$

(4-3-54)

将式（4-3-54）代入式（4-3-53）整理得：

$$\frac{Q_o}{Q_l} = (B 10^A)^{-1} 10^{-B N_r R}$$

(4-3-55)

令

$$a = B 10^A, \quad b = B N_r$$

则含水率变化关系为：

$$f_w = 1 - \frac{1}{a} 10^{-bR}$$

含水上升率和可采储量采出程度的关系为：

$$f'_w = \frac{b}{a} 10^{-bR} \tag{4-3-56}$$

含水上升率和含水率的关系为：

$$f'_w = b(1 - f_w) \tag{4-3-57}$$

通过对乙型水驱特征曲线含水上升规律的分析，可以得到以下结论：

（1）乙型水驱特征曲线含水上升率呈凹形下降。含水上升率先快速下降后转缓慢下降。

（2）含水上升率呈凹形下降，表明含水率初始时快速上升，到达高含水期后，曲线缓慢上升。含水率曲线整体呈凸形形态，为典型稠油油田的曲线特征。

由上述规律绘制能概括乙型水驱特征曲线含水上升规律的曲线，如图 4-3-5、图 4-3-6 所示。

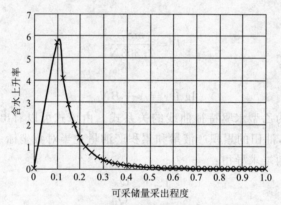

图 4-3-5　乙型水驱特征曲线 $f'_w$-$R$ 关系

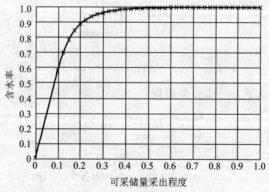

图 4-3-6　乙型水驱特征曲线 $f_w$-$R$ 关系

### 3. 丙型水驱特征

在注水保持地层压力的开发条件下，根据 Buckley-Leverett 一维两相水驱油非活塞式驱替理论，可得到如下基本关系式：

$$S_{oe} = S_{oi} - \frac{N_p S_{oi}}{N} + \frac{L_p S_{oi}}{N} \frac{dN_p}{dL_p} \qquad (4-3-58)$$

由式(4-3-58)及地质储量定义得：

$$S_{oe} = S_{oi} - \frac{N_p B_{oi}}{V_p} + \frac{L_p B_{oi}}{V_p} \frac{dN_p}{dL_p} \qquad (4-3-59)$$

由式(4-3-59)得：

$$N_p = L_p \frac{dN_p}{dL_p} + \frac{V_p (S_{oi} - S_{oe})}{B_{oi}} \qquad (4-3-60)$$

将式(4-3-60)两端同除以 $N_p^2$，整理得：

$$\frac{V_p (S_{oi} - S_{oe})}{N_p^2 B_{oi}} = \frac{1}{N_p} - \frac{L_p}{N_p^2} \frac{dN_p}{dL_p} \qquad (4-3-61)$$

引入如下微分关系式：

$$d\left(\frac{L_p}{N_p}\right) = \frac{N_p dL_p - L_p dN_p}{N_p^2} \qquad (4-3-62)$$

再将式(4-3-62)两端同除以 $dL_p$ 得：

$$\frac{d}{dL_p}\left(\frac{L_p}{N_p}\right) = \frac{1}{N_p} - \frac{L_p}{N_p^2} \frac{dN_p}{dL_p} \qquad (4-3-63)$$

将式(4-3-61)代入式(4-3-63)得：

$$\frac{d}{dL_p}\left(\frac{L_p}{N_p}\right) = \frac{V_p (S_{oi} - S_{oe})}{N_p^2 B_{oi}} \qquad (4-3-64)$$

当生产井见水之后，出口端的含油饱和度 $S_{oe}$ 可表达为：

$$S_{oe} = S_{or} + Z_{oe} \qquad (4-3-65)$$

式中 $Z_{oe}$——出口端可流动含油饱和度。

将式(4-3-65)代入式(4-3-64)可得：

$$\frac{d}{dL_p}\left(\frac{L_p}{N_p}\right) = \frac{V_p (S_{oi} - S_{or} - Z_{oe})}{N_p^2 B_{oi}} \qquad (4-3-66)$$

生产井见水后地层中的平均含水饱和度 $\overline{S}_w$ 可表示为：

$$\overline{S}_w = 1 - S_{or} - \frac{2}{3} Z_{oe} \qquad (4-3-67)$$

将式(4-3-67)变形，两端同乘以 $V_p/B_{oi}$ 得：

$$\frac{V_p (\overline{S}_w - S_{wi})}{B_{oi}} = \frac{V_p}{B_{oi}}\left(S_{oi} - S_{or} - \frac{2}{3} Z_{oe}\right) \qquad (4-3-68)$$

在保持地层压力和水驱油的开发条件下，油田的累积产油量等于地层内水的体积累积增加量，可表示为：

$$N_p = \frac{V_p(\bar{S}_w - S_{wi})}{B_{oi}}$$ (4-3-69)

将式(4-3-69)代入式(4-3-68)得：

$$N_p = \frac{V_p}{B_{oi}}\left(S_{oi} - S_{or} - \frac{2}{3}Z_{oe}\right)$$ (4-3-70)

将式(4-3-70)代入式(4-3-66)得：

$$\frac{d}{dL_p}\left(\frac{L_p}{N_p}\right) = \frac{B_{oi}(S_{oi} - S_{or} - Z_{oe})}{V_p\left(S_{oi} - S_{or}' - \frac{2}{3}Z_{oe}\right)^2}$$ (4-3-71)

在初始油藏条件下，地层中的可流动含油饱和度 $S_{of}$ 可表达为：

$$S_{of} = S_{oi} - S_{or}$$

令

$$E = \frac{Z_{oe}}{S_{of}}$$ (4-3-72)

则可得到：

$$\frac{d}{dL_p}\left(\frac{L_p}{N_p}\right) = \frac{B_{oi}(1 - E)}{V_p S_{of}\left(1 - \frac{2}{3}E\right)^2}$$ (4-3-73)

当水驱开发达到中高含水期时，出口端的可流动含油饱和度 $Z_{oe}$ 趋近于 0，即 $E \rightarrow 0$，故可得到：

$$\frac{d}{dL_p}\left(\frac{L_p}{N_p}\right) = \frac{B_{oi}}{V_p S_{of}} = \frac{1}{N_{RL}} = 常数$$ (4-3-74)

式中　$N_{RL}$——常数量。

对式(4-3-74)进行积分得：

$$\frac{L_p}{N_p} = A + BL_p$$ (4-3-75)

式(4-3-75)即为丙型水驱特征曲线的关系式，当水驱开发达到中高含水期时，累积产液量和累积产油量的比值 $L_p/N_p$ 与累积产液量 $L_p$ 呈线性关系。

含水率可表示为：

$$f_w = 1 - \frac{1}{A}(1 - R)^2$$ (4-3-76)

对式(4-3-76)进行求导，可得含水上升率表达式：

$$f_w' = \frac{2}{A}(1 - R)$$ (4-3-77)

$$f'_w = 2\sqrt{\frac{1-f_w}{A}} \tag{4-3-78}$$

结合上面的公式可得出丙型水驱特征曲线的含水上升规律：

（1）丙型与乙型水驱特征曲线的含水上升率类似，含水上升率始终是递减的，不同的是丙型为线性递减。

（2）由于丙型水驱特征曲线含水上升率为线性递减，丙型曲线含水率初期上升最快，之后上升速度缓慢下降，曲线形态为凸形。这说明丙型水驱特征曲线适用于黏度范围大于甲型但低于乙型的油田。

由上述规律绘制能概括丙型水驱特征曲线含水上升规律曲线，如图 4-3-7、图 4-3-8 所示。

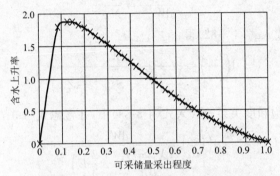

图 4-3-7　丙型水驱特征曲线 $f'_w$-$R$ 关系系

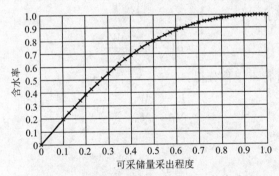

图 4-3-8　丙型水驱特征曲线 $f_w$-$R$ 关系

## 4. 丁型水驱特征

将式（4-3-62）两端同除以 $dW_p$：

$$\frac{d\left(\dfrac{L_p}{N_p}\right)}{dW_p} = \frac{1}{N_p}\frac{dL_p}{dW_p} - \frac{L_p}{N_p^2}\frac{dN_p}{dW_p} \tag{4-3-79}$$

上式可进一步写为：

$$\frac{\mathrm{d}\left(\dfrac{L_\mathrm{p}}{N_\mathrm{p}}\right)}{\mathrm{d}W_\mathrm{p}} = \frac{1}{N_\mathrm{p}}\frac{Q_\mathrm{l}}{Q_\mathrm{w}} - \frac{L_\mathrm{p}}{N_\mathrm{p}^2}\frac{Q_\mathrm{o}}{Q_\mathrm{w}} \tag{4-3-80}$$

$$\frac{\mathrm{d}\left(\dfrac{L_\mathrm{p}}{N_\mathrm{p}}\right)}{\mathrm{d}W_\mathrm{p}} = \frac{1}{N_\mathrm{p}} + \frac{OWR}{N_\mathrm{p}} - \frac{L_\mathrm{p}(OWR)}{N_\mathrm{p}^2} \tag{4-3-81}$$

当油田进入中高含水期开发阶段之后，由于 $OWR \ll 1$ 和 $N_\mathrm{p}^2 \gg L_\mathrm{p}$，式(4-3-81)等号两端的第二和第三项与第一项相比可以忽略不计，故式(4-3-81)可简化为：

$$\frac{\mathrm{d}\left(\dfrac{L_\mathrm{p}}{N_\mathrm{p}}\right)}{\mathrm{d}W_\mathrm{p}} = \frac{1}{N_\mathrm{p}} \tag{4-3-82}$$

将式(4-3-70)代入式(4-3-82)得：

$$\mathrm{d}\left(\frac{L_\mathrm{p}}{N_\mathrm{p}}\right) = \frac{\mathrm{d}W_\mathrm{p}}{\dfrac{V_\mathrm{p}}{B_\mathrm{oi}}\left(S_\mathrm{oi} - S_\mathrm{or} - \dfrac{2}{3}Z_\mathrm{oe}\right)} \tag{4-3-83}$$

将可流动含油饱和度关系式代入式(4-3-83)中，并考虑式(4-3-72)得：

$$\mathrm{d}\left(\frac{L_\mathrm{p}}{N_\mathrm{p}}\right) = \frac{\mathrm{d}W_\mathrm{p}}{\dfrac{V_\mathrm{p}S_\mathrm{of}}{B_\mathrm{oi}}\left(1 - \dfrac{2}{3}E\right)} \tag{4-3-84}$$

当油田生产进入中高含水开发期后，$Z_\mathrm{oe} \to 0$，即 $E \to 0$，故将式(4-3-74)代入式(4-3-84)得到如下微分式：

$$\mathrm{d}\left(\frac{L_\mathrm{p}}{N_\mathrm{p}}\right) = \frac{\mathrm{d}W_\mathrm{p}}{N_\mathrm{RL}} \tag{4-3-85}$$

对式(4-3-85)进行不定积分得：

$$\frac{L_\mathrm{p}}{N_\mathrm{p}} = \frac{W_\mathrm{p}}{N_\mathrm{RL}} + A \tag{4-3-86}$$

令

$$B = \frac{1}{N_\mathrm{RL}} \tag{4-3-87}$$

则：

$$\frac{L_\mathrm{p}}{N_\mathrm{p}} = A + BW_\mathrm{p} \tag{4-3-88}$$

式(4-3-88)即为丁型水驱特征曲线的关系式，当油田生产达到中高含水开发期时，累积产液量和累积产油量的比值 $L_\mathrm{p}/N_\mathrm{p}$ 与累积产水量 $W_\mathrm{p}$ 呈线性关系。对式(4-3-88)进行变化可得：

$$f_w = \frac{A}{(1-R)^2 + A} \tag{4-3-89}$$

对式(4-3-89)进行求导可得含水上升率表达式：

$$f_w' = \frac{2A(1-R)}{[(1-R)^2 + A]^2} \tag{4-3-90}$$

$$f_w' = 2f_w \sqrt{\frac{f_w(1-f_w)}{A-1}} \tag{4-3-91}$$

结合公式可得出丁型水驱特征曲线含水上升规律：

（1）含水率曲线先呈凹形上升，含水达到 50% 时（$f_w''' = 0$）呈凸形上升。丁型水驱特征曲线含水上升率达到峰值时较晚，含水率达到 75% 时（$f_w'' = 0$）达到峰值。

（2）含水上升率初期上升非常缓慢，含水率达到 75% 时达到最大，含水率很长时间处于低含水期，这是典型的轻质油油藏特征。这表明丁型水驱特征曲线适用于地层原油黏度较低的油田。

由上述规律绘制能概括丁型水驱特征曲线含水上升规律曲线，如图 4-3-9～图 4-3-11 所示。

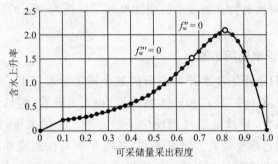

图 4-3-9　丁型水驱特征曲线 $f_w'$-$R$ 关系

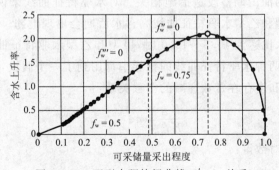

图 4-3-10　丁型水驱特征曲线 $f_w'$-$f_w$ 关系

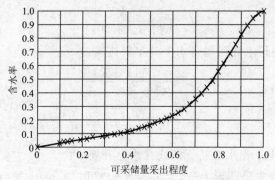

图 4-3-11　丁型水驱特征曲线 $f_w$-$R$ 关系

通过对四种常见的甲、乙、丙、丁水驱特征曲线理论公式的研究,分别得出了各曲线的含水率、含水上升率随可采储量采出程度的变化关系以及含水率与含水上升率的变化关系。

### 三、不同水驱特征的适用性

众多研究人员对水驱特征曲线的适用性开展了广泛而深入的研究,主要认识集中在以下几个方面:

#### 1. 水驱特征的含水适用范围

水驱特征曲线只适用于注水开发油田的某个特定阶段。由于影响油田开发效果的自然因素(包括地质条件、岩石和流体物性等)和人为因素(包括开发方案以及后期调整措施等)的复杂性,导致油田动态反应千差万别。总的来说,规律的变化趋势可寻,但统一的定量描述难度很大。研究表明,各类水驱特征曲线都难以描述油田开发的全过程,都只适用于油田含水的某一特定阶段。这既与油田含水上升的基本规律有关,也与不断采取的油田调整改造措施相关。对水驱特征曲线来说,要明确适用的含水范围。例如,甲型和乙型水驱特征曲线高含水后期会出现上翘。当油田含水率达到 $94\%\sim95\%$,或油水比达到 $15.7\sim19.0$ 时,甲型和乙型水驱特征曲线就有可能上翘,这主要是由于在这两种水驱特征曲线的推导中都用到了一个假设,即油水相对渗透率比与出口端含水饱和度存在常数递减的指数关系:

$$\frac{K_{ro}}{K_{rw}} = n\,e^{-mS_{we}} \tag{4-3-92}$$

对上式两边取对数得:

$$\ln\frac{K_{ro}}{K_{rw}} = n - mS_{we} \tag{4-3-93}$$

由上式可见,在半对数坐系中,油水相对渗透率比与出口端含水饱和度为直线关系,这一关系在中期含水阶段有很好的代表性,然而到了高含水阶段,实际的油水相对渗透率比明显低于上式表示的理论数值,这是水驱特征曲线上翘的主要原因。因此,在利用甲型和乙型水驱特征曲线确定可采储量和采收率时,若将经济极限含水率定为95%或油水比定为19,那么外推的结果是可靠的。如果将其外推的经济极限含水率定为98%,则其预测的结果会明显偏高。

**2. 黏度对水驱特征曲线的影响**

不同原油黏度对应不同的水驱特征曲线,原油黏度是影响油田含水上升规律的主要因素。原油黏度较高的油藏开发初期含水上升较快,后期含水上升变慢;而原油黏度较低的油藏则是开发初期含水上升较慢,后期含水上升快。这是因为原油黏度越高,水驱油的非活塞性越强;而原油黏度越低,则水驱油的活塞性越强。从分流量计算公式也可以看出原油黏度对含水上升的影响。实际上,影响油田含水上升规律的因素很多,有原油黏度、油层非均质性、油水相对渗透率等因素的影响,也有人为因素的影响。根据原油黏度选择水驱特征曲线的标准是:① 原油黏度 $\mu_o < 3$ mPa·s 的层状油田和底水灰岩油田推荐使用丁型水驱特征曲线;② $3$ mPa·s $\leqslant \mu_o \leqslant 30$ mPa·s 的层状油田推荐使用甲型和丙型水驱特征曲线;③ $\mu_o > 30$ mPa·s 的层状油田推荐使用乙型水驱特征曲线。

**3. 水驱特征曲线直线段选取**

大量研究认为,要正确应用水驱特征曲线,必须遵守以下三条原则:

(1)稳定水驱原则。关于水驱特征曲线的适用条件,我国和俄罗斯的研究者看法一致,即水驱特征曲线只适用于稳定水驱的条件。

(2)直线段原则。水驱特征曲线大多数是两个系数的线性方程,用线性回归求得直线段的参数并外推预测指标是水驱特征曲线应用的基本方法。

(3)含水率界限原则。水驱特征曲线只有在含水率达到某一值时才出现直线段,称为初始含水率,因此水驱特征曲线必须在初始含水率出现以后才能应用。对某些水驱特征曲线还存在一个直线段截止的含水率,在应用时,要注意研究其适用的含水率区间。

行业标准《石油可采储量计算方法》(SY/T 5367—2010)对甲、乙、丙、丁四种水驱特征曲线的适用性进行了相关说明,其主要划分标准为不同的水驱特征曲线适用于不同原油黏度的油藏。

该行业标准中规定:甲型水驱特征曲线适用于中黏(3~30 mPa·s)层状油藏;乙型水驱特征曲线适用于高黏(大于 30 mPa·s)层状油藏;丙型水驱特征曲线适用于中黏(3~30 mPa·s)层状油藏;丁型水驱特征曲线适用于低黏(小于 3 mPa·s)层状油藏和碳酸盐底水驱油藏。

例题 4-4 已知某水驱油藏的原始地质储量为 $737 \times 10^4$ m³,生产数据如表 4-3-1

所示。试计算极限水油比为49时的原油采收率。

表 **4-3-1** 某水驱油藏生产数据

| 时　　间 | 累积产油量 $N_p$/($10^4 \cdot m^3$) | 累积产水量 $W_p$/($10^4 \cdot m^3$) |
|---|---|---|
| 1985-12 | 88.15 | 23.49 |
| 1986-12 | 98.61 | 38.01 |
| 1987-12 | 106.11 | 51.43 |
| 1988-12 | 111.70 | 57.88 |
| 1989-12 | 123.69 | 82.90 |
| 1990-12 | 135.81 | 120.44 |
| 1991-12 | 150.22 | 179.99 |
| 1992-12 | 163.22 | 253.04 |
| 1993-12 | 172.94 | 318.65 |
| 1994-12 | 183.64 | 392.34 |

**解**　将表 4-3-1 中数据绘制在半对数坐标系中,得到累积产水量与累积产油量关系曲线,如图 4-3-12 所示。

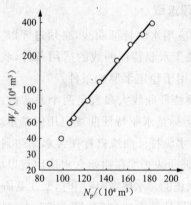

图 4-3-12　累积产水量与累积产油量关系曲线

求得直线段的方程为:

$$N_p = 85.211 \lg W_p - 40.06$$

极限水油比为 49 时的累积产水量和累积产油量分别为:

$$W_p = \frac{85.211 WOR}{2.303} = \frac{85.211 \times 49}{2.303} = 1\,813 \times 10^4 (m^3)$$

$$N_p = 85.211 \lg W_p - 40.06 = 85.211 \times \lg 1\,813 - 40.06 = 237.6 \times 10^4 (m^3)$$

原油采收率为:

$$E_R = \frac{N_P}{N} = \frac{237.6}{737} = 32.2\%$$

**【要点回顾】**

物质平衡方法是判断油藏驱动类型、预测油田动态储量和边底水水侵量的重要方法;油田稳产期后出现产量递减规律,通过实际生产资料拟合研究,预测油田剩余储量;水驱油田中高含水阶段的累产液量、累产油量和累产水量呈现规律性变化特征,通过实际生产资料的回归分析,预测极限含水条件下的剩余储量。

**【探索与实践】**

**一、选择题**

1. 递减指数为 1 的递减类型为(　　)。

　　A. 指数递减　　　B. 双曲递减　　　C. 调和递减　　　D. 产量衰减

2. 对于水驱油藏,在半对数坐标纸上,以对数表示累产水量,普通坐标表示累产油量,得到一直线,通常称为(　　)。

　　A. 甲型水驱特征曲线　　　　　　B. 乙型水驱特征曲线

　　C. 丙型水驱特征曲线　　　　　　D. 丁型水驱特征曲线

3. 单位地层压降下的弹性采出油量称为(　　)。

　　A. 采油指数　　　B. 弹性产率　　　C. 采出程度　　　D. 采油速度

4. 动态分析方法计算的地质储量一般(　　)容积法确定的地质储量,因为它一般指动用储量。

　　A. 大于　　　　　B. 等于　　　　　C. 小于　　　　　D. 不确定

5. 物质平衡方程中,$N[B_g(R_{si}-R_s)-(B_{oi}-B_o)]$ 的含义是(　　)。

　　A. 溶解气和原油膨胀量　　　　　B. 析出的溶解气量

　　C. 原油体积变化量　　　　　　　D. 溶解气膨胀量

6. 当地层压力低于饱和压力时,油藏驱动类型将由弹性驱动转为(　　)。

　　A. 溶解气驱　　　B. 气顶驱　　　C. 重力驱动　　　D. 刚性水驱动

7. 油藏在弹性驱动过程中,随着弹性能的不断释放,地层压力将(　　)。

　　A. 保持不变　　　B. 逐渐降低　　　C. 逐渐升高　　　D. 先升高后降低

8. 产量递减到初始产量的(　　)时所用的时间称为递减半周期。

　　A. 二分之一　　　B. 三分之一　　　C. 四分之一　　　D. 五分之一

**二、判断题**

1. 所有驱动类型的驱动指数代数和等于 0。　　　　　　　　　　　　　　(　　)

2. 如果产量与时间在半对数坐标系中是直线关系,则产量递减类型属于指数递减。　　　　　　　　　　　　　　　　　　　　　　　　　　　　　(　　)

3. 水驱特征曲线方法是一种油藏工程动态分析方法,适用于任何油田开发和任何

阶段。 （　　）

4. 油驱动方式是随着开发时间和不同油藏不断变化的,当油藏(不含边底水)压力降低到饱和压力以下时,驱油能量就转为溶解气驱为主。 （　　）

5. 极限含水率是指油藏含水率在开发后期达到100%,完全被水淹的状态。 （　　）

6. 水驱特征曲线理论的基础是相渗曲线。 （　　）

7. 双曲递减是一种变递减率方法,与指数递减相比,双曲递减更适合于开发早期的预测。 （　　）

8. 单位地层压降下的采出油量称为弹性产率。 （　　）

## 三、问答题

1. 简述物质平衡方程的作用及其局限性。

2. 何为定态水侵?何为非定态水侵?天然水侵量的大小主要取决于哪些因素?

3. 简述一般油田产量变化特征。

4. 简述水驱油田含水变化特征。

5. 为什么甲型水驱特征曲线只适用于中高含水期?

6. 已知某油藏 PVT 数据如表 1 所示,且已知 $c_w = 3 \times 10^{-6}$ psi$^{-1}$,$c_p = 8.6 \times 10^{-6}$ psi$^{-1}$,$S_{wc} = 0.2$。试计算压力从 $p_i = 4\,000$ psi 下降到饱和压力时的采收率。

**表 1　某水驱油藏生产数据**

| $p$/psi | $B_o$ | $R_s$ | $B_g$ |
|---|---|---|---|
| 4 000 | 1.241 7 | 510 | — |
| 3 500 | 1.248 0 | 510 | — |
| 3 330 | 1.251 1 | 510 | 0.000 87 |
| 3 000 | 1.222 2 | 450 | 0.000 96 |
| 2 700 | 1.202 2 | 401 | 0.001 07 |
| 2 400 | 1.182 2 | 352 | 0.001 19 |
| 2 100 | 1.163 3 | 304 | 0.001 37 |
| 1 800 | 1.145 0 | 257 | 0.001 61 |
| 1 500 | 1.111 5 | 214 | 0.001 96 |
| 1 200 | 1.094 0 | 167 | 0.002 49 |
| 900 | 1.094 0 | 122 | 0.003 39 |
| 600 | 1.076 3 | 78 | 0.005 19 |
| 300 | 1.058 3 | 35 | 0.010 66 |

注:1 psi=6.895 kPa。

7. 推导递减指数 $n=0$ 时,指数递减的产量与时间、累积产量与时间、产量与累积产量的表达式。

8. 推导乙型水驱特征曲线直线表达式。

9. 已知某封闭油藏地质储量为 $400 \times 10^4$ t,原始地层压力为 30 MPa,饱和压力为 24 MPa。目前地层压力下降到 25 MPa,目前累积产油量为 $20 \times 10^4$ t,试求弹性产率和弹性驱油阶段采收率。

10. 某油藏以衰减方式递减,其表达式为 $N_p t = at - b$,试推导出任一时刻产量 $Q(t)$ 的表达式、瞬时产量 $Q(t)$ 与累积产量 $N_p$ 的关系式以及最终累积产量的表达式。

11. 某油藏水驱特征方程为 $\lg W_p = A N_p + B$,若极限含水率为 $f_{wm}$,试推导最大累积产油量表达式。

# 第五章 油田开发调整方法

**【预期目标】**

通过本章学习,了解油层非均质特征及其表征方法、非均质油层的注水产状特征,理解水驱剩余油分布特征,重点掌握水驱开发效果评价方法;了解油田常规工艺措施调整方法及开发过程中层系调整的必要性和可行性;重点掌握井网加密调整形式以及注采系统调整的井网演变形式,理解油田开发过程中经常性调整和阶段性调整的重要性。

**【知识结构框图】**

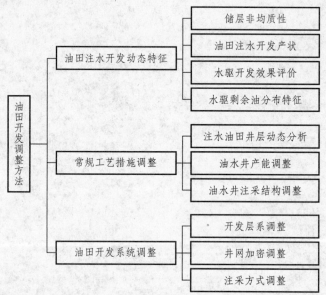

**【学习提示】**

油田开发到一定阶段后,人们对油层的认识程度逐渐加深,特别是储层的纵向和平面差异性(非均质性),最直接地反映在注水开发的油层产状差异性上,使得水驱开发效果不同,从而产生剩余油分布差异性。常规工艺措施调整方式和注水开发系统调整方式的规模和有效期不同,常规工艺措施调整属于经常性调整,工作量较小,有效期较短,而注水开发系统调整属于阶段性调整,工作量较大,有效期较长。

**【问题导引】**

问题1：储层非均质的分类及表征方法是什么？非均质性研究和表征的工程意义是什么？

问题2：层间非均质的注水产状特征是什么？不同韵律厚油层的层内水淹特征是什么？

问题3：水驱开发效果主要评价指标和评价方法是什么？

问题4：合理井网密度的确定方法是什么？井网加密后的井网形式特征是什么？

问题5：注采方式的演变形式是什么？

在油田开发从第一口井投入生产到最后一口井关闭的整个开发过程中，地下状况始终处于不断变化之中。为了改善开发效果，适应地下变化的状况，必须不断地对油层施加人为作用，各种人为作用统称为油田开发调整。油田开发调整是一项长期而复杂的工作，涉及地层流体的流动、井筒与地面管网流程的协调、地面工程以及与此相关的投资费用、劳动生产力、指挥系统等。因此，油田开发调整的原则依然是满足国民经济发展的要求，充分而合理地利用天然资源，并具有较好的经济效益。

在不同油田或同一油田的不同开发时期，油田调整的任务和目的是不相同的，调整的任务概括起来包括以下四个方面：

（1）原油田开发设计与实际开采情况出入较大，采油速度达不到设计要求，开发过程中出现了许多未预料到的问题，需要对开发设计进行调整和改动。

（2）国民经济发展要求油田提高采油速度，增加原油产量，采取提高注采强度或加密井网等等措施。

（3）改善开发效果，延长稳产期或减缓油田产量递减，这种调整是大量的、经常性的。

（4）改变开发方式，提高油田最终采收率，如由依靠天然能量开采方式调整为人工注水、注气，或转换为三次采油开采技术。

油田开发调整按其性质可分为两种类型，即经常性开发调整和阶段性开发调整。面对大量的油田调整任务，调整的方法和手段各不相同。立足现有井网层系的综合调整主要为各种工艺措施调整，属于经常性开发调整。井网层系调整和开发方式调整涉及范围较大，对于非均质多油层的油田来说，调整措施很难一次完成，因此这种调整具有阶段性，通常需要多次调整才能得到较好的开发效果。

# 第一节　油田注水开发动态特征

在油田投入开发以前，油藏中的流体处于相对静止状态，油田投入开发以后，油层内的流体在各种力(如驱动力、黏滞力、重力和毛管力)的作用下发生流动和重新分布，地质储量、驱动能量以及流体的运动状态也在发生变化。陆相油藏储集层的非均质性主要表现为层间、平面和层内三个方面的差异，导致油藏注水开发过程中层间、平面和层内油水运动状态存在差异性。

## 一、储层非均质性

### 1. 储层非均质性及其分类

储层非均质性是表征储层特征在空间上的不均匀性。在开发储层评价中，储层的非均质性是指储层具有的双重非均质性，即岩石的非均质性和其中流体的性质和产状的非均质性。

虽然储层的许多性质(如孔隙度、渗透率、孔隙结构、岩性和流体分布等)都是非均质的，但在油田开发研究中通常把渗透率视为非均质性的集中表现，因为渗透率的各向异性和空间位置组合是决定储层采收率的主要因素，也是与研究储层非均质性的目的相统一的。

1973 年，Pettijohn 等根据储层的规模尺度将储层划分为五种非均质类型，如图 5-1-1 所示，即层系规模(100 m 级)、砂体规模(10 m 级)、层理系规模(1～10 m 级)、纹层规模(10～100 mm 级)、孔隙规模(10～100 $\mu$m 级)。

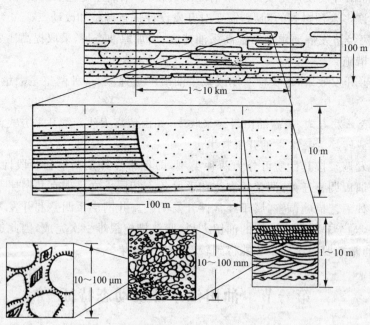

图 5-1-1　Pettijohn 储层非均质性分类规模尺度

1983 年，Haldorsen 在进行剩余油分布研究时将储层划分为四个级别非均质性，包括微观非均质性（孔隙和砂粒规模）、宏观非均质性（通常的岩心规模）、大型非均质性（模拟网格规模）和巨型非均质性（地层或区域规模），如图 5-1-2 所示。

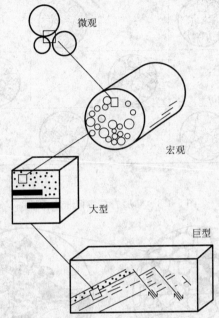

图 5-1-2　Haldorsen 储层非均质性分类规模尺度

1987 年，裘怿楠根据我国陆相储层特征及生产实践，把碎屑岩储层的非均质性由小到大分成四级：微观非均质性，包括孔喉分布、孔隙类型、黏土基质等；层内非均质性，包括粒度韵律性、层理构造序列、渗透率差异程度及高渗段位置、层内不连续泥质夹层分布频率和大小，以及其他不渗透隔层特征、全层规模的垂直渗透率与水平渗透率比值等；平面非均质性，包括砂体成因单元连通程度、平面孔隙度和渗透率的变化及非均质程度、渗透率的方向性；层间非均质性，包括层系的旋回性、砂层间渗透率的非均质程度、隔层分布、特殊类型层的分布、层组和小层划分等。

## 2. 储层非均质性表征

1）微观非均质性

微观非均质性包括岩石特征非均质性和孔隙特征非均质性。

（1）岩石特征非均质性包括结构非均质性、岩石成分非均质性、颗粒排列非均质性、成岩作用非均质性，如图 5-1-3 所示。

（2）孔隙特征非均质性包括孔间非均质性、喉道非均质性、表面非均质性，如图 5-1-4 所示。

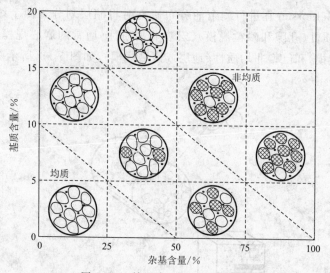

图 5-1-3 储层岩石特征非均质性

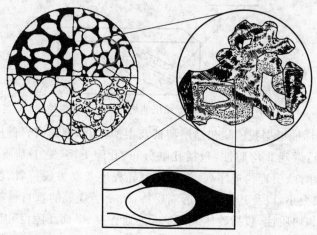

图 5-1-4 储层孔隙特征非均质性

2）油层宏观非均质性

宏观非均质性包括层内非均质性、层间非均质性和平面非均质。

（1）层内非均质性。

① 垂向粒度分布的韵律性。单砂层内碎屑颗粒的粒度大小在垂向上的变化特征常表现出具有一定的韵律性。

常见的韵律模式有：正韵律，颗粒粒度自下而上由粗变细；反韵律，颗粒粒度自下而上由细变粗；复合韵律，正、反韵律的上下组合，正韵律组合称复合正韵律，反韵律组合为复合反韵律，上为反韵律下为正韵律组合称为正反复合韵律；均质韵律，颗粒粗细上下变化不大,接近均匀分布;无韵律,颗粒粒度在纵向上变化无规律可循,如图 5-1-5 所示。

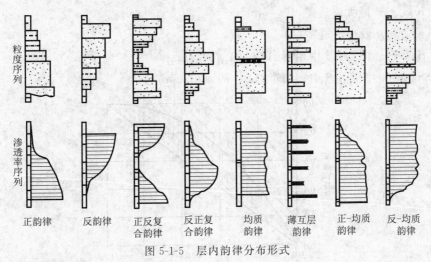

图 5-1-5　层内韵律分布形式

② 层理构造。碎屑岩储层中常发育有水平层理、斜层理、交错层理等,层理的存在会引起渗透率的各向异性。

③ 层内夹层。层内夹层是指位于单砂层内部的相对低渗透岩层或非渗透性岩层。层内夹层也会引起渗透率的各向异性。层内渗透率的非均质性差异程度通常用下列定量统计参数来表示。

a. 渗透率变异系数 $K_v$:

$$K_v = \frac{\sqrt{\sum_{i=1}^{n}(K_i - \overline{K})^2/(n-1)}}{\overline{K}} \qquad (5\text{-}1\text{-}1)$$

b. 渗透率级差 $K_{级差}$:

$$K_{级差} = \frac{K_{max}}{K_{min}} \qquad (5\text{-}1\text{-}2)$$

c. 突进系数(非均质系数)$K_{突进}$:

$$K_{突进} = \frac{K_{max}}{\overline{K}} \qquad (5\text{-}1\text{-}3)$$

d. 洛伦兹系数(见图 5-1-6):

$$L_c = \frac{S_{ADC}}{S_{ABC}} \qquad (5\text{-}1\text{-}4)$$

式中　$K_i$——第 $i$ 个岩样的渗透率,$10^{-3} \mu m^2$;

$\overline{K}$——$n$ 个岩样的平均渗透率，$10^{-3}$ $\mu m^2$；

$n$——总岩样数；

$K_{max}$——最大渗透率，$10^{-3}$ $\mu m^2$；

$K_{min}$——最小渗透率，$10^{-3}$ $\mu m^2$；

$S_{ADC}$——图 5-1-6 中扇形 $ADC$ 的面积，$cm^2$；

$S_{ABC}$——图 5-1-6 中三角形 $ABC$ 的面积，$cm^2$。

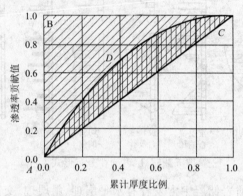

图 5-1-6  层内渗透率变异洛伦兹系数原理图

（2）层间非均质性。

层间非均质性是指垂向上各种环境的砂体交互出现的规律性，以及作为隔层的泥质岩类在剖面上的发育和分布情况，是对一套砂泥岩间互的含油层系的总体研究，属于层系规模储层描述。层间非均质性可以用下列定量统计参数表示：

① 分层系数，指一定层段内砂层的层数，常以平均单井钻遇砂层层数表示。一般分层系数越大，层间非均质性越严重。

② 垂向砂岩密度，又称砂岩系数，指剖面上砂岩总厚度占地层总厚度的百分数。该数值越大，砂体越发育，连续性越好。

（3）平面非均质性。

平面非均质性是指岩性变化引起的渗透率方向性、砂体内沉积结构因素引起的渗透率方向性和裂缝引起的渗透率方向性。

① 岩性变化引起的渗透率方向性。一般的沉积规律为高能带沉积体中的岩性粗，物性好。如在平面上随着沉积环境由高能向低能的转变，相应也会出现砂岩→细砂岩→粉砂岩→泥质砂岩→砂质泥岩→泥页岩的沉积序列，与之相应的是渗透率逐渐降低的序列。在河流三角洲沉积体系中，许多砂体的几何长轴延伸方向也就是渗透率的最大方向。沉积主体地带的渗透率大于边缘地带的渗透率。

② 砂体内沉积结构因素引起的渗透率方向性。顺古水流方向，由沉积颗粒所形成

的孔道相对于其垂直方向来说,孔道较直,弯曲较少,孔径变化也较小,故沿此方向的渗透率一般都大于其垂直方向的渗透率,且向下游方向渗透率高于向上游方向渗透率。

③ 裂缝引起的渗透率方向性。当储层中发育裂缝时,往往会导致储层渗透率的严重非均质性。沿裂缝的延伸走向,储层有很高的导流能力。

**3. 储层非均质性表征的工程意义**

储层非均质性表征的工程意义在于认识油水运动规律和剩余油分布,在此基础上进行开发指标计算,预测采收率和开发潜力,并针对宏观非均质做出合理高效的开发调整决策与井网部署,针对微观非均质做出转化学驱等深度开发的决策。

（1）平面非均质性。根据平面非均质性,对井网方式进行选择性调整。对于河流相沉积油藏,井网方式调整时要考虑主渗透率的方向性;对于裂缝性油藏,注采方式调整时也要考虑裂缝的方位。对于油层分布不稳定的油藏,在井网密度上要采取密井网方式,在注水方式和井网形态上采取灵活的方式。对于平面岩性变化较大的油藏,应采用非均匀的井网方式。

（2）层间非均质性。层间非均质性对划分开发层系调整的应用意义在于解决或调整层间非均质性,主要通过层系、井网和采油工艺技术实现。目前一般技术都能实现,主要取决于经济可行性。

（3）层内非均质性。在一定的地质条件下,解决层内非均质问题,比如调剖堵水、改变液流方向等水动力方法,但这些技术措施有待于进一步的提高。

（4）微观非均质性。对于解决或调整孔间、孔道或表面非均质性问题,目前采取的措施主要是堵封大孔道、进行化学处理及化学驱等。

## 二、油田注水开发产状

### 1. 油层间产状差异性

层间差异是注水开发油藏最普遍、最主要的差异。一套开发层系要开采几个甚至更多的油层,各个油层的性质不同,形成了层间的差异性。

#### 1) 注水井中的层间差异和干扰

注水井中层间差异的主要表现是:在同一压力笼统合注条件下,由于各油层的性质不同,其吸水能力相差悬殊。例如共射开 31 个层段,吸水剖面显示(见图5-1-7),吸水能力强的有 11 个层,微弱吸水的有 5 个小层,另外 11 个层根本不吸水。

注水井中单层吸水状况不同的原因,除油层本身性质存在差异外,还包括在笼统注水条件下存在层间干扰。注水井的层间干扰也是压力干扰,压力干扰与管道摩阻有密切关系。在一定管径和长度的油管及配水设备条件下,注水井管道摩阻的大小与流

量的二次方成正比,也就是随着井口压力的提高和注水量的增加,管道摩阻呈二次方
关系增大。根据以上分析和现场试验,日注水量在 200 m³ 以下的井的层间干扰现象不
明显,超过 300 m³ 后,层间干扰明显增大。

在油层性质不同和层间干扰双重影响下,注水井中层间吸水差异悬殊,甚至有相
当数量的油层不吸水。根据濮城油田和文留油田 130 口井的实际资料统计,一口注水
井中随着射开层数的增多,其吸水厚度百分数显著下降,如表 5-1-1 所示。

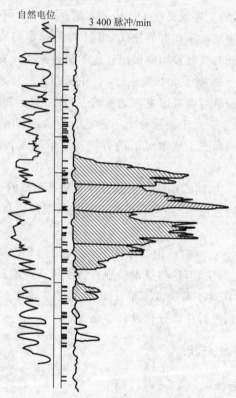

图 5-1-7 某井笼统注水吸水剖面

表 5-1-1 注水层数和剖面吸水程度统计表

| 注水层数 | 统计井数 | 射 开 | | 吸水层 | | 不吸水层 | | | |
|---|---|---|---|---|---|---|---|---|---|
| | | 层 数 | 厚度/m | 层 数 | 厚度/m | 层 数 | 比例/% | 厚度/m | 比例/% |
| 2~3 | 14 | 38 | 127.1 | 36 | 101.7 | 2 | 5.3 | 15.4 | 12.1 |
| 4~5 | 16 | 67 | 197.9 | 47 | 127.2 | 20 | 29.9 | 70.0 | 35.4 |
| 10~11 | 23 | 241 | 514.2 | 125 | 295.9 | 116 | 48.1 | 208.3 | 40.5 |
| 16~17 | 10 | 104 | 332.2 | 65 | 139.2 | 99 | 95.2 | 193.0 | 58.1 |

续表

| 注水层数 | 统计井数 | 射　开 | | 吸水层 | | 不吸水层 | | | |
|---|---|---|---|---|---|---|---|---|---|
| | | 层　数 | 厚度/m | 层　数 | 厚度/m | 层　数 | 比例/% | 厚度/m | 比例/% |
| 18~20 | 9 | 168 | 296.4 | 50 | 115.0 | 118 | 70.2 | 181.4 | 61.2 |
| 合　计 | 72 | 618 | 1 467.8 | 323 | 779.0 | 355 | 57.4 | 668.1 | 45.5 |

随着开采时间的延长,高渗透层吸水量越来越多,水淹区越来越大,其阻力越来越小,使得层间干扰和差异越来越严重。例如大庆萨中 3-25 井,1962 年葡 I2 层比葡 I6 层的吸水厚度百分数高 44%,到 1972 年,高达 198%,10 年间增大了近两倍。文明寨油田注水井吸水剖面资料比较典型,1986—1992 年吸水厚度百分数从 75.2% 下降至 41.6%,而不吸水层的厚度百分数由 24.8% 上升到 58.4%,表明该油田注水井中的层间差异和干扰愈来愈严重,如表 5-1-2 所示。

表 5-1-2　文明寨油田注水井吸水剖面变化表

| 年份/年 | 统计井数/口 | 注水井平均 | | 吸水层 | | 不吸水层 | | | |
|---|---|---|---|---|---|---|---|---|---|
| | | 层　数 | 厚度/m | 层　数 | 厚度/m | 层　数 | 比例/% | 厚度/m | 比例/% |
| 1986 | 12 | 18 | 41.2 | 11 | 31.0 | 7 | 38.9 | 10.2 | 24.8 |
| 1988 | 31 | 18 | 46.9 | 8 | 24.7 | 10 | 55.6 | 22.2 | 47.5 |
| 1990 | 16 | 22 | 48.0 | 8 | 20.2 | 14 | 63.6 | 27.8 | 58.8 |
| 1992 | 30 | 17 | 39.3 | 8 | 16.4 | 11 | 64.7 | 22.9 | 58.4 |

2) 注入水单层突进

由于各油层注水量不同,造成了水线推进状况的差异,表现为油水接触前沿(简称水线)不均匀推进。许多高渗透、高吸水量层的水线推进速度要比低渗透层快几倍甚至几十倍,形成了严重的单层突进现象。

在相同井网、井距条件下,水线推进速度与油层单位厚度注水量及单位厚度吸水量与其渗透率成正比关系。喇嘛甸油藏注水开发 7 年后,绝大部分油井(井距 300~600 m)已经见水,全油藏综合含水达到 52.9%,在距注水井 30 m 左右完钻 10 口调整井,还有 25% 的油层厚度没有见水,差油层与好油层的水线推进距离相差 10~20 倍以上。

3) 生产井中的层间差异和干扰

由于储集层性质和注采条件的影响,生产井中层间差异和干扰也比较突出,往往有 20%~30% 的油层不能生产,有的油藏不产液层厚度达到 40%~50%。

(1) 一口井中开采层数越多,不出液层比例越大。多数油藏的产液剖面情况是:主产液层、次产液层和不产液层厚度各占 1/3 左右,而 1/3 的主产液层的产量比例则占 80% 以上。

表 5-1-3　喇嘛甸油藏油层动用状况表

| 阶　段 | 年份/年 | 统计井数 | 统计厚度/m | 产液强度分级/(m³·d⁻¹·m⁻¹) | | | | | |
|---|---|---|---|---|---|---|---|---|---|
| | | | | 不产液 | | 0.1~4 | | >4 | |
| | | | | 厚度/m | % | 厚度/m | % | 厚度/m | % |
| 分注前 | 1980 | 20 | 197.6 | 131.5 | 66.6 | 33.4 | 16.9 | 32.7 | 16.5 |
| 分注后 | 1981 | 17 | 167.0 | 97.6 | 58.4 | 68.3 | 40.9 | 1.1 | 0.7 |
| | 1982 | 16 | 170.8 | 75.3 | 44.1 | 93.4 | 55.3 | 1.2 | 0.7 |
| 层系调整 | 1983 后 | — | 170.2 | 54.8 | 32.2 | | | | |

（2）多层合采产量小于分单层开采产量之和。很多井的实际生产资料显示，多层合采产量往往小于分单层开采产量之和，例如胜坨油田 3-10-17 井，如表 5-1-4 所示。

表 5-1-4　胜坨油田 3-10-17 井层间干扰实例

| 时　间 | 层　位 | 有效厚度/m | 岩石渗透率/(10⁻³μm²) | 产油量/(t·d⁻¹) | 生产压差/MPa | 相对密度 | 原油黏度/(mPa·s) |
|---|---|---|---|---|---|---|---|
| 1968-04 | 沙二 1—6 | 17.1 | — | 47 | 0.89 | 0.902 | 79.9 |
| 1969-05 | 沙二 1⁴⁻⁵ | 3.8 | 6 000 | 47 | 0.47 | 0.899 | 59.9 |
| 1969-07 | 沙二 2²⁻⁶ | 7.3 | 3 500 | 46 | 0.29 | 0.910 | 108 |
| 1969-07 | 沙二 3⁴⁻⁶ | 6.0 | 2 000 | 29 | 1.55 | 0.912 | 124 |

（3）生产井的流动压力越高，层间干扰越严重。油井见水后，随着含水率的上升，井筒液柱密度不断加大，在不改变油井生产制度的条件下，流压不断上升，层间干扰随之增大。根据大庆萨中地区的统计资料，压力特高井的平均单井产量要比全区低 26%，采油指数小 32%，如表 5-1-5 所示。

表 5-1-5　高压井与相同含水井开采状况对比表

| 类　型 | 总压差/MPa | 采油指数/(t·MPa⁻¹·d⁻¹) | 单井产油量/(t·d⁻¹) | 含水率/% |
|---|---|---|---|---|
| 高压井 | 17.2 | 1.10 | 29.0 | 67.4 |
| 全区相同含水井 | 9.4 | 1.62 | 39.0 | |

（4）在油藏高含水期，层间干扰更为严重。很多油田的实际生产资料证明这一现象，如表 5-1-6 所示。干扰系数为卡堵后产量和卡堵前产量之差与卡堵后含水率和卡堵前含水率之差的比值。例如胜坨油田 2-0-326 井，不同油层含水率差别越大，干扰越严重，如含水率差为 40% 时，干扰系数超过 60%，如图 5-1-8 所示。

表 5-1-6　胜坨油田层间干扰统计

| 分　区 | 统计井数 | 生产层厚度/m | 动用层 | | 被干扰层 | | 含水率/% |
|---|---|---|---|---|---|---|---|
| | | | 厚度/m | 厚度比例/% | 厚度/m | 厚度比例/% | |
| 胜一区 | 20 | 362.7 | 120.1 | 33.1 | 242.6 | 66.9 | 93.5 |
| 胜二区 | 44 | 666.0 | 378.2 | 56.8 | 287.8 | 43.2 | 91.7 |
| 胜三区 | 53 | 871.9 | 414.8 | 47.6 | 457.1 | 52.4 | 92.8 |
| 合　计 | 117 | 1 900.6 | 913.1 | 48.0 | 987.5 | 52.0 | 92.5 |

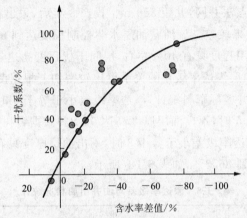

图 5-1-8　胜坨油田 2-0-326 井层间干扰程度曲线

　　许多油藏都不同程度地存在高含水层对低含水层的干扰和压制现象。当解除这种干扰(即卡堵高压、高含水层)后,油井含水率可以大幅度下降,甚至不含水,产油量可以成倍甚至十几倍地增长,如表 5-1-7 所示。

表 5-1-7　孤岛油田层间干扰数据

| 井　号 | 卡堵前 | | | 卡　堵 | | 卡堵后 | | |
|---|---|---|---|---|---|---|---|---|
| | 层　位 | 产油量/(t·d⁻¹) | 含水率/% | 时　间 | 层　位 | 层　位 | 产油量/(t·d⁻¹) | 含水率/% |
| 中 9-上 16 | $3^4$—$4^4$ | 4.2 | 91.1 | 1979-07 | $3^{4-5}$ | $4^{2-4}$ | 49.4 | 0.2 |
| 中 3-上 11 | $3^5$—$4^4$ | 2.7 | 95.5 | 1980-08 | $3^5$—$4^2$ | $4^4$ | 44.5 | 4.6 |
| 中 9-71 | $5^3$—$6^3$ | 14.0 | 90.6 | 1981-07 | $6^3$ | $5^{3-4}$ | 40.0 | 0.0 |
| 中下 71 | $5^4$—$6^3$ | 5.3 | 84.0 | 1978-06 | $5^3$ | $6^3$ | 85.0 | 19.0 |

　　(5)倒灌现象。某油藏注水开发中,用涡轮流量计测分层产量时,有少数测点出现负值,说明存在倒灌现象;测分层压力时,发现有些层的地层压力比全井流压还低,高压水层倒灌入低压油层中。

4）层间差异对开发效果的影响

层间差异对油田注水开发最严重的影响是降低油层动用层数和水淹厚度。通常以层间干扰程度来表示这种影响的大小。

注采井网与油层的匹配程度表示为水驱控制程度 $A$，油层实际动用程度为 $\xi$，则层间干扰程度 $\Delta = A - \xi$，表示了除注采井网因素影响外层间干扰对水驱开发效果的影响。

例如喇嘛甸油藏，该油藏由萨尔图、葡萄花和高台子三套油层组成，共 100 多个单油层。初期开发方案确定为：除特高渗透的葡 I 1—2 层单独注水外，其他所有油层全部合采合注，采用反九点法井网，井距 300 m。投产 8 年后，采出程度仅 10.08%，含水率高达 60.7%，开发效果较差。该油藏油层水驱控制程度达到 80% 以上，但分层测试资料表明，油层实际动用程度只有 40% 左右，层间干扰程度高达 40%。

层间干扰程度与油层渗透率级差的关系也比较密切。根据萨尔图油藏南二、三区面积注水井网中 38 口井实际资料统计，渗透率级差小于等于 5 时，不出油层的厚度只占 13.5%；当级差大于 5 时，不出油层厚度高达 61.2%。据杏树岗油藏杏十~十二区51 口井资料统计，当渗透率级差小于等于 3 时，不出油层厚度只有 12%；当级差大于 3时，不出油层厚度增大到 86.2%，如表 5-1-8 所示。

表 5-1-8　渗透率级差与油井出油状况统计

| 地　区 | 渗透率级差 | 统计层数 | 统计厚度/m | 出　油 | | | 不出油 | | |
|---|---|---|---|---|---|---|---|---|---|
| | | | | 层　数 | 厚度/m | 厚度比例/% | 层　数 | 厚度/m | 厚度比例/% |
| 南二、三区 | ≤5 | 195 | 289.2 | 155 | 250.3 | 86.5 | 40 | 38.9 | 13.5 |
| | >5 | 103 | 60.9 | 26 | 23.6 | 38.8 | 77 | 37.3 | 61.2 |
| 杏十~十二区 | ≤3 | 196 | 559.5 | 142 | 492.4 | 89.0 | 54 | 67.1 | 12.0 |
| | >3 | 643 | 392.8 | 28 | 84.3 | 13.8 | 615 | 338.5 | 86.2 |

## 2. 油层平面产状差异性

陆相沉积储层的非均质性不仅表现在纵向上的上下层位之间，即使同一层位，平面上不同方向、不同部位的非均质性也很严重，在油藏注水开发中，表现为平面差异性。其主要特征如下：

1）注入水沿高渗透条带突进形成局部舌进

储层为河流相沉积的河道砂体，特别是河流下切带物性较好，渗透率较高，一般水总是首先沿河道砂体突进。油藏注水实践表明，水受储层沉积相带和非均质性的控制极其强烈。目前无论是在注水井控制注水量或是在生产井控制采油量，甚至关井，一般都不能改变河道砂体下切带上油井先见水、先水淹的特点。

2）双重渗透率方向性加剧了平面差异性

双重渗透率方向性是指砂体内高能条带状展布所引起的方向性渗透，以及由于层理倾向和颗粒排列等组构引起的渗透率各向异性。两者同方向的重合即形成双重渗透率方向性，从而加剧了储层的平面非均质性。这种现象在河道砂体中相当普遍，不同方向的储层物性和渗流特性显著不同，使平面差异和矛盾更加突出。

大庆喇萨杏油田储层是自北向南的河流沉积砂岩体，双重渗透率方向性明显。开发初期采取横切割（东西向）行列注水、南北向驱油方式，使得平面方向性差异和矛盾十分突出，从注水井排到南面的生产井排是顺沉积方向驱油，水线推进和含水上升速度快，效果较差；面向北面的生产井排是逆沉积方向驱油，水线推进和含水上升速度较慢，效果较好，如表 5-1-9 所示。

表 5-1-9　喇萨杏油田北部注水井排两侧生产状况对比表

| 组　序 | 注水井北侧生产井排 | | | 注水井南侧生产井排 | | |
|---|---|---|---|---|---|---|
| | 无水采收率/% | 相近含水阶段 | | 无水采收率/% | 相近含水阶段 | |
| | | 含水率/% | 采出程度/% | | 含水率/% | 采出程度/% |
| 1 | 2.41 | 4.12 | 9.80 | 5.37 | 4.14 | 7.28 |
| 2 | 5.48 | 9.61 | 8.26 | 4.55 | 9.45 | 6.60 |
| 3 | 7.03 | 21.1 | 14.47 | 4.63 | 21.41 | 9.70 |
| 4 | 8.16 | 21.3 | 15.81 | 5.70 | 20.21 | 11.60 |

从表中可以看出，注水井北侧生产井排的采收率大都比南侧的相近含水条件下的采出程度高，因而对同一排注水井，南侧的生产井排因含水上升快要求控制注水，而北侧的生产井排由于注水见效慢，需要加强注水。

3）井间干扰现象

由于储层的平面差异性，处于不同位置的生产井经常会出现井间干扰现象，主要表现在三个方面：同一注水井组中，有一口油井见水，产液量上升，其他油井产液量则会下降；油井调整生产压差，相邻井将受到影响，当油井从自喷转抽或由普通抽油转为电泵举升时表现得最为明显；油井见水后，见水方向水线推进速度加快，平面舌进现象加剧。

4）断层遮挡和井网控制程度差，增加了平面差异性

受断层遮挡和井网控制程度差的影响，平面差异性更加突出，油藏开发即使进入高含水期，水淹体积已经很大，但水淹程度还是不均匀的，仍有剩余油比较富集的地区。

例如,胜坨油田 1983 年综合含水达到 70%以上,但根据三个区块 176 口井的统计数据,初期含水率小于 60%的中低含水井有 96 口,占总井数的 54.6%,其中含水很低、日产油量达到 30 t 的高产井还有 71 口,占总井数的 40%。通过对 71 口高产井所处位置的分析,可以归纳出含水较低、剩余油相对富集的五种情况,如表 5-1-10 所示。

**表 5-1-10  高产井情况分类**

| 项　目 | 断层和尖灭线附近 | 无井控制动用差 | 非主流线区 | 局部构造高部位 | 注水二线位置 | 其　他 | 合　计 |
|---|---|---|---|---|---|---|---|
| 井　数 | 21 | 25 | 12 | 5 | 5 | 3 | 71 |
| 所占比例/% | 29.6 | 35.3 | 16.9 | 7.0 | 7.0 | 4.2 | 100 |

### 3. 小层内产状差异性

层内差异是指一个单油层内部由于纵向上的非均质性而形成的油水渗流的差异性。

**1) 层内差异的开采动态反映**

层内差异在厚油层内表现比较突出。根据中国陆相油藏的实际,一般把有效厚度大于 4 m 的油层称为厚油层。厚油层内不同部位在开采中吸水、产液等情况差异十分明显。

(1) 不同部位吸水强度不同。注水井吸水剖面的实测资料证明,厚油层内不同部位的吸水状况差别很大。例如,杏 7-2-21 井葡 I3 层是一个比较均匀的油层,但从其吸水剖面来看,不同部位吸水能力差别很大。在油田开发实践中,这样的井、层很多,只是程度不同。

(2) 不同部位产液情况差别很大。在一个厚油层内,往往高产液段只是一小部分,其他段产量较低,甚至不产液,这可从许多产液剖面测试得到证实。

**2) 不同韵律性油层的水驱油特征**

(1) 正韵律沉积的油层底部水驱油效率高,但波及体积增长慢,总的开采效果差。正韵律油层底部渗透率高,油水重力分异作用明显,使得油层底部进水多,水线推进快,水驱油效率高,但水驱波及体积增长慢、比例小,总的来看,水驱效果较差。

由大庆萨中检 4-4 井密闭取心资料可知,如图 5-1-9 所示,葡 I2+3 层是正韵律油层,底部水驱油效率已高达 80%,而顶部尚未见到注入水。

由大庆油区实际资料分析得出:正韵律层水淹段驱油效率较高。例如,由 40 口检查井密闭取心资料可知,葡 I2 共有 47 个见水层段,其中正韵律层 8 个,平均驱油效率为 57.3%;复合韵律层 17 个,驱油效率为 50.9%;多韵律层 22 个,驱油效率为 48.0%。但在注水体积倍数相同的条件下,正韵律油层水洗厚度小,如图 5-1-10 所示。

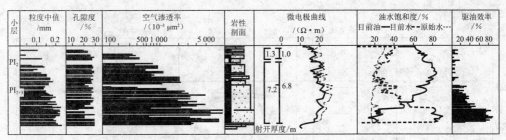

图 5-1-9　中检 4-4 井葡 I2+3 层正韵律油层

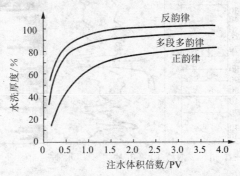

图 5-1-10　不同类型油层水洗厚度与注水倍数关系

根据上述情况综合分析,当注水 1.5 PV 时,正韵律油层采出程度只有 43.8%,反韵律油层达到 57.2%,如表 5-1-11 所示。

表 5-1-11　不同类型厚油层开采效果对比

| 项目<br>类型 | 无水期 | | 注水 0.6 PV | | 注水 1.0 PV | | 注水 1.5 PV | |
|---|---|---|---|---|---|---|---|---|
| | 注水/PV | 采出程度/% | 含水率/% | 采出程度/% | 含水率/% | 采出程度/% | 含水率/% | 采出程度/% |
| 正韵律 | 0.130 | 15.5 | 83.8 | 32.9 | 90.5 | 33.9 | 93.4 | 43.8 |
| 多段多韵律 | 0.156 | 18.6 | 82.6 | 36.9 | 90.0 | 43.1 | 94.1 | 47.7 |
| 反韵律 | 0.263 | 31.5 | 83.7 | 46.2 | 92.7 | 51.3 | 96.6 | 57.2 |

大庆油区曾沿油层横剖面打检查井,从密闭取心资料可以看出,对于稳定正韵律的葡 I1—2 层,在注水井附近水淹厚度达到 90% 以上(中 3-检 7 井),而生产井附近水淹厚度只有 23%(中 4 检 7 井)。

(2)反韵律沉积的油层水驱波及体积大,反韵律油层上部渗透率高,自然吸水量大,水线推进速度快,但由于油水重力分异作用,特别在岩石偏亲水条件下,使水下沉,可减缓上部的推进速度和水淹程度,扩大和加快下部的水淹厚度,可提高波及体积,改善开采效果。

胜坨油田三角洲前缘相沉积的偏亲水反韵律油层,如沙二 8³ 油层,水淹特征如图

5-1-11 所示。

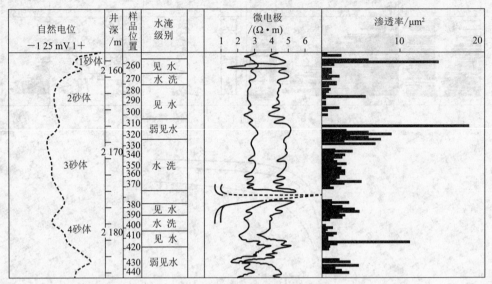

图 5-1-11    2-2-检 1502 井沙二 8³ 层水淹剖面综合图

如果反韵律油层上部渗透率比下部高出不多,那仍然会出现底部先见水的情况。对于复合韵律沉积的油层,不同层段有不同的水淹特征,其总的驱油效率和开采效果介于正、反韵律油层之间。

### 三、水驱开发效果评价

在油田注水开发过程中,需要不断地掌握注水动态,了解注水状况,并对注水效果进行评价。评价油田的注水效果有多种方法和指标。其中,存水率和水驱指数是我国注水油田经常使用的评价指标。在油田的实际应用中,存水率和水驱指数有累积和阶段两种定义。

#### 1. 存水率评价

存水率($C$)指的是到某一时刻为止,累积注水量 $W_i$ 和累积产水量 $W_p$ 之差与累积注水量 $W_i$ 之比,即

$$C = \frac{W_i - W_p}{W_i} \tag{5-1-1}$$

对于注水开发油田,可以认为地层压力变化不大,即地层原油体积系数 $B_o$ 可以认为是常数,同时取地层水的体积系数 $B_w$ 为 1,则累积注采比 $Z$ 为:

$$Z = \frac{W_i}{W_p + N_p B_o / \rho_o} \tag{5-1-2}$$

故：

$$C = 1 - \frac{W_p}{Z(W_p + N_p B_o / \rho_o)} = 1 - \frac{1}{Z\left(1 + \frac{N_p B_o}{W_p \rho_o}\right)} \tag{5-1-3}$$

由甲型水驱特征曲线得：

$$W_p = 10^{A+BN_p} \tag{5-1-4}$$

$$N_p = NR \tag{5-1-5}$$

将以上两式代入式(5-1-3)得存水率 $C$ 和采出程度 $R$ 之间的关系为：

$$C = 1 - \frac{1}{Z\left(1 + \frac{B_o NR}{\rho_o 10^{A+BNR}}\right)} \tag{5-1-6}$$

**2. 水驱指数评价**

水驱指数($\Omega$)是指累积注水量 $W_i$ 和累积产水量 $W_p$ 之差与地下累积产油体积 $W_p$ 之比，即

$$\Omega = \frac{W_i - W_p}{N_p B_o / \rho_o} = \frac{Z(W_p + N_p B_o / \rho_o) - W_p}{N_p B_o / \rho_o} = Z + \frac{(Z-1)\rho_o}{N_p B_o} W_p \tag{5-1-7}$$

将水驱特征曲线方程代入上式得：

$$\Omega = Z + \frac{(Z-1)\rho_o}{NRB_o} 10^{A+BNR} \tag{5-1-8}$$

**3. 童氏曲线评价**

以童氏水驱校正曲线为基础，在评定出油藏采收率(28.04%)的基础上，计算出含水率、采出程度、存水率之间的关系，作为理论曲线来评价水驱开发效果。

童氏标准曲线的表达式为：

$$\lg\left(\frac{f_w}{1-f_w} + c\right) = 7.5(R - E_R) + 1.69 + a \tag{5-1-9}$$

式中　$R, E_R$——油藏的采出程度和水驱采收率，小数；

　　　$f_w$——油藏含水率，%；

　　　$a, c$——常数。

选取两个特殊点，确定常数 $a, c$ 的数值：一是当含水率为 0 时，可以认为此时的无水采出程度为 0，此时 $f_w = 0, R = 0$；二是当油藏的综合含水达到 98% 时，此时 $R = E_R$，这样可以得到如下方程组：

$$\begin{cases} \lg c = -7.5E_R + 1.69 + a \\ \lg(49 + c) = 1.69 + a \end{cases} \tag{5-1-10}$$

解以上方程组得：

$$\begin{cases} a = \lg \dfrac{49}{10^{7.5E_R} - 1} + 7.5E_R - 1.69 \\[3mm] c = \dfrac{49}{10^{7.5E_R} - 1} \end{cases} \tag{5-1-11}$$

将得到的常数代入童氏标准曲线表达式中,并整理运算,得到含水率的表达形式:

$$f_w = 1 - \left[1 + \frac{49(10^{7.5R} - 1)}{10^{7.5E_R} - 1}\right]^{-1} \tag{5-1-12}$$

从该式可以看出,对应每个采出程度都可以得到一个含水率,将这两者之间的关系作为理论曲线即可评价水驱开发效果,如图 5-1-12 所示。

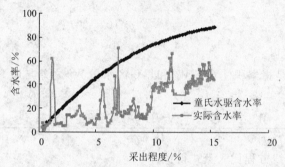

图 5-1-12　河 143 块含水率与采出程度评价

假设当采出程度在含水率 $f_w$ 时对应变化 $dR$,对应的累积产油量变化则为 $N dR$,此时累积产液量的变化数值为 $dL_p$,则有:

$$N dR = (1 - f_w) dL_p \tag{5-1-13}$$

假设从投产到采出程度为 $R$ 时的累积产水量为 $W_p$,则有:

$$dW_p = \frac{N f_w}{1 - f_w} dR \tag{5-1-14}$$

$$W_p = \int_0^{W_p} dW_p = \int_0^R \frac{N f_w}{1 - f_w} dR \tag{5-1-15}$$

将前面得到的含水率表达式代入上式,得到累积产水量 $W_p$ 和累积产液量 $L_p$ 的表达式:

$$W_p = \frac{49N}{10^{7.5E_R} - 1} \left[\frac{\exp(17.272\,5R) - 1}{17.272\,5} - R\right] \tag{5-1-16}$$

$$L_p = W_p + \frac{N_p B_o}{\rho_o} = N \left\{ \frac{49N}{10^{7.5E_R} - 1} \left[\frac{\exp(17.272\,5R) - 1}{17.272\,5} - R\right] + \frac{B_o}{\rho_o} R \right\} \tag{5-1-17}$$

假设从投产到采出程度为 $R$ 时注采平衡,即累积注入量等于累积产液量,也可以推出采出程度为 $R$ 时的存水率,将该关系作为理论采出程度与存水率之间的关系,然后与实际开发效果进行对比(见图 5-1-13)。

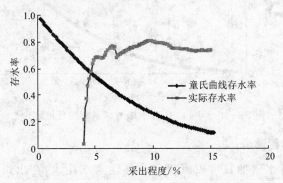

图 5-1-13　河 143 块存水率与采出程度评价

### 4. 经验公式评价

利用综合含水与储量利用程度(采出可采储量的百分数)的经验公式也可以评价注水效果。

$$f_w = \cfrac{1}{1 + \cfrac{1}{\left(D\dfrac{R}{E_R}+1\right)\exp\left(F+D\dfrac{R}{E_R}\right)}} \qquad (5\text{-}1\text{-}18)$$

$$D = \frac{23.172\,9}{\ln\mu_r + 2.251\,7} \qquad (5\text{-}1\text{-}19)$$

$$F = -\frac{8.407}{\ln\mu_r + 0.104\,6} \qquad (5\text{-}1\text{-}20)$$

式中　$f_w$——综合含水率,小数;

$\mu_r$——油水黏度比;

$D,F$——系数,当 $\mu_r = 5$ 时,$D = 6.002$,$F = -4.9$;

$R/E_R$——储量利用程度,%。

利用上式可以得到一条经验曲线,统计实际资料可以得到一套实际的数据,两者对比即可评价注水开发效果,如图 5-1-14 所示。

从图中可以看出,实际的含水率大多数情况下高于利用经验公式得到的含水率,这说明井网需要进一步完善。目前含水率基本上等于经验计算的含水率。

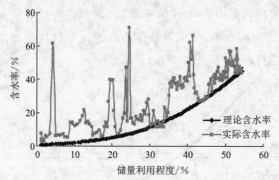

图 5-1-14　河 143 块含水率与储量利用程度评价

### 5. 注水波及体积评价

在宏观上,实际水驱油藏可以看成一个在注入端注水,在出口端产油、产水的容器。若已知油藏实际产油、产水量,根据相对渗透率资料,可以确定油藏出口端含水饱和度、注水波及区平均含水饱和度、驱油效率,并预测最终波及系数。

1) 确定出口端含水饱和度

由水驱油分流量方程,生产井出口端的含水率与出口端含水饱和度具有如下关系:

$$S_{we} = -\frac{1}{b}\ln\frac{\mu_o(1-f_w)}{a\mu_w f_w} = -\frac{1}{b}\ln\frac{\mu_r(1-f_w)}{af_w} \tag{5-1-21}$$

$$f_w = \frac{Q_w}{Q_w + Q_o} = \frac{1}{1 + K_o\mu_w/(K_w\mu_o)} \tag{5-1-22}$$

其中,$a = 116\,48, b = 18.84$。

2) 确定注水波及区平均含水饱和度

当注水波及区出口端含水饱和度为 $S_{we}$ 时,可求出注入水的孔隙体积倍数 $V_p$,由以下公式可求出注水波及区平均含水饱和度 $S_{wa}$。由 Buckley-Leverett 方程以及 Welge 所推导的公式为:

$$S_{wa} = S_{we} + V_p[1 - f_w(S_{we})] = S_{we} + \frac{1 - f_w(S_{we})}{(\mathrm{d}f_w/\mathrm{d}S_w)_{s_{we}}} \tag{5-1-23}$$

即

$$S_{wa} = S_{we} + \frac{1}{bf_w} \tag{5-1-24}$$

3) 确定驱油效率

油藏注水开发的过程实际上就是一个水驱油的过程,注水波及区的驱油效率 $E_D$ 为:

$$E_D = \frac{S_{wa} - S_{wc}}{1 - S_{wc}} \tag{5-1-25}$$

根据河 143 块油水相渗曲线,求得系数 $a$ 和 $b$,预测含水率为 98% 时注入水波及区的平均含水饱和度为 68.52%,则驱油效率 $E_D$ 为 51.71%。

4）最终注水波及系数预测

根据 $E_R = E_V E_D$,则注水波及系数为:

$$E_V = \frac{E_R}{E_D}$$ (5-1-26)

式中　$E_R$——最终采收率,%;

　　　$E_D$——室内水驱油效率,%;

　　　$E_V$——注水波及系数,%。

以上预测表明,河 143 块水驱采收率为 28.04%,则断块最终注水波及系数为54.23%。

## 四、水驱剩余油分布特征

### 1. 剩余油形成机理

剩余油分布控制机理包括岩石表面的润湿性控制剩余油的形成、毛管力控制剩余油的形成、岩石孔隙结构(孔喉的连通程度、均匀程度和孔喉形态)对剩余油的控制作用、沉积条件对剩余油的控制作用、储集体非均质对剩余油的控制作用、断层对剩余油的控制作用、注采井网对剩余油的控制作用、开发层系的组合与划分对剩余油的控制作用以及优势通道对剩余油的控制作用。

1）岩石表面的润湿性控制剩余油的形成

（1）亲水储层。亲水储层的岩石表面易吸附水分子而排斥油分子,剩余油主要存在于孔道中间,驱替速度较大时主要存在于小孔道中,驱替速度较小时主要存在于大孔道中。

（2）亲油储层。亲油储层的岩石表面易吸附油分子而排斥水分子,剩余油除部分停留于小的油流渠道内外,其余的则在大孔道矿物颗粒壁上形成油膜,这种薄膜形态的原油有较高的流动阻力,一般的注入水很难将其从岩石表面剥离下来,从而形成残余油并附着于颗粒表面上。

（3）中性储层。在中性储层中,剩余油总是尽量在孔壁上以油膜形式存在,例如小孔道间的分布,剩余油一般存在于小孔道中。

2）毛管力控制剩余油的形成

由于岩石的润湿性决定了毛管力的特征,当水驱油开始时,一部分水在注入水驱替力与毛细管壁吸附力共同作用下沿毛细管壁驱进,并与颗粒表面吸附的束缚水汇合,使得孔壁吸附的原油首先被驱替,亲水毛细管中注入水驱替力、毛细管壁吸附力及界面张力的作用方向一致,因此流体运动速度快、运动方向稳定且一致。在持续的驱替过程中,往往驱油效果好,剩余可动油储量相对较小。

在亲油毛细管中,原油受毛细管壁吸附力作用而附着在毛细管壁上。毛细管壁吸附力及表面张力的方向与注入水驱替力的方向相反,因此,注入水驱替力不仅要克服流体的黏滞力,还必须克服界面张力,使得流体驱替能力大大降低。由于较大毛细管(较大孔道)中的毛管力相对较小,驱替阻力小,因此首先被水驱洗,剩余油则主要存在于小毛细管中。

3)岩石孔隙结构对剩余油的控制作用

(1)孔喉的连通程度。孔喉的连通程度决定孔隙中的原油被驱替时是否有畅通的通道而被采出,孔喉连通程度越高,原油越容易被采出,越不容易形成剩余油。

(2)孔喉的均匀程度。孔喉的均匀程度越高,注入水的推进阻力就越小,驱油效率就越高,剩余油富集程度越差。孔隙分布相对均匀,即孔喉结构不十分复杂,孔径是逐渐变化的,呈喇叭口状,这种结构有利于驱出较多的原油;孔隙分布不均匀,即孔喉结构十分复杂,孔径是突然变化的,这种结构不利于驱替效率的提高。

(3)孔喉形态。以孔喉岩性系数反映孔喉的迂曲程度,岩性系数为1时,孔隙最规则;岩性系数越小,迂曲程度越大。孔喉形态越不规则,油越不易被驱出,因此驱油效率与岩性系数成反比关系。故岩性系数在0~1的区间内越接近于0,孔隙孔喉越复杂,剩余油饱和度越高。

4)沉积条件对剩余油的控制作用

沉积条件不仅决定了碎屑岩的沉积韵律、层理类型,也控制着砂岩的空间分布和沉积相展布以及储集体的非均质性。韵律特征、层理类型、沉积微相等方面的差异影响了开发后期剩余油的分布。

(1)沉积韵律。不同韵律性储集体的剩余油分布及开发效果的差异较大。反韵律储集体的上部物性和粒度高于下部,上部注入水的水线推进速度高于下部,但在重力、毛管力等作用下,水下沉,沿油层上部、中部和下部全面推进,油层水淹厚度大,全层水洗较均匀。正韵律储集体下部或底部物性和粒度较上部高,纵向渗透率级差大,油层下部水驱油推进速度快,水洗充分,剩余油集中于油层的中、上部。某些正韵律油层上部,特别是上部泥质夹层较多时,会阻止水向上运动,使这部分剩余油难以产出。复合韵律油层内水淹特征相对复杂,其水淹程度和水洗程度介于上述韵律型油层之间。

(2)沉积构造。不同层理类型对驱油的影响也存在明显差异,水平(平行)层理、微波状层理因其基本平行于层面、分布稳定、延伸距离远,形成相对高渗透带,注入水易沿此带快速推进,造成驱油不彻底,驱油效果差。尤其是当注水压力过高时,导致层理面开启,可能形成水窜,致使驱油不彻底,因而剩余油相对富集。

(3)沉积微相。沉积微相的平面展布对油水运动规律有明显的控制作用。中心微相带水淹程度高,驱油效率高,而边缘微相带水淹程度低,驱油效率也低,导致边缘微相带剩余油相对富集,形成剩余油富集区。

对河道砂而言,平面上注入水优先沿河床凹槽的主流线方向快速突进,并且由于河道砂内部的渗透率具有一定的方向性,注入水向下游方向的流动速度明显快于向上游方向。河道砂侧积形成的上部发育的泥质纹层增加了水向上窜流的阻力,减缓了水淹厚度的扩大。

5）储集体非均质对剩余油的控制作用

储集体非均质是剩余油分布的主要控制因素。一般认为,储集体非均质程度越高的区域,剩余油相对富集程度越高,反之,剩余油相对富集程度越低。例如,辫状河沉积的单元层内夹层产状平行于层面,其注采井产状如图 5-1-15 所示。曲流河沉积的层内夹层产状主要以斜交层面夹层为主,注采产状如图 5-1-16 所示。

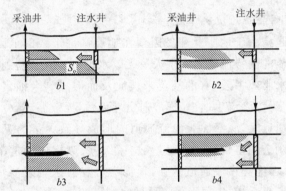

图 5-1-15　注采井间夹层剩余油分布

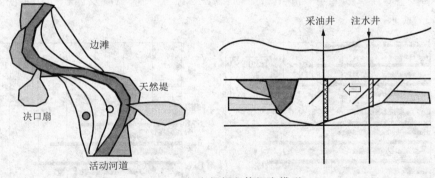

图 5-1-16　点坝侧积体概念模型

6）断层对剩余油的控制作用

无论是均质储层模型,还是正韵律或反韵律储层模型,低序级断层均控制着剩余油的分布,并能形成剩余油富集区。

7）注采井网对剩余油的控制作用

（1）注采分流线附近形成的压力梯度较小,对原油的驱动较弱,易形成剩余油。

（2）对于储层连续性与稳定性较差的地质，如果井网布置不合理，注采关系不完善，则易形成剩余油。

（3）井网对平面非均质的适应性较差时，可能会出现注水在各个方面驱替不平衡的现象。总的来说，低渗区水驱作用较弱，易形成剩余油。

（4）不同井网方式的水驱波及体积不一样，水油井数比较小的井网方式，一般水驱波及系数较小，易形成剩余油。

8）开发层系的组合与划分对剩余油的控制作用

由于受技术和经济等因素的限制，开发层系组合与划分不可能太细，层间干扰在一定程度上总是存在的，高渗透层的生产会抑制低渗透层的产液，导致低渗透层剩余油相对富集。

9）优势通道对剩余油的控制作用

优势渗流通道是指由于地质及开发因素在地层局部形成的低阻渗流通道。注入水沿此通道形成明显的优势流动而产生大量无效水循环。在优势通道的作用下，劣势渗流的区域或部位水驱效果差，有的甚至未被波及而形成剩余油富集区。因此，优势通道控油的机理是"优势渗流生通道，优势通道导无效，无效循环致富集"。

存在优势渗流通道时，底部优势渗流通道的形成导致大量的无效水循环，而在顶部劣势渗流区形成剩余油富集区。而且，渗透率级差、纵横向渗透率比值、注采强度、地下油水黏度比越大，优势渗流通道越强，顶部劣势渗流区剩余油富集程度越高。较强的优势渗流通道形成后，在地层形成流体的"定势"流动，剩余油富集区（包括强富集和一般富集）的厚度和储量变化不明显，后续注水对扩大水驱波及体积作用不明显，如图 5-1-17 所示。

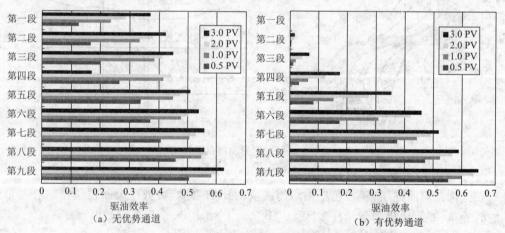

图 5-1-17　不同注入体积倍数纵向各段驱油效率变化图

**2. 宏观剩余油分布规律及模式**

1) 剩余油平面分布规律及模式

剩余油平面分布受储集体平面非均质及注采非均质综合控制。

(1) 沉积相平面变化与剩余油分布。对于不同沉积相带,由于水动力条件存在差异,其颗粒大小、分选程度、渗透率和含油饱和度的变化各不相同。

河道沉积具有古坡度,由于重力作用,注入水易沿古河道坡度向下运动,形成自然水路;河道中沉积的颗粒具有沿河道方向定向排列的趋势,导致注入水或注入气体向河道下游和上游方向的运动速度快于两侧;由河床中心下切带沉积的砂砾向河床边部沉积的砂砾由粗变细,由厚变薄,由非均质比较严重逐渐变成相对均匀。一般来说,三角洲的侧缘相带剩余油饱和度高,而中心相带(坝主体)水淹程度高;河流相的主河道水淹程度高,而边滩、漫滩的水淹程度低,剩余油富集。

(2) 微型构造与剩余油分布。处于微断鼻和微背斜上的油井剩余油相对富集,对油井生产有利。分析微型构造与剩余油分布和油井生产的关系,需要特别强调砂体顶部和底部形态的组合模式对剩余油分布和油井生产的控制作用,而不能简单依据砂体顶部或底部形态分析其与剩余油分布及油井生产的关系。在井网条件和其他地质条件相似的情况下,综合应用单层生产数据、测井解释的剩余油饱和度以及油藏数值模拟预测的剩余油饱和度,分析剩余油富集规律与微型构造组合模式之间的内在联系。如表 5-1-12 所示。

表 5-1-12  孤岛油田中一区主要微型构造模式生产情况统计

| 微型构造类型 | 顶凸底平型 | 顶平底凸型 | 顶底双凸型 | 顶凹底平型 | 顶底双凹型 | 顶平底沟槽型 |
|---|---|---|---|---|---|---|
| 微型构造个数 | 50 | 41 | 65 | 41 | 43 | 145 |
| 实际累积水油比 | 7.84 | 10.95 | 12.24 | 14.46 | 15.96 | 13.91 |
| 储量丰度 /($10^4$t · km$^{-2}$) | 4.8 | 4.5 | 4.2 | 3.3 | 3.0 | 3.7 |
| 剩余油饱和度/% | 49.3 | 47.5 | 44.6 | 40.0 | 37.5 | 42.1 |

由表 5-1-12 可以看出,顶凸底平型为剩余油富集区,顶平底凸型次之,顶底双凸型也为剩余油相对富集区;顶凹底平型油井生产情况差,水淹程度较高;顶底双凹型是水淹程度最高区。顶、底均为鼻状的微型构造模式的剩余油富集状况略好于斜面单元,介于凸型和双凹型之间。

(3) 断层组合与剩余油分布。在陆相断陷盆地中,断层性质、断层组合对剩余油分布有非常明显的影响。

（4）注采井网与剩余油分布。平面上剩余油分布在井间分流线附近和井网控制差的部位，注采关系不完善和井网对油层控制较差部位及生产井排两侧附近剩余油饱和度普遍较高。

（5）含油边界处形成剩余油分布。对于采用内部注水的油田，注入水由油藏内部向边部方向推进，边部油井水淹后，位于这些井和外含油边界之间的环状带有剩余油分布，剩余油数量变化很大，主要取决于油藏大小、环状带大小等。

（6）"死油区"。注入水未波及的透镜体和半透镜体、不整合、盐丘附近、绕流区等。

2）剩余油垂向分布规律及模式

剩余油垂向分布受储集体沉积韵律及隔夹层分布综合控制，可归纳出如下模式：

（1）层内剩余油分布。层内剩余油的分布集中受层内非均质性的控制。

（2）层间剩余油分布。总体来说，剩余油在纵向上的层间分布有如下几个方面的特征：① 井网控制不住的油层；② 开发层系以外的油层；③ 合注合采时，由于渗透性差异而致使有些层段不产油或基本不产油或产油很少；④ 单元间夹层是控制纵向剩余油富集的主要因素。

### 3. 微观剩余油分布规律及模式

微观剩余油分布包括网络状剩余油、斑块状剩余油、附着状剩余油、孤粒、孤滴状剩余油及油水混相状剩余油（长期注水冲刷使得储集体中的油和水混合形成混相状剩余油）等。另外在水驱油过程中，水不易进入细小孔隙网络而沿较大孔隙绕流，使细小孔隙网络中的原油保留在孔隙网络中，并形成水包油或油包水状剩余油。这类剩余油数量少，在一定物理、化学环境下油水可分离，并被开采出来。

### 4. 剩余油类型

剩余油的类型可归纳为以下六类：

（1）水洗区剩余油，包括分散相剩余油和局部滞留油；

（2）弱水洗区剩余油；

（3）未动用的薄油层，包括溢岸薄砂体油层、河道砂主体边缘上倾尖灭部位剩余油以及注水开发后期仍存在部分低渗薄油层未射孔形成的潜力层；

（4）开发工程原因造成的剩余油，包括油层污染造成的剩余油、层间干扰形成的剩余油；

（5）微型圈闭内的剩余油，包括井间微型正构造内的剩余油、井间微型砂体内的剩余油；

（6）已开发断块外延断棱型剩余油。

## 第二节  常规工艺措施调整

经常性开发调整是在基本不改变原开发层系井网条件下,采取各种地质、工艺技术措施,对油水井的生产压差、注采强度和液流方向进行调整。经常性油藏开发调整又称为年度油藏综合调整。每年在油藏获得大量新的资料和开发动态分析的基础上,根据油藏不同的开发阶段和潜力分析,以及完成原油生产计划和改善开发效果的需要,编制并实施年度油藏开发综合调整方案,这是一项十分重要的工作。

经常性油田开发调整贯穿于整个油藏开发全过程,主要调整内容为油水液流方向调整。根据开采过程中油井含水变化、注采平衡和水线推进状况,通过对采油井、注水井工作制度进行调整,达到改善开发效果的目的。

### 一、注水油田井层动态分析

在陆相沉积的非均质砂岩油藏中,由许多单层组成一个开发层系,几口油、水井组成注采井组,多个注采井组构成一个动态区,几个动态区组成一个开发区,多个开发区组成一个大型整装油田。因此,对于各个开发层系的动态分析,应该按照单层(或油砂体)→单井→井组→动态区(切割区、排块)→开发区→全油田的顺序进行。

#### 1. 单层分析

单层分析是最基础的动态分析。首先把每个单层的动态参数,包括射孔补孔厚度、吸水、产液、产油、含水、压力、层间窜槽等标注到沉积相带(或油砂体)图上,然后分析各个单层的水驱控制程度、开发动态、平面或层内差异,并在图上圈定水驱效率范围,具体方法是:

(1)将高产液、高含水、大片连通的井区圈定为"水驱高效"区,以利于水井调剖和油井堵水措施选层;

(2)将中产液、中含水、大片连通的井区圈定为"水驱中效"区,以利于提液控水选层;

(3)将低产液、低含水或不见水、水驱控制程度低的井区(如薄差层或零散砂体等)圈定为"水驱低效"区,以利于补孔、压裂增产增注选层;

(4)将不动用、弹性和憋压层井区圈定为"水驱无效"区,以利于完善注采系统选层。

按水驱效率范围进行历史对比,标出水驱效率的扩展变化区。根据各效率区的扩大范围,可以计算出水驱面积的变化。统计单层各类调整措施的井点数,将各项措施叠合到单井点处供措施选层之用。

单层动态分析时需要注意到断层附近的油水井。为有利于保护套管,一般钻遇断层 5 m 以内的油层范围注水井不射孔,钻遇断层 2 m 以内的油层范围采油井不射孔,但对注水、采油会产生影响。另外,管外窜槽对注水、采油也会产生影响。

**2. 采油井单井分析**

依据油井产液剖面、沉积相带图、示功图等动静态资料,重点分析油井的产量、压力、含水是否正常,将分析出的主要问题的原因及拟采取的措施标注在井位图上。

1) 采油井单井主要分析内容

主要分析内容包括:

(1) 新投产油井的产能是否达到方案设计指标及未达标的原因,产量、压力、含水不稳定井的变化趋势及主要原因;

(2) 自喷井的工作制度是否合理,生产压差、采油指数变化;

(3) 自喷分层配产井的射孔层段划分是否合理,各层段采液强度、含水、压力变化;

(4) 机械采油井的工况是否正常;

(5) 地层压力水平是否合理及其变化趋势;

(6) 原油物性、天然气组分、产出水质的变化状况或规律,及其对采油的影响;

(7) 暴性水淹的主要层位及原因;

(8) 套管技术状况、管外窜槽和断层对采油的影响;

(9) 已实施的措施效果及存在的问题,需要进一步采取的增效或稳效措施;

(10) 主要层间矛盾层如何调整;

(11) 各项生产参数的变化趋势,相互关系是否协调;

(12) 各油层见水状况、含水级别、见水方向和方向含水级别。

2) 采油井单层见水及见水方向确定

采油井单层见水及见水方向一般根据下列方法确定:

(1) 原油分析含水率大于 1‰时,油井见水。

(2) 产液剖面上产量最高且含水的层为第一个见水层。

(3) 该见水层与水井连通的油层条件最好、日注和累注水量最多的方向是第一个见水方向。

(4) 产液剖面上的见水层还是原来的见水层,但油井含水升高,寻找与水井连通的油层条件次好、日注和累注水量次多的方向,为第二个见水方向。这时在对应的层或层段提高日注水量,油井含水上升,降低日注水量,油井含水下降,第二个见水方向得到证实。

(5) 产液剖面上的见水层还是原来的见水层,但油井含水上升一个明显的台阶,在前两个见水方向上,在日注水量不变的条件下,寻找与水井连通的油层条件、注水量再次级的方向,为第三个见水方向,证实方法同(4)。

(6)五点法井网、反九点法的角井有四个见水方向。每个方向见水时,氯离子矿化度会升高,但取样时机很难把握。

因为存在层间干扰,各方向的注水井层在不断地调整,所以多层见水及见水方向很难确定,可以采用下列方法:

(1)在产液剖面上出现第二个见水层时,由于层间干扰和测试误差,该层的液量及含水时高时低,甚至时有时无。

(2)如果油井产液且含水波动大,表明第二层刚见水。按单层见水确定方法(3)拟定其第一见水方向,然后提高和降低该方向的注水量,如果油井产液、含水相应变化,氯离子矿化度又升高,证明第二见水层及见水方向确实存在;否则,第二见水层不存在,或见水方向不准确,需重新分析验证。

(3)如果油井产液、含水稳定,氯离子矿化度不变,则没有新层见水。

(4)第二见水层的第二、第三见水方向出现时,产液剖面上含水升高,油井含水阶段性升高。在没有第三见水层条件下,按单层见水确定方法(4)和(5)进行验证确认。

(5)在产液剖面上出现第三个见水层时,按上述(2)~(4)确认和验证见水方向。

(6)以后还会出现第四、第五个见水层,这时由于以前的见水层和见水方向部分或全部高含水,油井产液和含水可能较稳定、变化不明显,确定见水层更困难。但将产液和吸水剖面结合进行精细分析,用上述方法仍可以确定出见水层和见水方向。

3)油井见水层含水级别与方向含水级别

(1)在产液剖面上,见水层含水级别与之前的剖面对比总是升高的。如果见水层含水升高的趋势稳定或基本稳定,则见水层的含水可以高于或等于或低于全井含水;若主要产液层的含水高于全井含水,则这个产液剖面的含水级别正确。

(2)如果油井从未测过产液剖面,依靠电测的含水解释、投产初期全井含水,并结合压裂、堵水后的含水变化、补孔、注采系统调整、注水井层段措施及水量调整、氯离子矿化度等资料,通过仔细对比、综合分析,确定多层、多方向见水和含水级别。

(3)当油井进入高含水后期(含水率大于80%)和特高含水期,多层、多方向高含水普遍存在,但由于层间干扰严重,未动用层、不含水层(或部位)、低含水层、低含水方向也同时存在。这些层将成为挖潜的重点。

油井压裂、补孔后,全井产油、产水的变化较复杂,在没有施工污染油层条件下,可依据施工前、后的产液剖面来分析措施层的含水级别。

油井堵水后,若封堵是高产液、高含水层,全井产油上升、稳定或略有下降,产水及含水下降很多,层间矛盾改善,否则需要重新调整堵水层段。

## 3. 注水井单井分析

依据注水井吸水剖面、分层测试、沉积相带图等动静态资料,重点分析注水压力、层间注水量是否正常,并将分析出的主要问题的原因及拟采取的调整措施标注在井位图上。

1) 注水井单井主要分析内容

主要分析内容为:

(1) 依据新井试注水量和全井指示曲线确定是否能够分层配注。例如,萨北开发区在注水压力接近破裂压力的条件下,若试注水量大于 24 m³/d,且启动压力小于 8 MPa,则可以分层配注;若试注水量小于 24 m³/d,且启动压力大于 8 MPa,则只能笼统注水。各油田应根据实际情况确定。

(2) 首先编制"配注基础数据表",划分注水层段,按采液强度的要求确定配注强度和配注水量,进行试配;试配后,根据指示曲线、油层吸水剖面,分析各层段实注水量能否满足配注要求。

(3) 分析层段注水合格率与测试合格率变化的原因。

(4) 结合吸水剖面和分层测试资料,分析层段之间、层段内各油层之间、厚油层内部的吸水状况变化。

(5) 依据指示曲线、地层压力、表皮系数的变化,分析全井或层段是否有污染或堵塞。

(6) 分析井口注水压力、全井注水量异常的原因。

(7) 分析注入水质与吸水状况的变化关系。

(8) 分析层段间窜槽对吸水状况的影响。

(9) 分析封隔器的密封性,分析"停注"层段仍然吸水的原因及"停注"层段恢复注水时机。

(10) 分析套管技术状况和断层对注水的影响。

(11) 依据吸水剖面、分层测试、注水指示曲线和压力等资料,分析各参数的变化特点、趋势和相互关系,找出层间矛盾,提出解决措施。

(12) 分析综合调整、增注措施效果。

(13) 分析注水层段划分是否合理,如何进行调整。

2) 注水井各小层吸水百分比确定

若井口注水压力相同、井卞水嘴不变,用同位素测试和实注水量对比,核实与确定各小层吸水百分比,具体步骤为:

(1) 把注水层段标在同位素曲线上。

(2) 在同位素曲线上,求出各层段的小层吸水百分比之和。

(3) 在注水综合记录上求出各层段的实际注水百分比(用同位素测试前 3~5 d 水量的选值或平均值)。

(4) 将步骤(2)和(3)两个层段的吸水百分比进行对比,若各层段差值均在 20% 之

内,则同位素资料可直接用于绘制吸水剖面;否则,需要对同位素资料进行处理,方法如下:

① 若步骤（2）和（3）两个层段吸水百分比差值在 $20\%\sim50\%$ 之间,选用两层段吸水百分比的平均值;若差值大于 $50\%$,选用实际层段注水百分比;同位素测试吸水很少或为零,而实际注水又很多的,经证实水嘴无堵塞时,选用实际层段注水百分比。

② 将①中三种情况的选值放到同位素曲线层段上。

③ 调整同位素曲线全部层段的吸水百分比,使其和等于 $100\%$。

④ 将调整后的层段吸水百分比酌情按地层系数、砂岩厚度或原吸水小层所占百分比分配到全部吸水的小层上,使其和等于 $100\%$。这时各小层的吸水数据可用于绘制吸水剖面图。

### 4. 采油井组分析

以采油井为中心联系周围注水井、以注水井为中心联系周围采油井的井组综合分析,是全面认识层间、层内和平面差异及注入产出剖面状况的最佳途径。只有通过井组分析,才能确定和编制油、水井综合调整措施方案。

以采油井为中心联系周围全部注水井、相邻采油井的注采变化,重点分析采油井组内的平面差异。在中心采油井观察差异,从相邻注水井或采油井找原因。需要以采油井为中心的连通图、配水基础数据表,分析采油井组的注采平衡[见式(5-2-1)],对油井组实行宏观控制。

$$IPR_{\circ} = \frac{\sum\limits_{i=1}^{N} q_{iw} + q_{wy}}{B_{\circ}q_{\circ} + q_{w}} \tag{5-2-1}$$

式中　$IPR_{\circ}$——以油井为中心的注采比;

　　　$q_{iw}$——第 $i$ 口注水井的注水量,$i=1,\cdots,N$;

　　　$q_{wy}$——外井网给本油井的注水量(少数井存在);

　　　$q_{\circ},q_{w}$——本井组油井的产油量和产水量。

当井组内平面差异很大时,分析井组注采平衡,进一步分析落实多层见水、多方向见水及方向、含水级别。对于井组见水状况的三维空间网络和水驱体积问题,目前只能根据动静态资料,依靠动态工作者的理论知识和经验积累来分析。

（1）注指示剂法。该方法可以落实单层的连通方向,油井见到指示剂的时间差既是方向连通渗透率的差异,也是方向见水的顺序,但对多层连通,不好观察。

（2）层段注水激动法。该方法的优点是:激动一个点,可以观察一个面,方便、成本低。缺点是:判断方向、含水级别的可靠程度约为 $50\%\sim60\%$,模棱两可的情况很多。现场经常使用此方法来调整平面矛盾,控水稳油。

（3）利用见水状况资料进行分析。

① 对于全方向高含水,周围注水井相应层段(全方向)控制注水量;

② 对于全方向特高含水,周围注水井相应层段(全方向)停注转周期注水;

③ 对于部分方向高或特高含水,该方向控制注水量,其余方向稳定或适当提水;

④ 对于部分方向中低含水,该方向提高注水;

⑤ 对于部分方向未见水,该方向加强注水。

（4）参照油井投产及见水年限、与注水井的连通方向及油层条件、井排距等,分析多层见水及方向含水级别。

① 当全井含水率大于 60% 后,一般至少有 2 个见水层、1 个方向高含水;

② 当全井含水率大于 80% 后,一般至少有 3 个以上的见水层、2 个以上的高含水方向,此时平面调整余地仍然较大;

③ 当全井含水大于 90% 以后,多层见水,多层多方向高含水,层间和平面调整困难。

### 5. 注水井组分析

以注水井为中心联系周围全部采油井的变化,进行综合分析,重点分析注水井的平面差异。在注水井进行调整,在采油井观察效果。需要以注水井为中心的井组连通图、配水基础数据表。

分析全井各层段注入水的流向。研究注入水的流向和研究见水方向及含水级别是一个问题的两个方面,目的都是找出主要的平面矛盾和平面矛盾方向,便于确定和实施综合调整措施。具体内容包括:

（1）注入水主要流到哪些方向,该方向出现高含水、强水洗,甚至无效循环;

（2）注入水流到哪些方向少,该方向出现中低含水、弱水洗;

（3）哪些方向注入水未进入,该方向油层不见水或不动用。

分析注水井组的注采平衡[见式(5-2-2)],便于进行全井注水量的宏观控制。

$$IPR_w = \frac{q_w + q_{wy} - q'_{wy}}{\sum_{i=1}^{N}(B_o q_{io} + q_{iow}) + q_{owy}} \qquad (5-2-2)$$

式中　$IPR_w$——以水井为中心的注采比;

　　$q_o$、$q_{ow}$——本井组油井的产油量、产水量;

　　$q_{owy}$——外井网注水在本井组油井的产出油水量;

　　$q'_{wy}$—— 中心注水给外井网的注水量。

若计算出的 $IPR_w$ 大于动态区块的注采比 $IPR$,则降低注水量;若小于动态区块的注采比 $IPR$,则提高注水量。对每一个层段都要分析注入水量是否满足井组内各方向油井的需要。具体步骤方法为:

（1）对于全部满足各方向油井要求的层段注水量，维持现状，不调整；

（2）对于四点法井网中满足四个方向油井要求的层段水量和五点法井网中满足三个方向要求的层段水量，一般是本井层段暂不调整，而调整相邻水井对应层段的注水量；

（3）对于只能满足 50% 方向油井要求的层段注水量，平面矛盾大，在井组注采平衡分析以后，一般是同时调整本井层段和相邻水井层段的注水量，以调整后利多弊少为原则。

### 6. 相邻井组分析

每口采油井至少受 2～4 口注水井影响，每口注水井至少影响 4～8 口采油井。中心注水井的各层段注水量很难满足井组内全部采油井的要求，这就需要进行相邻井组分析和调整。

相邻井组分析是把油井组和水井组联系起来，本油、水井组和相邻油、水井组联系起来，进行大范围内的综合分析，可更好地分析平面的差异性。

通常情况下，每套井网都是独立的层系和注采关系，但后期加密、射开的油层并不独立，它是基础井网和前期加密井网中多数已动用油层的延续，真正独立、不动用的油层极少。因此，各套井网注、采相互联系的影响关系很复杂。搞清各套井网注、采相互联系的影响是复杂井网分析的重点和难点，搞清层段或单层注水的流向是分析和解决问题的关键。

对每套井网的单层、单井、井组进行独立分析时，需要特别注意：层段或单层注入的水是否流向其他井网的采油井；驱替效果如何；本井某些单层的产液、含水、压力等是否有其他井网层段或单层注入水驱替的效果，造成不同井网之间的注、采相互影响产生的层间和平面差异。

## 二、油水井产能调整

产能调整主要是对油、水井采取全井或分层段的压裂、酸化、调剖、堵水等技术措施，提高较差油层的产油能力和吸水能力，控制和降低高渗透层的吸水能力和产水量，达到注采平衡，从而提高开发效果。

### 1. 堵水、调剖

非均质多油层油藏采用分层注水技术，虽然对调整层间差异、改善油水平面分布的不均匀性有很大作用，但是当油藏开发进入中高含水阶段之后，油井由单层单方向见水逐步发展到多层多方向见水，纵向上层间压力差异增大，平面上高低渗透条带井点含水差异增大，严重影响油田采收率的提高。仅仅依靠注水井的分层注水工艺技术已不能有效地调节层间和平面差异，必须在分层注水的基础上运用采油井分层堵水和注水井深度调剖技术,合理优化实施区块或全油藏分层注水、调剖、堵水的综合治理方案,这样才能进一步改善油藏的开发效果。

油水井堵水、调剖技术涉及油藏、工艺、调剖堵水剂、测井和完井方式五个方面。国内外对油水井堵水、调剖技术的研究主要在出水机理、堵水工艺(工具)和调剖堵水剂三个方面。

1)分层堵水的原则和界限

(1)多油层堵水必须处理好全井开采效果和提高被堵层采收率的关系、层间调整和平面调整的关系、增油和降水的关系、暂时封堵和永久性封堵的关系。由于堵水对采油井点来说主要是调整层间差异,减少层间干扰,对采油井组来说主要是调整平面差异,提高平面驱扫效率,因此,要控制油井堵水厚度,以全井和井组的效果作为堵水依据,达到既能改善油井开采效果,又能提高被堵层采收率的目的。

(2)堵水层的含水率界限一般应高于80%。这是因为一般油井的主要出油层也是高产水层,堵水过早,会使采油速度下降,油井降水增油效果不明显;当油层含水率超过80%时,井筒流压迅速升高,层间干扰加剧,此时与注水井分层注水结合,进行高产水层堵水,可取得较好的调整效果。

(3)依据分层测试资料,找准出水井层和接替井层,作为堵水对象,同时要注意保持和完善注采系统。在堵水后进行注水调整,从采油井和注水井加强分层注采,使剩余油能有效地采出。为防止堵水后产生滞流区,一般高含水带应保留一定数量的开采井点;行列井网第一排油井未堵水之前,中间井排油井不宜进行堵水;反九点法面积井网可先堵边井;对四点法面积井网中油砂体分布稳定、井组范围内渗透率变化不大的,一般不宜进行堵水。

2)机械堵水技术

机械堵水是采用井下封隔器和控制器卡堵高含水层的一种堵水方式。目前国内堵水最常用的是压缩式封隔器,与桥式、偏心式、固定式等控制器配套使用,可根据需要组合成不同的井下机械堵水管柱。

(1)自喷井机械堵水技术。

① 偏心堵水管柱。该管柱主要由偏心配产器和封隔器等组成,投捞工具可从偏心工作筒中心通过,能实现任意级投捞和多级堵水,如图5-2-1(a)所示。

② 滑套堵水管柱。该管柱主要由滑套堵水器和封隔器等工具组成(见图5-2-1b),滑套开关移位器一次下井可将滑套全部打开或全部关闭,也可打开或关闭任一级滑套,调整操作工作量比较少,更适用于多层段堵水。

③ 固定式堵水管柱。该管柱主要由可钻式封隔器、插入密封段和带孔短节等工具组成(见图5-2-1c),主要特点是封隔层间可承受的压差大,工作寿命长,密封可靠,能多级堵水,可用于套管易变形区块,但施工作业工作量较大。

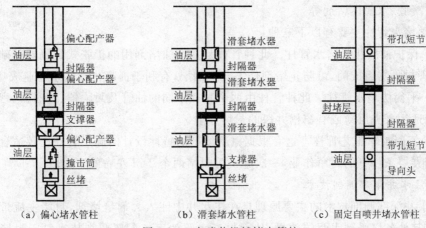

（a）偏心堵水管柱　　（b）滑套堵水管柱　　（c）固定自喷井堵水管柱

图 5-2-1　自喷井机械堵水管柱

（2）人工举升井机械堵水技术。

① 支撑防顶堵水管柱。该管柱主要由防顶器、活门、配产堵水器、封隔器和支撑器等组成，卡堵层段的管柱丢手坐封。其主要优点是可实现不压井检泵、投捞等作业，卡堵水性能可靠，但施工工序多，施工难度大，一般适用于中深井。

② 平衡式丢手堵水管柱。该管柱的卡堵段丢手于井内，尾管支撑井底，储层上部 2～5 m 和下部 2～5 m 各下一个平衡封隔器，以平衡相邻封隔器间液压产生的作用力，具有管柱结构简单、能实现不压井检泵、工作可靠等优点，但解封性能较差。

③ 固定式堵水管柱。该管柱主要由可钻式封隔器、密封段、导向头等组成，允许工作压差为 30 MPa，特别适用于潜油电泵井卡堵水，也可用于定向井。其性能可靠，但必须逐个下入井下封隔器，作业工作量较大。

3）化学堵水技术

国内外调剖堵水剂发展迅速，品种繁多，但由于认识的差异，国内各油田的发展并不均衡。调剖堵水剂大体上可以分为非选择性和选择性两种。

（1）非选择性堵剂。非选择性堵剂泵入地层后，堵剂所到之处皆被堵塞，即不论是出油孔道还是出水孔道都被封堵。采用这种堵剂进行堵水的方法称为非选择性堵水。封堵水层水和底水时，可以选用非选择性堵剂。非选择性堵水可用于特殊作业施工，如用于封堵套管外窜槽、单一水层、底水锥进及炮眼，也可用于封堵裂缝地层或大孔道。非选择性堵剂主要包括沉淀型堵剂、树脂类堵剂、固体分散颗粒、颗粒固结体类堵剂，其中颗粒固结体类堵剂又包括水泥（超细水泥）类、矿物粉类、粉煤灰＋水泥类、无机颗粒＋固化剂类、树脂包覆颗粒类。

（2）选择性堵剂。选择性堵剂是指能够有效降低水相渗透率而对油相渗透率损害较小的堵剂。封堵油水同层的水时，需要选用选择性堵剂。选择性堵剂主要包括冻胶类堵剂、凝胶、水膨体堵剂等。

化学堵水管柱主要有以下三种：

（1）保护油层化学堵水管柱。此种管柱是在原注堵剂用的扩张式封隔器基础上增加防伤害封隔器组成的，可防止堵剂伤害其他油层，有利于提高化学堵水作业成功率。

（2）平衡法堵水管柱。此种管柱由两个直径不同的油管及封隔器、连通器、密封段等组成，适用于夹层薄或有窜槽井段的封堵作业。

（3）氰凝封窜工艺管柱。这套根据氰凝堵剂的特性设计的施工管柱比较适合于多油层、薄夹层条件下的封窜作业，一次施工可封堵两个 2 m 左右的窜槽段。

4）注水井深部调剖技术

注水井深部调剖技术的主要原理是在注水井中注入大剂量堵剂，封堵主流带的大孔道，使其他各层受到水驱的效果，从而提高水驱效率。深部调剖技术对于封堵正韵律厚层底部高渗透层段、调节层内水淹部位的差异也有较好的效果。

目前深部调剖剂类型主要有：① 以膨润土颗粒为主的堵剂，适用于因长期受注水冲刷而形成大孔道的储层调剖，具有价格低、资源广等特点；② 纸浆废液类堵剂，虽然价格较低，但来源有限；③ 冻胶类堵剂，具有可控制成胶时间的优点，既适用于大孔道的条件，又可用于中低渗透油层，调剖效果好，但价格较前两者高。

**2. 油水井压裂**

除油层压力、原油饱和度、原油黏度等因素影响油井产量之外，影响油井产量大小的重要因素是油层的渗透率。对于因油层渗透率低或油层"污染"而造成低产的油井，可以采取相应措施，提高油层渗透率或消除"污染"，达到增加油井产量的目的。这些改善油层渗透率，提高油井产量的措施称为增产措施，目前主要的增产措施是水力压裂和酸化。

水力压裂是油气井增产、注水井增注的一项重要措施，它是利用地面高压泵组，将高黏液体以远远超过地层吸收能力的排量注入井中，随即在井底附近憋起高压，此压力超过井壁附近地应力及岩石抗张强度后在地层中造出裂缝，继续将带有支撑剂的压裂液注入缝中，使缝向前延伸，并在缝中填以支撑剂。这样，停泵后即刻在地层中形成具有足够长度和一定宽度及高度的填砂裂缝。该裂缝具有很高的渗透能力，可大大改善近井地带的油气渗流条件，使油气畅流入井，从而达到油气井增产的目的。目前水力压裂的作用已远超过一口井的增产增注作用，对于注水开发的油田，采用油、水井对应压裂工艺，在一定条件下可调整注采关系，提高注水效果，加快油田开发。

1）裂缝形态

根据破裂理论，要在地层中产生裂缝，外加压力必须能够克服岩石所承受的应力和岩石本身的强度。岩石承受的应力与地层环境，如埋深、构造等有关，而岩石本身的强度则与岩石性质有关。能够使地层产生裂缝的最小井底注入压力称为地层破裂压力。地层破裂压力与地层深度之比 $\beta$ 称为破裂压力梯度。油田实际的破裂压力梯度是根据大量压裂施工资料统计出来的,破裂压力梯度取值范围一般为:$\beta = (0.015 \sim 0.018)$ MPa/m $\sim (0.022 \sim 0.025)$ MPa/m。利用破裂压力梯度可以估计裂缝的形态,一般认为,$\beta = 0.015 \sim 0.018$ MPa/m 时,多形成垂直裂缝,而大于 $0.023$ MPa/m 时则形成水平裂缝,因此深地层出现的裂缝多为垂直裂缝,浅地层出现水平裂缝的概率大,这是因为浅地层的垂向应力相对较小。

2)压裂选井

压裂增产措施是靠在地层中产生具有高渗透能力的裂缝,使低渗透层的生产能力得到提高的。对于因井底堵塞而影响生产的井,压裂后同样有很好的效果,但这不是大型压裂的主要任务。正确选择压裂井层是获得增产效果的重要前提。

注水井压裂选层条件:

(1)多次酸化效果不好的层段,表皮系数为负值,可压裂;

(2)压裂层段上、下隔层厚度大于 2 m(纯泥岩 1 m),无管外窜槽,可压裂;

(3)根据具体油层吸水状况,选择压裂工艺(普通、多裂缝、平衡法等)和加砂量。

采油井压裂选层条件:

(1)压裂层段是否有足够的地层压力和含油饱和度。

(2)具有适当的地层系数。若地层系数过低,地层向裂缝的供油能力太弱;若地层系数过大,要取得一定效果,必须造成很高的裂缝导流能力。

(3)选井时要考虑井况,包括套管强度、距边底水或气顶的距离、有无较好的遮挡层等。

若新井油层条件很差,或钻井液污染酸化无效,选择限流法压裂完井或普通压裂;薄差油层中低含水或不见水,未动用层,地层压力较高,选择分层段压裂;若层段内含水、产液差别大,采用选择性压裂或堵压结合;若层段厚度大,选择多裂缝压裂;对于以往压裂效果不好的油层段,采用重复压裂;若压裂层段厚度大、隔层厚度较小,可采用平衡法压裂;无论何种压裂工艺,选择与注水井的连通、吸水状况好的层段进行压裂。

3)压裂设计

压裂设计对一口井的压裂施工来说是一个指导性文件。一口井的压裂设计应包括以下内容:选择该井层进行压裂的地质依据及有关的地层和井况资料;预计和要求的增产倍数;施工方案选择;施工参数计算及效果预测;需用的设备及材料计算;施工步骤及注意事项。

为了获得较高的增产倍数,需研究影响增产倍数的因素,并用以指导压裂设计和施工。麦克奎尔和西克拉利用电模拟作了垂直裂缝条件下增产倍数与裂缝几何尺寸及导流能力的关系曲线,如图 5-2-2 所示。

可以看出,在相同缝长条件下,裂缝导流能力越高,增产倍数越高;在某一裂缝导流能力比值下,造缝越长,增产倍数越高。从曲线的变化趋势来看,在横坐标上以 $10^4$ 为界,在它的左侧,提高增产倍数应以增加裂缝导流能力为主;在它的右侧,曲线趋于平缓,增产主要靠增加裂缝长度,进一步提高裂缝导流能力的增产效果不明显。因此,可以得出如下结论:

(1) 对于低渗透地层($K < 1 \times 10^{-3} \mu m^2$),在闭合压力不是很大的情况下,容易得到较高的导流能力比值,一般位于 $10^4$ 的右侧,若要提高增产倍数,应以加大裂缝长度为主。

(2) 对于渗透性较高的地层($K$ 大于几毫达西),在闭合压力较高的情况下,不易得到较高的导流能力比值,常常位于 $10^4$ 的左侧,若要提高增产倍数,主要依靠提高裂缝的导流能力。

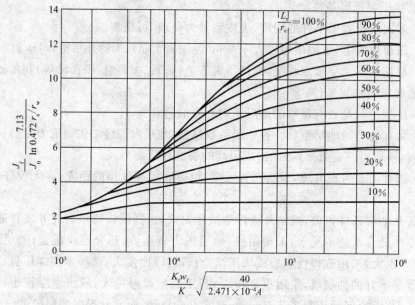

图 5-2-2  增产倍数(垂直裂缝)曲线

$J_0 \cdot J_f$——压裂前后油井的采油指数;$r_e \cdot r_w$——油井供给半径及油井半径,m;$L_f$——有效缝长;
$K_f w_f$——裂缝导流能力;$K$——地层渗透率;$A$——井控面积,$m^2$

## 3. 油水井酸化

油层酸处理(酸化)是提注入的酸液能将地层岩石的部分或全部矿物、黏土颗粒等溶解,提高油层渗透率,或溶解井壁附近的堵塞物,如钻井液、泥饼、各种杂质、沉淀物和细菌等,从而增大流体在井底附近地层的流动能力,达到增产增注的目的。

1）油水井酸化选井选层

在油层酸化过程中，由于酸与地层岩石的反应是在液相和固相之间进行的，许多酸液不能全部离解，而某些反应产物又是气体，因此酸岩反应比较复杂。根据油层岩石性质和堵塞物不同，油层酸化方法及酸液类型也不相同，酸液主要有盐酸和土酸。

盐酸处理主要用于石灰岩、白云岩和灰质胶结的砂岩等碳酸盐岩含量高的地层。盐酸与岩层内的碳酸盐反应生成的二氧化碳是气体，生成的钙盐和镁盐都溶于水，因此反应结束后可将废酸液及溶解在其中的盐类排出地层。室内实验和生产实际证明，当岩层中所含碳酸盐类大于 50％时，如裂缝性石灰岩、白云岩，应用盐酸处理效果较好。

土酸处理是用于碳酸盐含量较低，泥质含量较高的油层。土酸是盐酸与氢氟酸的混合液，其酸处理的特点是混合酸液中的盐酸可以溶解油层中的碳酸盐类胶结物和部分铁质、铝质，混合酸液中的氢氟酸可以很好地溶解砂岩油层中的硅酸盐矿物和黏土物质。

氢氟酸对于石英、硅酸盐、碳酸盐都有溶解能力，但反应生成物中的氟化钙和氟化镁会沉淀而堵塞地层。因此，对于一般既含泥质又含硅酸盐、碳酸盐的岩层，必须采用盐酸和氢氟酸混合处理方法，使它们只溶解而不产生沉淀物质。

2）油水井酸化设计

试验研究表明，酸液注入地层后并非均匀推进，而是沿油层中某些裂缝或孔道向油层纵深延伸，提高酸处理效果的主要途径是设法控制影响酸岩反应速度的因素，以增加溶蚀孔道的延伸深度。

## 三、油水井注采结构调整

### 1. 油水液流方向调整

根据开采过程中油井含水变化、注采平衡和水线推进状况，通过对采油井、注水井工作制度的调整，达到改善开发效果的目的。

### 2. 注采量调整

注采量调整主要是根据油藏开采形势变化和原油生产计划，进行产量结构的调整。年产油量由老井的未措施产量、老井措施增油量和新井当年产油量三部分构成，如老井自然递减率加快，要及时增加措施增油量或新井产油量；同时根据保持油藏分层注采平衡的需要和地下变化，调整不同类型油层的注水强度。

注水井综合调整的一般原则：

（1）油田低含水期，总注水量以保持地层压力稳定、注采平衡为原则。

（2）油田中高含水期，总注水量要逐渐提高，以保证油层压力逐渐提高，少产生单层突进、水淹为原则。

（3）油田含水 60%~90%,总注水量要逐渐提高,以保证产液量逐年提高、含水上升慢为原则。

（4）油田含水大于 90%后,以稳定总注水量,满足挖潜需要为原则。

产液量调整的一般原则:

（1）油田含水 90%以前,总产液量要逐年提高。

（2）油田含水 90%以后,以稳定总产液量为原则。含水级别相对低一些的井网层系、油层提液;中低含水井区油层提液;特高含水井区油层调剖、堵水、关井降液。

（3）总产液量、产油量以保持注采平衡为原则。

如图 5-2-3 为面积井网中的 A 层,经采油井组分析后确认 A 层的高含水高产液方向是甲 A 层注水多,中低含水方向是乙 A 层注水较少,平面矛盾大。分析注水井乙 A 层提高注水量 50 m³/d,水井甲 A 层降低注水量 50 m³/d 的可行性。

图 5-2-3　反七点法面积井网

首先论证乙 A 层提高注水量 50 m³/d 的可行性。对乙 A 层的 1,2,3,4,5 号油井的连通油层条件、生产参数、地层压力、见水状况进行分析,认为 3,4,5 号油井的 A 层可以接受,即乙 A 层提水 50 m³/d 对井组内 66%的油井有利,可以提水 50 m³/d,但 1,2 号油井的 A 层不能接受。

对 1 号油井 A 层,乙 A 层提水 50 m³/d 以后,会干扰丙 A 层中低含水方向的来液,设想丙 A 层提水 20 m³/d,同时增大 1 号油井的抽汲参数,通过提高液量来保持油层压力和含水稳定。

对丙 A 层的 2,6,7,8,9 号油井的连通油层条件、生产参数、地层压力、含水状况进行分析,认为 6,7,8,9 号油井可以接受,即丙 A 层提水 20 m³/d 对井组内 83%的油井有利。

2 号油井 A 层是特高含水层,产液量占全井的 80%以上,其高含水方向是乙 A 层和丙 A 层两个方向。若两个高含水方向都增加注水量,可能造成水淹,层间矛盾更大,因此可以对 2 号井 A 层采用机械堵水、化学堵水或堵压结合的措施。

2 号油井 A 层在辛 A 层方向油层厚度较大,但渗透率低,吸水少并易受污染,多次酸化效果不好,是低压、中低含水方向,又具备压裂增注条件,因此可以对辛 A 层进行压裂增注。

若压裂增注效果好,则尽可能提高注水量。若增注后 2 号油井 A 层效果较好,可以不堵水,并考虑乙 A 层提水 50 m³/d;若增注后 2 号油井 A 层无响应,可考虑在辛 A 层注指示剂或进行井间干扰试井,探测 2 号油井 A 层与辛 A 的油层连通状况。

其次分析甲 A 层降低注水量 50 m³/d 的可行性。对甲 A 层的 5,10,11,12 和 13 号油井的油层连通、生产变化、压力和含水状况进行分析,认为 10,12 和 13 号油井可以接受,甲 A 层降低注水量 50 m³/d 对井组内 66% 的油井有利。

对 11 号油井 A 层,甲 A 层降低注水量 50 m³/d 会引起丁 A 层方向平面失调,含水上升。考虑丁 A 层目前注水较多,可以降低注水量 30 m³/d。

分析丁 A 层周围的 12,14,15,16 和 17 号油井,认为丁 A 层降低注水量 30 m³/d 对 12,14,15 和 16 号油井可以接受,但 17 号油井 A 层不能接受。

甲 A 层、丁 A 层都降低注水量而且幅度较大,虽然控制了 11 号油井 A 层含水上升,但地层压力下降,可以在戊 A 层提高注水量 30 m³/d。

分析戊 A 层周围的 10,17,18,19 和 20 号油井的 A 层,认为戊 A 层提高注水量 30 m³/d 对 10,18,19 和 20 号油井都能接受,但 17 号油井 A 层不能接受。

丁 A 层降低注水量 30 m³/d,戊 A 层提高注水量 30 m³/d,对 17 号油井的 A 层都不能接受。因为 17 号油井的 A 层在戊 A 方向含水最高,丁 A 层方向含水次高,己 A 层方向的油层条件较差,含水相对较低。

设想在己 A 层方向提高注水量 30 m³/d。分析己 A 层周围的 16,18,21,22 和 23 号油井的 A 层状况,认为 16 和 23 号油井可以接受,18 号油井含水会上升,21 和 23 号油井平面矛盾不大而且压力偏低,但含水也可能上升。总体来看,己 A 层提高注水量 30 m³/d 对周围 5 口油井无大的影响,而对 17 号油井较有利。己 A 层提高注水量 30 m³/d 可行,但要注意观察 18,21 和 23 号油井的含水变化。

对 5 号油井 A 层而言,乙 A 层提高注水量 50 m³/d 原是可以接受的,现在甲 A 层要降低注水量 50 m³/d 不能接受。

5 号油井 A 层在三个驱油方向中,乙 A 层方向油层条件较差,含水相对较低,甲 A 层和庚 A 层两个方向油层条件较好,而且相近似,含水级别都较高,当前这两个方向基本平衡,维持了产油、含水、压力稳定。现在甲 A 层降低注水量 50 m³/d,可能造成庚 A 层方向的平面失衡,引起 5 号油井含水上升。

设想庚 A 层注水量不变,甲 A 层降低注水量 50 m³/d 分步实施,先降低注水量

30 m³/d,观察戊 A、中 A 两井的生产变化。若戊 A 层无不良反映,中 A 层变好,后期再降低注水量 20 m³/d;若戊 A 变差,中 A 层变好,在庚 A 层提高注水量 20 m³/d,甲 A 层后期不降水,继续观察两口油井的生产变化。

最后分析结果为:乙 A 层提高注水量 50 m³/d;丙 A 层提水 20 m³/d,1 号油井调大参数提液;2 号油井 A 层堵水(视辛 A 层压裂增注效果决定是否实行);辛 A 层压裂增注,如效果好、乙 A 层不堵水,同时考虑乙 A 层下限注水;甲 A 层降低注水量 50 m³/d,分步实施:先降 30 m³/d 观察(必要时庚 A 层提高注水量 20 m³/d);丁 A 层降低注水量 30 m³/d;戊 A 层提高注水量 30 m³/d;己 A 层提高注水量 30 m³/d。

上述仅为一个 A 层的相邻井组分析。实际工作中,相邻井组分析是对单层、单井、井组分析时提出的全部调整措施进行综合分析,平面、层间、层内矛盾要同时综合分析调整,分析要复杂得多,但分析方法相似。

**3. 注采压力调整**

注采压力调整包括注水量调整、采油井压力调整和注采压差调整。要根据油层条件和吸水能力,分层调整注水压力和注采压差,协调注采关系。

# 第三节　油田开发系统调整

油田开发阶段性调整是系统的调整,属重大技术改造和基本建设项目,必须经过科学论证,编制调整方案。调整方案可以整体部署、分步(或分年)实施,并要和经常性开发调整紧密结合。

阶段性油田开发调整的时机因素包括:① 油藏必须经过一定时期的开发实践,地下情况比较清楚,现有开发系统的问题暴露的比较充分;② 具备一定工艺技术条件,如调整井固井质量、测井解释精度、水淹层解释、低渗透层段的增产增注技术等能够达到调整要求;③ 作好油藏开发分析及预测,并超前进行开发调整先导性试验。

阶段性油田开发调整的原则为:① 立足于油藏地下情况,调整目标及重点明确,尽可能发挥已有开发系统的作用;② 尽量提高油层的水驱控制储量和动用程度,扩大注入水的波及体积,增加可采储量;③ 调整措施符合油藏实际,针对性强,尽量采用先进、有效、实用的新技术,调整效果好,经济效益高。

## 一、开发层系调整

一个油藏层系划分是否合理,主要看其储量动用状况,要通过多种方法搞清未动用储量的分布,研究造成储量动用差的原因,如同一开发层系内各层的分布状况、岩石物性、原油性质等差异太大,油层层数过多和厚度过大、开采井段过长等,都会影响储量动用状况,降低开发效果。因此,作为一个独立的开发层系,在具有一定可采储量且油井有较高生产能力的前提下,层数不宜过多,射孔井段不宜过长,厚度要适宜;与相邻开发层系间应具有稳定的隔层,以便在注水开发条件下不发生窜流和干扰;同一开发层系内,油层的构造形态、压力系统、油水分布、原油性质等应比较接近,油层的裂缝性质、分布特点、孔隙结构、油层润湿性应尽可能一致,以保证注水方式基本一致,若原划分的开发层系与这些要求相差较多,则需要进行层系调整。

层系调整的主要做法:

(1) 层系调整和井网调整同时进行。对于原层系井网中开发状况不好、储量又多的差油层,应单独作为一套开发层系,用加密井网开发。虽然打井较多,投资较大,但可使调整对象开发效果好和经济效益高。

(2) 细分开发层系调整。如果一个开发区的井网基本上是合理的,主要是层系划分不合理,则可以进行细分开发层系的调整,井网调整放在从属地位上。

(3) 井网开发层系互换。这种方式的应用条件是一个开发区内两套层系的井网基本一样,又处于大致相同的开发阶段。互换层系可减少钻井和建设投资,但封堵和补孔工作量大,也会造成一些储量损失。

(4) 层系局部调整。根据对井网钻遇油层发育情况和油水分布状况的分析,跨层系封堵部分井的高含水层,补开差油层或重新认识有开采价值的油层,进行局部层系调整,也可以得到较好的开发效果。

## 二、井网加密调整

井网调整主要是调整层系的注水方式和选择合理的井网层系。井网关系密切,经常相互结合进行调整,井网调整主要靠新钻调整井来实现,部分地区也可采取老井补孔、卡封等工艺手段来完成。

选择井网的原则:选择的井网要有较高的水驱控制程度;要能满足注采压差(有效)、生产压差和采油速度的要求;要有一定的单井控制可采储量,有较好的经济效益;要处理好新老井的关系,因为调整井的井位受原井网制约,新老井的分布尽可能均匀,注采协调;以经济效益为中心,研究不同油藏井网密度和最终采收率的关系。

### 1. 合理井网密度

陆相沉积非均质多油层水驱油藏井网密度对采收率影响很大,尤其在开发中后期影响更为明显。由于剩余可采储量减少,老油藏继续稳产越来越困难,随着井网加密,产量短期可以增加,但储量动用程度不能无限提高。当产出不能随投入增加时,经济上就是不合理的。因此,井网密度是一个十分复杂的问题,既是技术问题,也是经济问题。

1) 井网密度与采收率的关系

大量研究和生产实践资料表明,油藏水驱最终采收率与井网密度关系比较密切,油藏水驱最终采收率在数值上等于驱油效率和注入水体积波及系数的乘积。对一个具体油藏而言,驱油效率是一定的,决定因素是注入水体积波及系数。

注入水体积波及系数受两方面因素制约:一是油藏的地质特征,包括油层连通程度、渗透率非均质性及层内韵律等,可以用井网指数表示,井网指数对某个油藏来说也是一定的;二是井网密度,它是通过人们的能动作用可以变动的因素,因此是影响水驱油藏采收率最主要的因素。

H·谢尔卡乔夫建立了采收率和几个影响参数之间的关系式:

$$E_R = E_D \exp(-a/S) \tag{5-3-1}$$

式中　$E_R$——油藏最终采收率;

　　　$E_D$——驱油效率;

　　　$a$——井网指数;

　　　$S$——井网密度。

式中,$\exp(-a/S)$相当于注入水在油层中的波及系数,当井网密度趋近于无穷大时,$\exp(-a/S)$趋近于 1。

根据中国石油勘探开发研究院对我国 144 个油藏实际资料的分析,按流度$(K/\mu_o)$把我国不同类型的油藏划分为五个区间,回归得到驱油效率$E_D$与流度$K/\mu_o$的关系式:

$$\lg E_D = 0.069\,73 \lg \frac{K}{\mu_o} - 0.410\,78 \tag{5-3-2}$$

式中　$K$——岩石渗透率,$10^{-3}\,\mu m^2$;

　　　$\mu_o$——地下原油黏度,$mPa \cdot s$。

进一步可归纳出不同类型的油藏采收率与井网密度的关系式。当 $30 \times 10^{-3}\,\mu m^2/(mPa \cdot s) \leqslant K/\mu_o < 100 \times 10^{-3}\,\mu m^2/(mPa \cdot s)$时,井网密度与采收率的关系式为:

$$E_R = 0.522\,7 \exp(-2.635/S) \tag{5-3-3}$$

当 $5 \times 10^{-3}\,\mu m^2/(mPa \cdot s) \leqslant K/\mu_o < 30 \times 10^{-3}\,\mu m^2/(mPa \cdot s)$时,井网密度与采收率的关系式为:

$$E_R = 0.483\,2 \exp(-2.423/S) \tag{5-3-4}$$

我国低渗透油田井网密度与采收率关系一般采用的经验公式为:

$$E_R = 0.42 \exp(-2.055/S) \tag{5-3-5}$$

2) 目前井网密度

井网密度是指某一时期油藏开发面积内的总井数与该开发面积之比。国内常用单位为口/km²。国际上把井网密度定义为单井控制的含油面积,用 km²/井表示。从定义上讲,井网密度是一个很简单的问题,但实践证明,对同一油藏,在同一时期,不同统计者得出的结果往往不同,原因在于人们选择参数的标准不同。为了避免或尽量减少主观因素造成的误差,对有关参数要求如下:

(1)开发面积。要求开发单元或区块的开发面积包括纯油区(内油水边界以内)及油水过渡带(内外油水边界之间)。

(2)总井数。包括注水井、生产井(低产井、间歇井)、对产量有直接明显影响的试验井、检查井和资料井及倒换层系的井,对影响明显的边外井可酌情处理。

3)合理井网密度

以油田地质、油藏工程为基础,以技术经济条件为依据来综合评价井网密度的效果,以最少的投入获得最好的开发效益是油藏开发追求的目标。因此,合理井网密度应考虑油藏地质开发条件和经济技术指标等内容。合理井网密度是指在规定的开发条件下,达到储量损失最小、开发速度合理、稳产期较长、经济上允许的最高采收率时的井网密度。显然,影响合理井网密度的主要因素是油藏地质开发条件和经济指标。

中国石油勘探开发研究院将井网密度与采收率及经济投入产出的关系有机地结合起来,推导出计算最佳经济井网密度和经济极限井网密度的方法。所谓最佳经济井网密度,是指总产出减去总投入达到最大,即经济效益最大时的井网密度;经济极限井网密度是指总产出等于总投入,即经济效益为零时的井网密度。其简要计算公式如下。

油田开发期限内的原油销售收入 $y_1$ 为:

$$y_1 = \frac{NG}{t} \frac{(1+i)^t - 1}{i} E_D \exp\left(-\frac{a}{S}\right) \tag{5-3-6}$$

油田开发期限内的投资及维护管理费用 $y_2$ 为:

$$y_2 = ASM(1+i)^{t-1} + ASP \frac{(1+i)^t - 1}{i} \tag{5-3-7}$$

油田开发期限内原油销售收入对井网密度的导数值 $y_3$ 为:

$$y_3 = \frac{aNG}{S^2 t} \frac{(1+i)^t - 1}{i} E_D \exp\left(-\frac{a}{S}\right) \tag{5-3-8}$$

油田开发期限内投资及维护管理费用对井网密度的导数值 $y_4$ 为:

$$y_4 = \left[M(1+i)^{t-1} + P \frac{(1+i)^t - 1}{i}\right] A \tag{5-3-9}$$

式中    $N$——地质储量,t;

   $G$——原油价格,元/t;

   $i$——年贷款利率,小数;

$t$——开发评价年限，年；

$A$——含油面积，$km^2$；

$M$——单井投资，元；

$P$——单井年维护及管理费用，元。

用交会法，使 $y_1 = y_2$，可求出极限井网密度；使 $y_3 = y_4$，可求出合理井网密度。

## 2. 井网加密调整方式

如图 5-3-1 为直井井网的一次加密方式。从图中可以看出，井网加密后基础井网形式不变，即方形井网加密后仍为方形井网，三角形井网加密后仍为三角形井网。表 5-3-1 为直井井网多次加密后井距的变化情况。

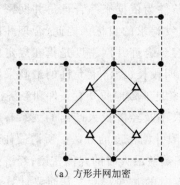 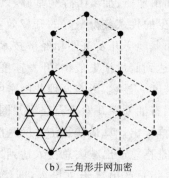

（a）方形井网加密 （b）三角形井网加密

图 5-3-1 直井井网一次加密形式

△—注水井；●—生产井

表 5-3-1 直井井网多次加密后井距

| 井距<br>井网 | 初 始 | 一次加密 | 二次加密 | 三次加密 |
|---|---|---|---|---|
| 方形井网 | $d$ | $\sqrt{2}d/2$ | $d/2$ | $\sqrt{2}d/4$ |
| 三角形井网 | $d$ | $d/\sqrt{3}$ | $d/3$ | $d/3\sqrt{3}$ |

由于水平井的水平井段较长，增加了井筒与油层的直接接触面积，为原油流入井筒或通过井筒把工作流体注入地层提供了有利的条件。当油层条件一定时，水平井长度越大，油井增产幅度越大。对于特殊经济边际油藏，包括高开发程度剩余资源、低品位储层和复杂地表环境下的海洋油气田的高效开发的需求越来越大，水平井技术在20世纪80年代相继在美国、加拿大、法国等国家得到广泛的工业化应用。

水平井初期主要用于开发程度较高的油藏的剩余储量挖潜，由于这些油藏早期已经采用直井开发，水平井数量较少，特别是复杂结构井型的出现，无论与直井组合还是水平井间很难形成规则的井网形式。随着低渗透、超薄层油藏、稠油和超稠油油藏及复杂地表环境下的海洋油气田的投入开发，这些油藏开采初期即采用水平井，并形成较完整的直井＋水平井或水平井井网形式。水平井加密直井井网形式如图 5-3-2 所示。

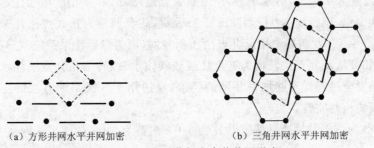

（a）方形井网水平井网加密　　　　　　　（b）三角井网水平井网加密

图 5-3-2　水平井加密直井井网形式

## 三、注采方式调整

### 1. 注采系统调整类型

注采系统调整主要是指对原井网注水方式的调整，一般不钻井或钻少量井。注采系统调整主要有以下几种类型：

（1）开发实践表明，原来采用边外注水或边缘注水，油藏内部的采油井受效差，应在油藏内部增加注水井。

（2）原来采用行列注水（不包括线状注水），切割区的中间井排不受效或受效很差，应在中间井排增加点状注水或调整为不规则的面积注水方式。

（3）由于断层的影响，造成断层附近注采不完善，受不到注水效果或存在死油区，应在断层地区进行局部注采系统调整，如增加点状注水井点。

（4）对于裂缝发育且主裂缝方向清楚的油藏，注水开发以后，沿裂缝迅速水窜，甚至造成油井暴性水淹，可将沿裂缝水窜油井转注，形成沿裂缝注水，能收到较好的水驱油效果。

（5）原来采用反九点法井网注水，随着油井含水上升，产液量增长，注水井数少，满足不了注采平衡的需要，可调整为不完整的五点法井网或完整的五点法井网注水。

油藏驱动方式的调整也是阶段性油藏开发的内容，例如原定靠边水等天然能量开发的油藏转为注水开发等。

### 2. 注采井数比调整

不同注采系统的注采井数比不同，注采井数比为 1∶1 时，为反五点法注采系统；注采井数比为 1∶2 时，为反七点法注采系统；注采井数比为 1∶3 时，为反九点法注采系统。油层渗透率和油水黏度比不同，都会使注采井数比不同，对一个具体油藏来讲，不同开采阶段的注采系统也应是不同的。

我国油藏开发初期大多采用注采井数比为 1∶3 的反九点法面积注水方式，这是因为开发早期不含或低含水时,产油、产液量不大,注采井数比1∶3即可满足生产要求;油藏开发进入中后期,含水上升,产液量大幅度增加,必须相应增加注水井点,注采井数比可从1∶3调整到1∶1;到油田开采后期,甚至调整为正九点法注采井网,注采井数比为3∶1。开发初期采用反九点法面积井网,可为以后注采系统调整提供较多的选择余地,如可从反九点法转换为五点法或线状注水,或转为正九点法注水,这样既适应了油藏开发全过程需不断加密井网的要求,也适用于二次采油方法的应用,而且可做到注采系统相对完整。

图5-3-3为方形井网由注采井数比为1∶3调整为3∶1的注采井网演变形式。

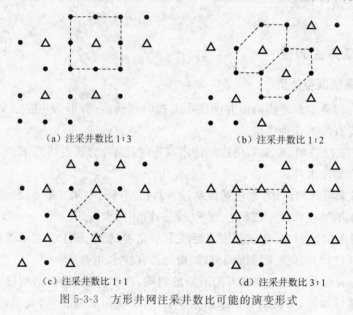

（a）注采井数比1:3          （b）注采井数比1:2

（c）注采井数比1:1          （d）注采井数比3:1

图5-3-3　方形井网注采井数比可能的演变形式

### 3. 注采系统调整

随着开发过程中产液量的变化,要逐步调整注采系统,以利于取得好的开发效果。

注采系统在开采过程中不是一成不变的,应该随着油田含水的上升以及注水井吸水指数和采油井产液指数的变化而变化。有的注采系统在含水比较低的阶段是合理的,但到高含水期可能就不适应了,需要进行适当的调整。例如,大庆油区有些油藏在1980年末含水已超过80%,反映出注水能力不能满足油井提高产液量的要求,为此,从1990年起,对全油区的注采系统进行调整,到1992年底全油区的注采井数比由1988年的1∶3.1减小到1∶2.2,通过调整见到了较好的效果。

注采系统调整一般通过转注部分采油井来实现,这样将会产生受效井提高产液量和转注油井损失产液量两个因素的双重作用。从表面上看,调整注采系统会使产液量下降,但合理地调整注采系统不仅可以调整压力系统,提高产液量,而且还能增加水驱控制程度,扩大水淹面积,提高可采储量。例如,大庆喇嘛甸油藏注采系统调整试验区的注采井数比由 1∶2.85 加强到 1∶1.30,不仅产液量增长了 36.3％,产油量增长了 8.7％,而且由于改善了部分注水受效不好的油层的注水受效条件,扩大了注入水波及体积,增加了水驱动用储量,可采储量也有所增加,根据水驱特征曲线预测,试验区可采储量可增加 5.56％。

从注水井吸水指数和采油井产液指数在开采过程中的变化规律来看,注采系统的调整一般都是由油水井数比较高的注采系统向油水井数比较低的方向调整,亦即由弱的注水系统向强的注水系统调整,所以在选择注采系统和布井形式时,必须充分考虑到这个特点,使注采系统具有一定的灵活性,留有调整的余地。

一般情况下,开发过程中注采系统向着强化方式进行调整。图 5-3-4 为注采井数比为 1∶3 的反九点注采系统调整为注采井数比为 1∶1 的强化线性注采系统。

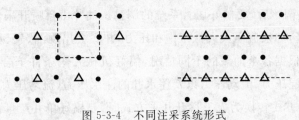

图 5-3-4  不同注采系统形式

大庆油田早期采用切割注采方式,后期调整为强化线性注水方式,如图 5-3-5 所示。

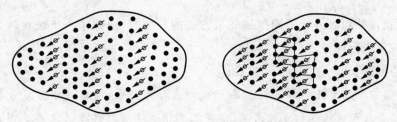

图 5-3-5  大庆油田调整注水方式

胜利油田孤岛南区开发井网调整演变方式如图 5-3-6 所示。基础井网为三角形井网,注水开发阶段选择七点注采井网方式,后期又进行井网加密并调整为线性注采方式。

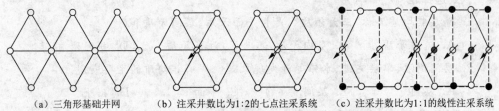

（a）三角形基础井网　　　　（b）注采井数比为1∶2的七点注采系统　　　（c）注采井数比为1∶1的线性注采系统

图 5-3-6　胜利油田孤岛南区开发井网调整演变方式

### 4. 开采方式调整

开采方式调整主要是指油井由自喷开采方式转换为人工举升开采方式。开采方式调整应注意以下几个问题：

(1) 合理选择改变开采方式的时机。如果油层能量仍较充足，应尽量采用较经济的自喷开采方式；当油井含水上升靠自喷开采已不能满足增加产液量的要求时，就应该及时地改变开采方式，转为人工举升采油。

当遇到以下情况时，需要及时改变开采方式：① 自喷开采后期，出现注水压力过高，甚至超过破裂压力，使套管损坏增多；② 油层压力过高，造成油水过渡带原油外溢；③ 油井含水过高；④ 对低渗透层开采干扰加剧；⑤ 地面集输管网回压过高，输油困难等。

(2) 开采方式调整后，要搞好压力系统的调整。油井由自喷开采转为机械开采，井底流压大幅度下降，如果流压大大低于饱和压力，井底会出现油、气、水三相流，影响开采效果。因此，要根据各个油藏的不同情况，搞好机械开采条件下合理压力界限的研究，包括油井的地层压力、流动压力以及注水井的注水压力（流动压力）的确定。

(3) 自喷开采方式转换为人工举升开采方式时，要搞好单井产量预测，根据产量预测情况选择合理的机、泵、杆等类型，本着经济、有效的原则，充分发挥机采设备的作用。

当大批油井同时进行不同机械开采方式的转换时，油藏压力系统将随之发生变化，也应注意进行调整。

### 【要点回顾】

储层非均质性与注水开发的油层产状的差异性关系，油田注水开发效果评价方法，剩余油分布形成机理和主控因素，常规工艺措施调整和注水开发系统调整的主要特点，开发层系和井网加密调整的统一性，注采方式调整井网演变的规律性。

### 【探索与实践】

#### 一、选择题

1. 储层非均质又称"三大矛盾"，是指平面矛盾、层间矛盾和（    ）。

    A. 流体矛盾　　　B. 层内矛盾　　　C. 注采矛盾　　　D. 井网矛盾

2. 层间倒灌、单层突进、水锥等开发现象是（    ）非均质的主要表现。

    A. 层内　　　B. 层间　　　C. 平面　　　D. 孔隙

3. 舌进是（    ）非均质的主要表现。

    A. 层内　　　B. 层间　　　C. 平面　　　D. 孔隙

4. 方形井网加密后的井网形式（　　）。

　　A. 不发生变化　　B. 为菱形　　　　C. 为矩形　　　　D. 为三角形

5. 正韵律是指层内纵向自下而上渗透率（　　）。

　　A. 降低　　　　　B. 升高　　　　　C. 不变　　　　　D. 先升后降

6. 反韵律是指层内纵向自下而上渗透率（　　）。

　　A. 降低　　　　　B. 升高　　　　　C. 不变　　　　　D. 先降后升

7. 反韵律储层注水开发效果（　　）正韵律储层。

　　A. 好于　　　　　B. 差于　　　　　C. 等于

8. 注水开发油田，存水率（　　），则开发效果越好。

　　A. 越高　　　　　B. 越低　　　　　C. 不变

## 二、判断题

1. 渗透率突进系数为渗透率的最大值与渗透率的平均值之比。　　　　　　（　　）

2. 一般分层系数越大，则层间非均质性愈严重。　　　　　　　　　　　（　　）

3. 砂岩系数越小，砂体越发育，连续性越好。　　　　　　　　　　　　（　　）

4. 一般情况下剩余油饱和度小于残余油饱和度。　　　　　　　　　　　（　　）

5. 热水驱的残余油通常大于常温水驱的残余油。　　　　　　　　　　　（　　）

6. 开发过程中注采系统一般向着更加强化的方式进行调整。　　　　　　（　　）

7. 层间倒灌是层间非均质的主要表现，常采取分层开采措施进行调整。（　　）

8. 注水油田开发中后期采油方式由自喷方式转向人工举升方式是必然的。

　　　　　　　　　　　　　　　　　　　　　　　　　　　　　　　　（　　）

## 三、问答题

1. 储层沉积韵律模式有哪些？

2. 简述储层非均质性表征的开发意义。

3. 简述剩余油形成机理。

4. 简述剩余油类型。

5. 简述油田开发调整的性质和类型。

6. 简述层系调整的主要做法。

7. 简述油气藏应用水平井开发的主要优势。

8. 简述注采系统的调整类型。

9. 试绘出反九点面积注采井网示意图，写出这种井网的注采井数比，并通过绘图说明如何将油井转注把反九点井网演变为反五点井网、反斜七点井网和直线注采井网。

10. 试结合图 1 的水驱特征曲线说明油田开发中两次开发调整后的效果变化。

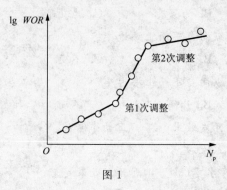

图 1

# 参考答案

## 第一章

### 一、选择题

1.B  2.C  3.D  4.A  5.B  6.B  7.B  8.B  9.A

### 二、判断题

1.√  2.×  3.√  4.×  5.×  6.×  7.×  8.×

### 三、问答题

1.① 构造油气藏。构造油气藏是指在构造圈闭中的油气聚集,包括背斜油气藏和断层油气藏。构造圈闭是由于构造运动使岩层发生变形或变位而形成的。② 地层油气藏。地层油气藏是指在地层圈闭中的油气聚集,包括地层超覆油气藏和地层不整合油气藏。地层圈闭是由于地层超覆、沉积间断和剥蚀作用所形成的。③ 岩性油气藏。岩性油气藏是由于沉积环境变迁导致储集层岩性发生侧向变化而形成的,包括岩性尖灭油气藏和透镜体岩性油气藏。这种类型的油气藏在平面上通常成群成片杂乱无规则分布。

2.① 油层多层状特征。陆相储集的多层状特征表现为多油层及油层与隔夹层间互的特征,同时表现为多相带储集层的纵向叠合,多相带的差异性必然构成严重的层间非均质性,决定了油藏分层系开发的状况。② 断块型油藏特征。陆相油藏中由于陆相储集层层薄、隔夹层间互,几米或十几米的小断层也足以使储集层错开而与另一侧隔夹层接触形成遮挡;断块油藏的开发程序和部署具有特殊性。③ 边底水能量不足。陆相沉积盆地及其湖泊的小规模特征决定了陆相油藏不可能存在大型天然水体,大中型陆相油田几乎全部依靠人工补充能量而得到有效开发。④ 陆相油藏原油黏度偏高。陆相油藏的油源绝大多部分以湖相泥岩为母岩,湖相沉积的生油母质以Ⅱ类、Ⅲ类干酪根为主,而Ⅲ类腐植型干酪根以形成较重质油为主,因此陆相油藏原油总体上黏度偏高、含蜡量高,高黏原油在注水开发中表现为持续高含水阶段生产的重要特征。⑤ 储集层孔隙结构复杂。陆相湖盆碎屑岩近物源、短流程的沉积背景导致砂砾岩的矿物成熟度和结构成熟度很低,储集层孔隙结构的复杂性主要表现为水驱油效率较低。

3.① 以决定开发方式最重要的开发地质特征作为油藏的基本类型。② 充分考虑陆相石油地质规律和开发策略。

油气田开发工程是以高采油速度、高油气采收率、高效益为目的,开发技术的综合性要求根据油田开发过程的主控因素和主要开发措施因素对油藏进行分类,与此相似类型的油藏的开发实践经验才更加具有参考价值,因此采用这种分类方法对油藏合理开发具有指导意义。

4. 油井测试可采用仪器设备直接获得反映油井生产能力的资料和流体样品,测试方法包括地面常规测试和井下地层测试器测试。

可获取产能资料、压力和温度资料、油气水样品、原油含砂量资料。通过测试可以确定含油区域内各个不同含油层的面积,并初步估算地下油气的工业储量。利用试油资料的分析结果可以确定单井生产能力。这些资料可为确定油田开发井网、选择采油地面设备、制定油井措施等以及制订合理的开发方案提供重要的资料依据。

5. ① 油田开发试验。开展相应的开发试验,为制订开发方案的各项技术方针和政策提供依据。② 油田正式开发,包括开发方案实施和开发动态监测。③ 油田开发调整,包括开发动态分析和开发调整。

6. ① 一次采油:利用油藏的天然能量进行开采的方式。该阶段的油井生产方式取决于天然能量的大小,可以保持自喷方式,也可以采用人工举升方式。随着天然能量的消耗,地层压力下降,油井产量下降到极限产量。一次采油阶段的采收率通常为10%~15%。② 二次采油:利用人工注水或人工注气补充能量进行开采的方式。人工补充能量可以使地层压力回升,产量上升,但随着油井含水率或生产气油比的增加,油井产量下降到极限产量。二次采油阶段的采收率通常为20%~25%。③ 三次采油:通过改变驱替流体介质来扩大水淹体积并提高洗油效率的开采方式。三次采油包括聚合物驱、表面活性剂驱、碱驱或复合驱等化学剂驱方式,气驱混相或液驱混相方式,注蒸汽或火烧油层等热力采油方式。三次采油阶段的采收率通常为10%~30%。

7. ① 认真完成油藏评价和开发前期工程的各项工作。经过室内实验、专题研究、试采或现场先导试验,系统地取全取准各项资料,并对油藏有比较清楚的认识。② 开发方案设计的技术要求中所规定的静、动态资料和数据已经收集得比较完整和准确,关键的技术参数不能用替代数据进行设计计算。③ 开发方案设计必须以符合油藏实际的地质模型和已落实的探明地质储量为基础,以可靠的生产能力和注水能力为必要条件,确保开发方案设计的科学性和准确性。

8. ① 油藏工程设计:进行油藏描述并建立地质模型;评价或核算地质储量和可采储量;确定开发方式、开发层系、井网和注采系统;确定压力系统、生产能力、吸水能力和采油速度;开发指标预测和推荐方案的论证分析;提出对钻井、完井、测井、采油工程及动态监测方案的建议和要求。② 钻采工程设计:选择钻井类型;选择钻井液体系;确定套管程序、井身结构及注水泥工艺;确定完井方式;确定采油方式;确定射孔方案;确定油田注水开发方案;选择压裂酸化措施及防砂方法;选择井下管柱及等油井保护措施;确定井下作业类型等。③ 地面工程设计:原油集输和处理、天然气处理、油田注水及污水处理系统,油田供电、水源、道路、通信等配套设施建设,以及地面建设投资评价。④ 技术经济优化,包括勘探开发投资、油气成本及单位能耗、生产建设投资评价、开发方案各项经济技术指标对比及选择等,并进行各项经济指标的汇总。

## 第二章

### 一、选择题

1. B  2. B  3. A  4. A  5. A  6. C  7. D  8. A

### 二、判断题

1. √  2. ×  3. ×  4. √  5. ×  6. √  7. ×  8. ×

### 三、问答题

1. 形成条件:① 油藏无原生气顶;② 无边底水、注入水或边水不活跃;③ 开采过程中油藏压力高于饱和压力。

生产特征:① 地层压力随时间延长而下降;② 产油量随时间延长而降低;③ 生产气油比为一常数。

2. 形成条件:① 气泡膨胀驱油向井底,气泡膨胀驱动能量为主要驱动能;② 油藏无边水(或底水、注入水)、无气顶,或有边底水但不活跃;③ 地层压力低于饱和压力。

生产特征:① 油层压力快速下降;② 油井产量快速下降;③ 生产气油比增至最大后降低;④ 不产水。

3. 形成条件:① 油藏边底水不活跃,一般无露头,或有露头但水源供应不足,不能补充采液量;② 存在断层或岩性变差方面的原因;③ 若采用人工注水,注水速度小于采液速度。

生产特征:① 地层压力不断降低;② 产量随时间延长而下降;③ 生产气油比保持不变。

4. ① 一套独立的开发层系具有一定的储量,能达到一定的生产规模;② 同一开发层系中的油层具有相近的储层物性与流体物性;③ 同一开发层系中的油层具有相同的油水系统和压力系统,相近的构造形态;④ 不同驱动类型的油层不能组合在一套层系开发;⑤ 各开发层系间应有良好的隔层,在注水条件下,层系间能严格分开,确保层间不发生窜通和干扰;⑥ 同一开发层系中油层的层数不宜太多,含油井段不宜过长;⑦ 在采油工艺能满足开采要求的条件下,开发层系不宜划分得过细;⑧ 划分开发层系的主要目的是使油藏达到最佳的开采收益。

5. ① 油田天然能量的大小。在满足开发要求的前提下,尽量利用天然能量。② 油田大小和对油田产量的要求。一般对于小油田,储量小,不求稳产期长,可以不选择早期注水;对于大油田,保持较长时间稳产期,宜选择早期注水。③ 油田的开采特点和开采方式。

6.① 可延长自喷采油期及提高自喷采油量;② 可减少产水量;③ 可采用较稀的生产井网;④ 可提高油井产油量;⑤ 可减少采出每吨原油所需的注水量;⑥ 可提高主要开发阶段的采油速度;⑦ 使开发系统灵活并易于调整。

选择早期注水,油田投产初期注水工程投资较大,投资回收期较长,一般适应地饱压差相对较小的油田。

7.① 适用于中小型油田,油层构造比较完整;② 油层分布比较稳定,含油边界位置清楚;③ 边部与内部连通性好,流动系数高。

优点:① 油水界面比较完整,水线移动均匀;② 较容易控制,无水采收率和低含水采收率较高;③ 注水井少,注入设备投资少。缺点:① 注入水利用率不高,部分注入水向边外向四周扩散;② 在较大油田的构造顶部效果差,易出现弹性驱或溶解气驱。

8.① 油田面积大,构造不完整,断层分布复杂;② 油层分布不规则,延伸性差,多呈透镜体分布;③ 油层渗透性差,流动系数低;④ 适用于油田后期强化开采,提高采收率;⑤ 特别适用于高速开采油田。

优点:① 所有油井都处于注水井第一线,有利于油井受效;② 注水面积大,注水受效快;③ 每口油井有多向供水条件,采油速度高;④ 便于调整。缺点:生产井来水方向不容易调整,无水采收率比较低。

9. 解:四点法单井控制面积为:

$$S=\frac{\sqrt{3}}{2}a$$

需要布井总数为:

$$n=\frac{A}{S}=\frac{4.8\sqrt{3}\times 10^6}{\frac{\sqrt{3}}{2}\times 400^2}=60\ (\text{口})$$

部署生产井 $n_p=40$ 口,注水井 $n_i=20$ 口。

地质储量为:

$$N=\frac{Ah\phi S_{oi}}{B}=\frac{4.8\sqrt{3}\times 10^6\times 10\times 0.2\times 0.8}{1}=13\ 302\ 150\ (\text{m}^3)$$

生产井单井产量应达到:

$$Q=\frac{Nv}{n_p t_a}=\frac{13\ 302\ 150\times 0.02}{40\times 360}=18.48\ (\text{m}^3/\text{d})$$

10. 解:含水率关系为:

$$f_w = \frac{K_{rw}/\mu_w}{K_{rw}/\mu_w + K_{ro}/\mu_o} = \frac{1}{1 + \dfrac{K_{ro}}{K_{rw}} \dfrac{\mu_w}{\mu_o}}$$

根据上式计算含水率(见表1),并制作含水率变化曲线,如图1所示。

表1

| $S_w$ | 0.30 | 0.35 | 0.40 | 0.45 | 0.50 | 0.55 | 0.60 | 0.65 | 0.70 | 0.75 |
|---|---|---|---|---|---|---|---|---|---|---|
| $f_w$ | 0.000 | 0.162 | 0.450 | 0.741 | 0.897 | 0.968 | 0.988 | 0.995 | 0.998 | 1.000 |

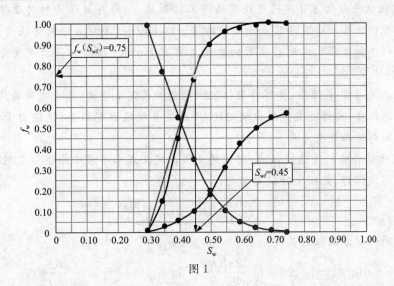

图 1

由含水率曲线求得水驱前缘饱和度 $S_{wf} = 0.45$,前缘含水率为 $f_w(S_{wf}) = 0.75$。

计算前缘含水率的导数值:

$$f_w'(S_{wf}) = \frac{f_w(S_{wf})}{S_{wf} - S_{wc}} = \frac{0.75}{0.45 - 0.30} = 5$$

计算无水采收率 $R_{evf}$:

$$R_{evf} = \frac{1}{f_w'(S_{wf})(1 - S_{wc})} = \frac{1}{5 \times (1 - 0.30)} = 0.285\ 7 = 28.57\%$$

## 第三章

一、选择题

1. C   2. B   3. B   4. B   5. D   6. B   7. C   8. B

二、判断题

1. √　2. ×　3. ×　4. ×　5. ×　6. ×　7. √　8. ×

三、问答题

1. 主要包括：① 压力监测；② 分层流量监测；③ 剩余油分布监测；④ 井下技术状况监测；⑤ 油气、油水界面监测。

2. 确保动态监测资料的准确性、代表性和系统性；油水井要对应配套监测；固定井监测与非固定井的抽样监测相结合，常规监测与特殊动态监测相结合；以油层、井下动态监测为重点，结合地面常规测试。

3. 常规试井分析方法是通过改变油井工作制度，测得井底压力的时变资料，以不稳定渗流理论为基础研究油层和油井的特征。以 Horner 半对数分析方法为代表利用直线段的斜率和截距反求地层参数的方法主要有 Horner 压降和压力恢复分析方法、MDH 分析法等。

4. 早期由于井底污染、井筒存储（续流）的影响而发生弯曲，正表皮时曲线下弯，负表皮时曲线上弯；大续流直线段出现的晚，小续流直线段出现的早；晚期由于边界和邻近油水井的影响而发生弯曲。

5. 现代试井分析是通过压力、时间的无因次定义式来寻求理论值与实测值之间的联系。无因次压力、无因次时间定义为：

$$p_{\mathrm{D}} = \frac{2\pi Kh}{\alpha Q\mu_{\mathrm{o}} B_{\mathrm{o}}}\Delta p, \quad t_{\mathrm{D}} = \frac{\beta Kt}{\phi\mu_{\mathrm{o}} c_{\mathrm{t}} r_{\mathrm{w}}^2}$$

对这两式的两端分别取对数得：

$$\lg p_{\mathrm{D}} - \lg \Delta p = \lg \frac{2\pi Kh}{\alpha Q\mu_{\mathrm{o}} B_{\mathrm{o}}}, \quad \lg t_{\mathrm{D}} - \lg t = \lg \frac{\beta K}{\phi\mu_{\mathrm{o}} c_{\mathrm{t}} r_{\mathrm{w}}^2}$$

由于地层、流体及井参数和井产量皆为定值，因此等式的右端为常数。在双对数图中，实测压降值与理论无因次压降值的差为常数，实测时间与理论无因次时间的差也为常数，即纵坐标差值为常数，横坐标差值也为常数。因此，只要将实测试井曲线放在理论试井曲线上，通过上下或左右平行移动，就能使它们达到较好的重合，其重合点的比例关系即是相应坐标轴的变换。

6. 通过取心得到渗透率为岩石渗透率，由于岩心测试之前进行洗油、烘干等过程，采用气测方式得到，该渗透率是指岩石的绝对渗透率；而试井测试为油层实际条件，油层中为束缚水状态，因此解释得到的渗透率为束缚水条件下的渗透率。显然试井解释得到的渗透率小于取心得到渗透率。

7. ① 注入流体从注入井到观测生产井的突破时间和推进速度；② 油水井地下连通关系；③ 判断出水层位；④ 识别大孔道及验证断层的密封性；⑤ 判断地层非均质性；⑥ 确定地层剩余油饱和度。

8. 在注水井中同时注入分配示踪剂和非分配示踪剂(分配示踪剂既能溶于油也能溶于水,非分配示踪剂只能溶于水)。由于非分配示踪剂只存在于流动相中,随注入水流至采出井中,而分配示踪剂在随注入水推进过程中,在示踪剂浓度梯度作用下,示踪剂分子将从示踪剂段塞中扩散到不动油中,段塞通过后,浓度梯度反向,示踪剂分子将从不动油中向注入水中扩散。分配示踪剂在生产井的产出滞后于非分配示踪剂 $\Delta t$ 时间,滞后的时间除了与分配示踪剂本身的特性有关外,还与示踪剂所流经油藏的剩余油多少有关,通过分析两条示踪剂曲线来计算井间剩余油饱和度。

9. 解:求得压力恢复曲线上直线段的斜率为:
$$m = 0.25$$

流动系数为:
$$\frac{Kh}{\mu_o} = 2.121 \times 10^{-3} \times \frac{QB_o}{m} = 2.121 \times 10^{-3} \times \frac{28.7 \times 1.12}{0.25}$$
$$= 0.272\,7\,[\mu m^2 \cdot m/(mPa \cdot s)]$$

油层的有效渗透率为:
$$K = \left(\frac{Kh}{\mu_o}\right) \times \frac{\mu_o}{h} = 0.272\,7 \times \frac{9}{8} = 0.306\,8\,(\mu m^2)$$

油层导压系数为:
$$\alpha = \frac{K}{\mu_o\beta} = \frac{0.306\,8}{9 \times 3.5 \times 10^{-4}} \times 10^{-3} = 97.4 \times 10^{-3}\,(m^2/s)$$

将直线段延长到 $\lg t = 0$ 处,求得截距 $A = 6.35$ MPa,则油井折算半径为:
$$r_{wr} = \sqrt{\frac{2.25\beta\alpha}{10^{\frac{A-p_w(0)}{m}}}} = \sqrt{\frac{2.25 \times 3.6 \times 0.097\,4}{10^{\frac{6.35-6}{0.25}}}} = 0.177\,2\,(m) = 17.72\,(cm)$$

表皮系数为:
$$S = \ln\frac{r_w}{r_{wr}} = \ln\frac{10}{17.72} = 0.572$$

# 第四章

**一、选择题**

1.C  2.A  3.B  4.C  5.A  6.A  7.B  8.A

**二、判断题**

1.×  2.√  3.×  4.√  5.×  6.√  7.×  8.×

**三、问答题**

1. 作用:① 驱油能量机理分析;② 核实油藏地质储量;③ 计算油藏动态;④ 测算

水侵量大小。

局限性：① 假设的压力平衡和采出量平衡很难达到，或者说根本达不到，因此要求取得的压力资料一定是油藏的平均压力；② 水侵量计算具有多解性，除了采用最小二乘法分析技术外，结合具体的地质资料进行分析也非常必要；③ 假设油藏是一个整体，是储罐模型，适用于油水边界比较固定的情况。

2. 当油藏有充分的边水连续供给或者因采油速度不高而使油区压降能相对稳定时，水侵速度与采出速度相等，这种水侵称为定态水侵。若油藏发生水侵的原因主要是含水区岩石和流体的弹性膨胀能作用时，这种水侵称为非定态水侵。

影响水侵的主要因素有：① 供给区的几何形状和大小；② 储层的渗透率和孔隙度；③ 油水黏度差异；④ 地层水和岩石的弹性膨胀系数等。

3.① 产量上升阶段。产量上升过程持续的时间取决于油藏规模、地质特征和对产量的需求程度，该阶段期限约为 4～5 年，较大规模的油藏建设投产时间和产量上升过程持续时间相对较长。可以将采油速度转折点作为该阶段的结束，采出程度为 10% 左右。

② 稳产阶段。稳产在很大程度上受人为因素控制，一个油田可能由多个油藏组成，储集层发育的几何形态和内部结构不同，可能投产的时间不同，不同油藏、不同油井产量接替使得稳产持续时间不同。该阶段结束时，采出程度约为 30%～50%。

③ 递减阶段。油田综合含水不断上升，产油量下降，采油速度下降，含水升高，致使油井停喷而转为机械采油方式。递减阶段与开采者的综合调整和治理措施有关，阶段末采出程度达 50%～60%。

④ 低速开采阶段。产油速度缓慢下降，油田综合含水很高，因此该阶段产液速度很高，部分油井由于强水淹而关闭，生产井数下降到总井数的 40%～70%，甚至更低。低速开采阶段持续 15～20 年，取决于油井的产量极限。

4.① 低含水阶段。油田综合含水为 0～25% 时，处于低含水阶段。低含水阶段一般不会因为产水而显著影响油井的产油能力。在低含水阶段，含水的规律性较差，影响因素包括井网、生产井投产接替、注水时机等。

② 中含水阶段。中含水阶段油田综合含水为 25%～75%。无论何种常规水驱油藏，在中含水阶段，含水率与采出程度的关系几乎保持相似的规律性。

③ 高含水阶段。高含水阶段油田综合含水为 75%～90%，虽然含水率上升了约 15%，但阶段采出程度可以达到 6%～7%。一般高含水阶段含水上升缓慢，因此采用提液措施，油田生产仍可以保持相对稳定。

④ 特高含水阶段。特高含水阶段油田综合含水大于 90%，极限含水一般为 98%，特高含水阶段为油藏的水洗阶段，水驱油藏进入开发晚期。

5. 甲型水驱特征曲线是在 $W_p \gg C$ 的前提条件下导出的，此时油田已达到中高含水期,所以甲型水驱规律曲线只适用于中高含水期。

6. 解:由表中数据可查出:$B_{oi}=1.2417$,$p_b=3330$ psi,$B_{ob}=1.2511$。

综合压缩系数为:

$$c_t=\frac{B_{ob}-B_{oi}}{B_{oi}\Delta p}(1-S_{wc})+c_wS_{wc}+c_p$$

$$=\frac{1.2511-1.2417}{1.2417\times(4000-3330)}\times(1-0.2)+3\times10^{-6}\times0.2+8.6\times10^{-6}$$

$$=1.82\times10^{-5}\ (\text{psi}^{-1})$$

下降到饱和压力时的采收率为:

$$\frac{N_p}{N}=\frac{B_{oi}}{B_{ob}}\frac{c_t\Delta p}{(1-S_{wc})}=\frac{1.2417}{1.2511}\times\frac{1.82\times10^{-5}\times(4000-3330)}{1-0.2}=1.513\%$$

7. 解:由 Arps 公式:

$$\frac{a}{a_0}=\left(\frac{Q}{Q_0}\right)^n$$

和递减率定义1:

$$a=-\frac{1}{Q}\frac{dQ}{dt}$$

联立得产量与时间的表达式为:

$$\lg Q=\lg Q_0-\frac{a_0}{2.303}t$$

由递减率定义2:

$$a_0=-\frac{dQ}{dN_p}$$

联立以上各式得到累积产油量与时间的关系式为:

$$N_p=\frac{Q_0}{a_0}(1-e^{-a_0t})$$

将 $a_0=-\dfrac{dQ}{dN_p}$ 分离变量后积分得:

$$N_p=\frac{Q_0-Q}{a_0}$$

式中　$N_p$——累积采油量;

　　$a$——递减率;

　　$a_0$——初始递减率;

　　$Q_0$——初始递减产量;

　　$Q$——产量。

8. 解:水油比为:

$$WOR = \frac{q_w}{q_o} = \frac{\mu_o}{\mu_w} \frac{K_{rw}}{K_{ro}} \tag{1}$$

油水相对渗透率比值为:

$$\frac{K_{ro}}{K_{rw}} = c\, e^{-dS_w} \tag{2}$$

将式(2)代入式(1)得:

$$WOR = \frac{q_w}{q_o} = \frac{\mu_o}{\mu_w} \frac{1}{c} e^{dS_w} \tag{3}$$

$$c\frac{\mu_w}{\mu_o}WOR = e^{dS_w} \tag{4}$$

对式(4)等号两侧取对数得:

$$\ln\left(c\frac{\mu_w}{\mu_o}WOR\right) = dS_w \tag{5}$$

展开式(5)得:

$$S_w = \frac{1}{d}\ln\left(c\frac{\mu_w}{\mu_o}\right) + \frac{1}{d}\ln WOR \tag{6}$$

另外,由采出程度 $R$ 计算公式:

$$R = \frac{N_p}{N} = 1 - \frac{B_{oi}(1-S_w)}{B_o(1-S_{wi})} \tag{7}$$

整理得:

$$S_w = 1 - \frac{B_o(1-S_{wi})}{B_{oi}} + \frac{B_o(1-S_{wi})}{B_{oi}}R \tag{8}$$

联合式(6)和式(8)得:

$$1 - \frac{B_o(1-S_{wi})}{B_{oi}} + \frac{B_o(1-S_{wi})}{B_{oi}}R = \frac{1}{d}\ln\left(c\frac{\mu_w}{\mu_o}\right) + \frac{1}{d}\ln WOR \tag{9}$$

整理式(9)得到乙型水驱特征曲线公式:

$$R = B + A\ln WOR \tag{10}$$

式中  $R$ ——采出程度;

  $WOR$ ——水油比;

  $B_{oi}, B_o$ ——原始、目前原油体积系数;

  $\mu_o, \mu_w$ ——原油、水黏度;

  $c, d$ ——相渗曲线系数。

9. 解:弹性产率为:

$$\beta = \frac{N_p}{p_i - p} = \frac{20\times10^4}{30-25} = 4\times10^4\,(t/MPa)$$

弹性最大采油量为:

$$N_R = \beta(p_i - p_b) = 4 \times 10^4 \times (30 - 24) = 24 \times 10^4(t)$$

弹性驱阶段采收率为:

$$E_R = \frac{N_R}{N} = \frac{24 \times 10^4}{400 \times 10^4} = 0.06 = 6\%$$

10. 解:由 $N_p t = at - b$ 得:

$$N_p = a - \frac{b}{t}$$

上式对时间求导得:

$$Q(t) = \frac{dN_p}{dt} = \frac{b}{t^2}$$

由 $N_p t = at - b$ 得:

$$t = -\frac{b}{N_p - a}$$

将上式代入瞬时产量关系式得:

$$Q(t) = \frac{(a - N_p)^2}{b}$$

11. 解:$\lg W_p = AN_p + B$ 两端对时间求导数得:

$$\frac{1}{2.303 W_p} \frac{dW_p}{dt} = A \frac{dN_p}{dt} \quad 或 \quad \frac{1}{2.303 W_p} Q_w = AQ_o$$

即

$$\frac{Q_w}{Q_o} = 2.303 A W_p$$

由

$$f_w = \frac{Q_w}{Q_w + Q_o} = \frac{2.303 A W_p}{1 + 2.303 A W_p}$$

得:

$$W_p = \frac{f_w}{2.303 A (1 - f_w)}$$

由

$$\lg W_p = AN_p + B$$

得:

$$N_p = \frac{1}{A}(\lg W_p - B)$$

则最大累积产油量 $N_{pm}$ 的表达式为:

$$N_{pm} = \frac{1}{A}\left[ \lg \frac{f_{wm}}{2.303A(1-f_{wm})} - B \right]$$

# 第五章

## 一、选择题

1. B  2. B  3. C  4. A  5. A  6. B  7. A  8. A

## 二、判断题

1. √  2. √  3. ×  4. ×  5. ×  6. √  7. √  8. √

## 三、问答题

1. 常见的韵律模式有正韵律,颗粒粒度自下而上由粗变细;反韵律,颗粒粒度自下而上由细变粗;复合韵律,正、反韵律的上下组合,正韵律组合称复合正韵律,反韵律组合为复合反韵律,上为反韵律下为正韵律组合称为正反复合韵律;均质韵律,颗粒粗细上下变化不大,接近均匀分布;无韵律,颗粒粒度在纵向上变化无规律可循。

2. ① 平面非均质性。根据平面非均质性,对井网方式进行选择性调整。② 层间非均质性。层间非均质对划分开发层系调整的应用意义在于解决或调整层间非均质,主要通过层系、井网和采油工艺技术实现。③ 层内非均质性。在一定的地质条件下,解决层内非均质问题,比如调剖堵水、改变液流方向等水动力方法。④ 微观非均质性。对于解决或调整孔间、孔道或表面非均质问题,目前采取的措施主要是堵封大孔道、化学处理及化学驱等。

3. 剩余油分布控制机理包括岩石的润湿性控制剩余油的形成、毛管力控制剩余油的形成,岩石孔隙结构(孔喉的连通程度、均匀程度和孔喉形态)对剩余油的控制作用、沉积条件对剩余油的控制作用、储集体非均质对剩余油的控制作用、断层对剩余油的控制作用、注采井网对剩余油的控制作用、开发层系的组合与划分对剩余油的控制作用、优势通道对剩余油的控制作用。

4. 剩余油的类型可归纳为六类:① 水洗区剩余油,包括分散相剩余油和局部滞留油;② 弱水洗区剩余油;③ 未动用的薄油层,包括溢岸薄砂体油层、河道砂主体边缘上倾尖灭部位剩余油以及注水开发后期仍存在部分低渗薄油层未射孔形成的潜力层;④ 开发工程原因造成的剩余油,包括油层污染造成的剩余油、层间干扰形成的剩余油;⑤ 微型圈闭内的剩余油包括井间微型正构造内的剩余油、井间微型砂体内的剩余油;⑥ 已开发断块外延断棱型剩余油。

5. 油田开发调整按其性质可分为两种类型,即经常性开发调整和阶段性开发调整。面对大量的油田调整任务,调整的方法和手段各不相同。

油田调整大体可以分为三种类型:立足现有井网层系的综合调整,主要为各种工艺措施调整,属于经常性调整;井网层系调整;开发方式调整。井网层系调整和开发方式调整涉及范围较大,这种调整具有阶段性。

6.① 层系调整和井网调整同时进行;② 细分开发层系调整;③ 井网开发层系互换;④ 层系局部调整。

7. 由于水平井的水平井段较长,增加了井筒与油层的直接接触面积,为原油流入井筒或通过井筒把工作流体注入地层提供了有利的条件。当油层条件一定时,水平井长度越大,油井增产幅度越大。对于特殊经济边际油藏,包括高开发程度剩余资源、低品位储层和复杂地表环境下的海洋油气田,高效开发的需求越来越大。

8.① 原来采用边外注水或边缘注水,油藏内部的采油井受效差,应在油藏内部增加注水井;② 原来采用行列注水(不包括线状注水),切割区的中间井排不受效或受效很差,应在中间井排增加点状注水或调整为不规则的面积注水方式;③ 在断层地区进行局部注采系统调整,如增加点状注水井点;④ 对于裂缝发育而且主裂缝方向清楚的油藏,注水开发以后,沿裂缝迅速水窜,甚至造成油井暴性水淹,可将沿裂缝水窜油井转注,形成沿裂缝注水,能收到较好的水驱油效果;⑤ 原来采用反九点法井网注水,可调整为不完整的五点法井网或完整的五点法井网注水。

9. 反九点面积注采井网如图1所示,注采井数比为1:3。把反九点井网中的角井转为注水井,即可演变为反五点井网,注采井数比为1:1。

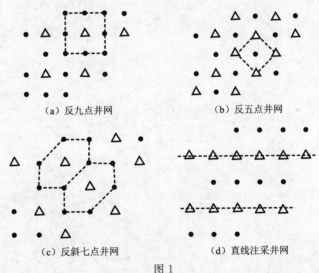

(a) 反九点井网　　　　　　　　　(b) 反五点井网

(c) 反斜七点井网　　　　　　　　(d) 直线注采井网

图 1

把反九点井网中注采井组仅一方向的角井转为注水井,相邻井组的注水井转为采油井,即可演变为反斜七点井网,注采井数比为1:2。

把反九点井网中本注采井组仅一方向的边井转为注水井,即可演变为直线注采井网,注采井数比为 1:1。

10. 解:第一次调整后开发效果变差,水油比随累积采油量变化的斜率增大,表明采出单位油量的水油比增加,含水率增加,调整措施失效;第二次调整效果变好,水油比随累积采油量变化的斜率减小,表明采出单位油量的水油比降低,含水率降低,开发调整措施有效。

# 参考文献

[1] 王乃举,等. 中国油藏开发模式总论. 北京:石油工业出版社,1999.

[2] 郎兆新. 油藏工程基础. 东营:石油大学出版社,1993.

[3] 秦同洛,陈元千,等. 实用油藏工程方法. 北京:石油工业出版社,1989.

[4] 蔡尔范. 油田开发指标计算方法. 东营:石油大学出版社,1993.

[5] 姜汉桥,姚军,姜瑞忠. 油藏工程原理与方法. 东营:中国石油大学出版社,2006.

[6] 陈元千. 油气藏工程实践. 北京:石油工业出版社,2005.

[7] 吴胜和,蔡正旗. 油矿地质学. 北京:石油工业出版社,2011.

[8] 李晓平,张烈辉,刘启国. 试井分析方法. 北京:石油工业出版社,2000.

[9] 孙贺东. 油气井现代产量递减分析方法及应用. 北京:石油工业出版社,2013.

责任编辑：穆丽娜

封面设计： ·友一广告传媒

# 油藏工程原理

Principles of
Reservoir Engineering

ISBN 978-7-5636-5004-0

9 787563 650040 >

定价：33.00 元